南京大学人文地理丛书

编 委 会

总　序 [1]

曾尊固　崔功豪　黄贤金　张　捷　张京祥

　　自 1921 年竺可桢先生创立地学系以来,南京大学地理学已走过了 91 年发展路程;若追溯到南京高等师范学校 1919 年设立的文史地部,南京大学地理学科的历史则已有 93 年之久。九十多年的历史见证了南京大学人文地理学科发展的历程与辉煌,彰显了南京大学人文地理学科对中国当代人文地理学发展的突出贡献。

　　南京大学是近代中国人文地理学科发展的奠基者。从最初设立的文史地部,到后来的地学系,再到 1930 年建立地理系,一直引领着中国近代地理学科建设与发展;介绍"新地学",讲授欧美的"人地学原理"、"人生地理",以及区域地理、世界地理、政治地理、历史地理、边疆地理和建设地理等,创建了中国近代人文地理学学科体系;南京大学的人文地理一贯重视田野调查,1931 年"九·一八"事变前组织的东北地理考察团,随后又开展的云南、两淮盐垦区考察以及内蒙古、青藏高原等地理考察,还有西北五省铁路旅游、京滇公路六省周览等考察,均开近代中国地理考察风气之先;1934 年,竺可桢、胡焕庸、张其昀、黄国璋等先生发起成立中国地理学会,创办了《地理学报》,以弘扬地理科学、普及地理知识,使南京大学成为当时全国地理学术活动的组织核心。人文地理学先驱和奠基人胡焕庸、张其昀、李旭旦、任美锷、吴传钧、宋家泰、张同铸等先生都先后在南京大学人文地理学科

---

〔1〕 感谢任美锷、吴传钧、张同铸、宋家泰等先生在《南京大学地理学系建系八十周年纪念》的文章以及胡焕庸、李旭旦先生为南京大学地理系建系 65 周年作的纪念文章,为本序内容提供了宝贵的借鉴和难得的资料。感谢南京大学地理与海洋科学学院院长、长江学者特聘教授高抒教授对于丛书出版的关心与支持。感谢南京大学地理与海洋科学学院党委书记、长江学者特聘教授鹿化煜教授,为完善序言内容提出了修改意见。

学习或教学、研究。早在 1935 年,任美锷先生、李旭旦先生就翻译、出版了《人地学原理》一书,介绍了法国人地学派;1940 年设立中央大学研究院地理学部培养硕士研究生,开展城市地理与土地利用研究;20 世纪 40 年代,任美锷先生在国内首先引介了韦伯工业区位论,并撰写了《建设地理学》,产生了巨大影响;胡焕庸先生提出了划分我国东南半壁和西北半壁地理环境的"胡焕庸线"——瑷珲—腾冲的人口分布线,至今仍然为各界公认。张其昀、沙学浚先生分别著有《人生地理学》、《中国区域志》及《中国历史地理》、《城市与似城聚落》等著作,推进了台湾人文地理学科研究和教育的发展。竺可桢先生倡导的"求是"学风、胡焕庸先生倡导的"学业并重"学风,一直引领着南京大学人文地理学科的建设与发展。

南京大学积极推进当代中国人文地理教育,于 1954 年在全国最早设立了经济地理专业;1977 年招收城市规划方向,1979 年吴友仁发表《关于中国社会主义城市化问题》,引起了学界对于中国城市化问题的关注,也推动了城市规划专业教育事业发展;1983 年兴办了经济地理与城乡区域规划专业(后为城市规划专业),成为综合性高校最早培养理科背景的城市规划人才的单位之一;1982 年与国家计划委员会、中国科学院自然资源综合考察委员会合作创办了自然资源专业(后为自然资源管理专业、资源环境与城乡规划管理专业);1991 年又设立了旅游规划与管理专业(现为旅游管理专业)。这不仅为培养我国人文地理学人才提供了多元、多领域的支撑,而且也为南京大学城市地理、区域地理、旅游地理、土地利用、区域规划等人文地理学科的建设与发展提供了有力的支撑。

南京大学不仅在人文地理专业教育与人才培养方面起引导作用,而且在人文地理学科建设方面也走在全国前列,当代人文地理学教学与研究中名家辈出。张同铸先生的非洲地理研究、宋家泰先生的城市地理研究、曾尊固先生的农业地理研究、崔功豪先生的区域规划研究、雍万里先生的旅游地理研究、包浩生先生的自然资源与国土整治研究、彭补拙先生的土地利用研究、林炳耀先生的计量地理研究等,都对我国人文地理学科建设与发展产生了深远的影响,在全国人文地理学科发展中占据着重要的地位。同时,南京大学人文地理学科瞄准国际学科发展前沿和国家发展需求,积极探索农户行为地理、社会地理、信息地理、企业地理、文化地理、女性地理、交通地理等新的研究领域,保持着人文地理学学科前沿研究和教学创新的活力。

南京大学当代人文地理学科建设与发展,以经济地理、城市地理、非洲地理、旅游地理、区域土地利用为主流学科,理论人文地理学和应用人文地理学并重发展,人文地理学的学科渗透力和服务社会能力得到持续增强,研究机构建设也得到了积极推进。充分利用南京大学综合性院校多学科的优势,突出人文地理学研究国际化合作,整合学科资源,成立了一系列重要的人文地理研究机构,主要有:南京大学非洲研究所、区域发展研究所、旅游研究所、城市科学院等;同时,还与法国巴黎第十二大学建立了中法城市・区域・规划科学研究中心。按照服务国家战略、服务区域发展以及协同创新的目标,与江苏省土地勘测规划院共建国土资源部海岸带国土开发与重建重点实验室,与江苏省国土资源厅合建了南京大学—江苏省国土资源厅国土资源研究中心。此外,还积极推进人文地理学科实验室以及工程中心建设,业已建立了南京大学—澳大利亚西悉尼大学虚拟城市与区域开发实验室,以及南京大学城市与区域公共安全实验室、旅游景观环境评价实验室、江苏省土地开发整理技术工程中心等。

南京大学当代人文地理教育培养了大量优秀人才,在国内外人文地理教学、研究及区域管理中发挥了中坚作用。如,中国农业区划理论主要奠基人——中国科学院地理与资源研究所邓静中研究员;组建了中国第一个国家级旅游地理研究科学组织,曾任中国区域科学协会副会长,中国科学院地理与资源科学研究所的郭来喜研究员;中国科学院南京分院原院长、中国科学院东南资源环境综合研究中心主任、著名农业地理学家佘之祥研究员;中国区域科学协会副会长、中国科学院地理与资源科学研究所著名区域地理学家毛汉英研究员;我国人文地理学培养的第一位博士和第一位人文地理学国家杰出青年基金获得者——中国地理学会原副理事长、清华大学建筑学院顾朝林教授;教育部人文社会科学重点研究基地、河南大学黄河文明与可持续发展研究中心主任、黄河学者苗长虹教授;中国城市规划学会副理事长石楠教授级高级城市规划师;中国城市规划设计研究院副院长杨保军教授级高级城市规划师;英国伦敦大学学院城市地理学家吴缚龙教授等,都曾在南京大学学习过。曾任南京大学思源教授的美国马里兰大学沈清教授、南京大学国家杰出青年基金(海外)获得者、美国犹他大学魏也华教授也都在人文地理学科工作过,对推进该学科国际合作起到了积极作用。

南京大学当代人文地理学科建设与发展之所以有如此成就,是遵循了任美锷先生提出的"大人文地理学"学科发展思想的结果,现今业已形成了以地理学、城乡规划学为基础学科,以建筑学、经济学、历史学、社会学、公共管理等学科为交融的新"大人文地理科学"学科体系。南京大学正以此为基础,在弘扬人文地理学科传统优势的同时,通过"融入前沿、综合交叉、服务应用"的大人文地理学科发展理念,积极建设和发展"南京大学人文地理研究中心"(www. hugeo. nju. edu. cn)。

新人文地理学科体系建设,更加体现了时代背景,更加体现了学科融合的特点,更加体现了人文地理学方法的探索性,更加体现了新兴学科发展以及国家战略实施的要求。为此,南京大学人文地理学科组织出版了《南京大学人文地理丛书》,这不仅是南京大学人文地理学科发展脉络的延续,更体现了学科前沿、交叉、融合、方法创新等,同时,也是对我国人文地理学科建设与发展新要求、新趋势的体现。

《南京大学人文地理丛书》将秉承南京大学人文地理学科建设与发展的"求是"学风,"学业并重",积极探索人文地理学科新兴领域,不断深化发展人文地理学理论,努力发展应用人文地理学研究,从而为我国人文地理学科建设添砖加瓦,为国内外人文地理学科人才培养提供支持。

我们衷心希望《南京大学人文地理丛书》能更加体现地理学科的包容性理念,不仅反映南京大学在职教师、研究生的研究成果,还反映南京大学校友的优秀研究成果,形成体现南大精神、反映南大文化、传承南大事业的新人文地理学科体系。衷心希望《南京大学人文地理丛书》的出版,不仅展现南京大学人文地理学的最新研究成果,而且能够成为南京大学人文地理学科发展新的里程碑。

序

　　城市系统的扩张及运行过程,是一个城市要素之间相互作用的过程。土地要素不仅是城市系统的载体,城市土地利用方式也是城市系统运行的结果。城市是地表受人类活动影响最深刻的区域,不仅土地利用/覆被变化强烈(包括对于周边土地利用/覆被变化的影响强烈),也是能源消费和化石燃料燃烧的集中地。因此,城市化过程也必然会对城市温室效应乃至全球碳循环和气候变化产生深远的影响。目前我国正处于快速城市化和再城市化进程中,开展城市层面碳循环的定量研究,一方面有助于研究制定符合城市系统特征的碳排放清单核算标准,另一方面便于更深入地了解城市碳循环在区域碳过程中的地位和作用,以寻求适应和减缓对策。

　　土地要素及其空间规划,不仅决定着城市发展的规模、形态及结构,也同样影响着城市的碳循环过程。虽然有学者认为,"土地利用结构的框架,即林地、草地、耕地及耕地中的种植结构等,大幅度改变是不可能的",并认为"不可能因为微不足道的碳收支作用而调整土地利用结构,无论是宏观尺度还是中观、微观尺度都基本如此",但我们对《全国土地利用总体规划纲要》(2006—2020年)的碳减排效应研究表明,若实现我国政府2009年承诺的"2020年单位GDP碳排放强度比2005年下降40％—45％"的目标,节能减排、产业结构调整等的减排量可达2005年基数的27.6％,而《全国土地利用总体规划纲要》所提出的土地利用结构优化方案则可实现相当于2005年基数9.6％的减排量。因此,低碳经济政策和土地利用结构优化对中国碳排放的影响均较显著。另据预测,如果仅采用常规的节能减排措施,则2020年单位GDP碳排放将减少38.8％;如果两类政策能否配套实施,则2020年单位GDP碳排放将减少42.5％。可见,土地利用调控措施的引入,对中国履行并顺利达成自愿性减排承诺十分必要[1]。因此,探讨土地利用/覆被变化对碳循环的影响,并开展低碳土地利用规划与调控,对于国家战略目标的实现也具有重要意义。

该著作以南京市为案例,分析了城市系统碳循环及其土地调控的研究机理,初步提出了城市系统碳收支核算及评估方法、城市土地利用碳效应评估方法以及城市碳循环的土地调控研究方法等方法体系,开展了南京市城市系统碳循环、碳平衡、碳流通的核算和评估的实证研究,探讨了南京市土地利用碳排放强度和碳足迹状况,以及土地利用变化的碳排放效应,最后提出了基于土地利用结构优化的南京市低碳城市管理策略。本书主要的创新表现在:

一是探索性地提出了城市系统碳循环和碳流通研究的理论框架与测算方法,并以南京市为研究案例,对城市系统的碳储量、碳通量、碳平衡、城市内部碳流通过程、城乡之间的隐含碳、城市碳补偿和碳循环压力等进行了实证分析。该研究对于丰富碳循环的研究,特别是对于构建城市"自然—社会二元碳循环"的理论框架方面具有积极的理论意义。

二是从城市土地利用的角度开展碳效应的评估,并尝试建立了基于土地利用层面的城市碳循环的研究方法。通过城市碳储量、碳通量与土地利用类型的对应关系和土地利用碳源/碳汇分析框架,对不同土地利用方式的碳排放强度、碳足迹和碳排放效应进行了分析,并开展了城市碳循环的土地调控的初步研究。

三是探索性地建立了基于低碳目标的城市土地利用结构优化的方法,并提出了相应的碳减排潜力和低碳城市土地利用管理策略。因此,本研究一方面为制定城市土地利用层面碳收支及温室气体清单核算提供技术参考,另一方面既可为国土规划部门开展基于碳减排的土地结构优化调整提供方法支撑,也可为经济和发展规划部门、国土规划部门等制定城市低碳经济发展战略提供实践指导。

城市是一个复杂的系统,碳循环过程受到多种系统要素的耦合作用和社会经济结构、生产方式、城市发展模式等的影响,构建起完整、精确的城市碳循环模拟模型并不是一件容易的工作。本书作者在此领域所开展的探索性研究,只是"抛砖引玉",我们也期待有更多的科学家关注这一领域,并推进这一研究领域的深

---

〔1〕 赖力、黄贤金等著.中国土地利用的碳排放效应研究[M].南京大学出版社,2011:161.

化。该研究对于社会领域碳循环的机理及其调控研究具有较强的理论和实践价值。相信本书的出版能够推动城市碳循环领域的深入研究,也能够为城市碳减排的土地利用调控提供可操作性的方法和策略。

黄贤金

2012 年 3 月

前　言

　　自然领域碳循环研究由来已久。从 20 世纪 90 年代开始,国内外专家学者已经建立了针对不同自然生态系统类型的碳循环模拟模型。城市是地球表面特殊的生态系统类型,其特殊性主要表现在它是一种完全人工化的生态系统,受人类社会经济活动的影响,具有较强的复杂性和空间异质性。然而,随着城市化的飞速发展,作为人类生产生活的核心,城市在地表覆被变化和地球环境变化方面起着越来越显著的影响作用。从人类活动影响全球气候变化的角度来看,城市系统无疑是全球碳循环的重要环节之一,其碳流通过程、碳循环机制和效率等直接关系到人类活动影响气候变化的深度和广度。

　　城市系统碳循环研究是近年来随着低碳经济的提出才逐渐发展起来的研究领域。全球碳计划(Global Carbon Project,GCP)于 2005 年发起了城市与区域碳管理(Urban and Regional Carbon Management,URCM)研究计划,致力于研究城市层面碳管理和碳减排策略,并在日本等国组织召开了多次学术会议,对于城市碳循环及碳减排研究起到了重要的推动作用。开展城市碳循环研究,不仅弥补了过去已有研究仅关注自然生态系统碳循环的不足,而且为研究人为因素对碳循环的影响提供了重要的研究方法和思路,实现了在城市层面自然和人为碳过程研究的综合,还为国家应对气候变化的低碳城市策略的制定提供了科学的决策参考。

　　国内外关于城市碳循环模拟的研究起步较晚,美国学者 Churkina 于 2008 年在 *Ecological Modeling* 发表了"城市系统碳循环模拟"的综述文章,阐述了从自然与人为两个角度构建城市碳储量和碳通量模拟的思路,这给了我重要启发。之后,Churkina、Svirejeva-Hopkins、Christen 和 Lebel 等国外学者分别从国家、土地利用、社区等不同层面开展了对城市碳循环和碳收支研究的探索。近年来,关于城市温室气体和碳排放核算的研究更是方兴未艾,在国内外涌现了大量的研究成果。

　　本研究始于 2008 年末参与导师黄贤金教授承担的国土资源部公益性项目"全国土地利用规划的碳减排效应及调控研究"(项目编号:200811033),这为我在攻读博士期间涉猎碳排放领域研究提供了重要的平台。此后又得到国家社科基金重大项目"建设以低碳排放为特征的土地调控体系研究"(项目编号:10ZD&030)、江苏省高校哲学社会科学重大项目"江苏低碳经济发展战略、思路、模式、途径与政策研究"(项目编号:2010ZDAXM008)、中国清洁发展机制基金赠款子项目"国家可持续发展实验区应对气候变化能力建设研究与示范"、中国博士后科学基金面上项目"城市系统碳循环机理研究——以南京市为例"(项目编号:2012M511243)以及华北水利水电学院高层次人才科研启动项目(项目编号:201164)等的资助。

　　在国内外研究的基础上,结合项目研究的深入,在黄贤金教授的悉心指导和诸位师长的点拨下,我不断思索城市系统碳循环的特征和研究框架:城市系统碳循环的范畴究竟应该包括哪些方面? 城市内部的碳流通机理是什么? 要发展低碳经济、促进城市碳减排,城市碳排放研究固然重要,但这还远远不够,只有构建完整的城市系统碳循环模型,才能建立详尽的城市碳收支清单,更深入地探讨城市碳循环运行的效率,以便更全面地评估城市系统在区域碳循环中的地位,以及城市系统对缓解全球变暖的贡献。

　　基于以上思考,本书着力突出两个特点:一是在研究框架中,不仅包括了传统碳排放清单的核算,也突出城市生态系统的碳汇功能的定量核算和碳足迹评估,同时也包含了城市自然和人为碳储量的测算分析,并构建了城市与外部系统以及城市内部子系统之间的碳流通图。通过城市系统碳循环和碳流通的机理研究,力求在城市层面构建较为完整的碳循环核算的方法体系,并为开展城市层面的碳平衡研究提供理论基础。二是从实践角度出发,考虑到土地利用是人类各种社会经济活动和政府政策的直接体现,城市碳循环过程的强度、方向和速率受制于土地利用方式、结构、规模和强度。因此,如何将土地调控作为提高城市碳循环效率、缓解城市碳循环压力的重要手段是值得深思的问题。鉴于此,本书对城市土地利用的碳收支核算、碳排放强度和碳效应评估、城市碳循环的土地调控等也进行了初步的探索和研究,以构建基于土地利用调控的城市低碳发展策略。

关于本书,这里需要特别说明的有两点:

一、由于城市系统碳循环过程十分复杂,一些碳收支项目难以实现精确核算和模拟,难免会存在这样那样的不足之处。比如:受数据资料所限,部分碳收支项目(如:植被、家具、图书、建筑木材等的碳储量、植被的光和总量等)的核算是基于国内相关研究结果或全国平均参数进行的,研究精度会受到一定的影响。所以,本书的部分参数仅作为参考值,并不作为其他城市碳收支核算直接引用的依据。要对城市碳收支进行精确核算,应进一步从本地化因子和城市生产实际入手,开展对本地自然和经济社会过程的深入调研、统计,确定符合当地城市生产实际的碳排放因子标准,这样会进一步提高研究精度。

二、低碳排放并非土地调控的唯一目标。本书只是基于土地利用和碳循环之间的内在关系,在理论上寻求有助于碳减排的土地利用调控措施。但这并不意味着低碳是城市发展的全部。在实践中,应该将土地利用的低碳目标与经济效益和社会发展目标结合起来进行统筹考虑和评估,以寻求经济发展和社会福利提高前提下的"低碳"途径,为未来经济社会发展提供可供操作的参考模式。

因个人能力有限,本书难免有不足之处,敬请各位专家及读者批评指正!

Carbon cycle of urban system and its regulation through land use control

Presently, under the pressure of climate change and international carbon emission reduction, how to coordinate the relationship between economic development and environmental protection, promoting carbon emission reduction and developing low-carbon economy have been the most important problems confronting China's development. Therefore, Chinese government definitely proposed the carbon emission reduction's aim as "carbon emission intensity per GDP in 2020 decreases by 40 to 45 percents than that of 2005." Cities are areas where human economic activities concentrated in, and where land use and land cover changes drastically. Currently, China is in the process of quickly urbanization. With energy consume and fossil fuels combust intensively, the process of urbanization will inevitably has a profound impact on global carbon cycle and climate change. Quantitatively modeling the urban carbon cycle processes not only help to establishing urban carbon emission inventory standard, but also help to understanding the role of urban carbon cycle in the process of regional carbon cycle process. Research on urban carbon cycle not only is the important basis for establishing low-carbon urban strategies, but also is the theoretical reference for establishing low-carbon city pattern in China. Meanwhile, studying the regulation of urban carbon cycle through land use control is help to guiding the low-carbon city development through territorial development, industrial adjustment, land use planning, cities and towns' arrangement, and urban development pattern, which is the inevitably requirement of low-carbon development on the city level. In this context, carbon cycle of urban system and its regulation through land use control become an urgent research field.

Based on the summarization of research situation of urban carbon cycle in China and abroad, this book established the theoretical framework of carbon cycle of urban system and its regulation through land use control. Then put forword the estimation methods for carbon budget of urban system, carbon circulation of urban system, land use carbon budget and carbon effect, and land use regulation method for urban carbon cycle. Then, take Nanjing city as the case, this book studied the carbon cycle processes of urban system, analyzed the carbon emission, carbon flux and carbon footprint of different land use types, and also analyzed the carbon emission effect of land use change. Finally, several low-carbon urban management strategies based on land use structure optimization of Nanjing city was put forward. The main conclusions are as follows:

(1) The estimation method of carbon budget for urban system was established, the carbon storage, carbon flux and carbon circulation processes of urban system of Nanjing city was systematically analyzed. The total carbon storage of Nanjing city was 6937×10^4 t in 2009, in which the natural carbon storage account for 88%, the human carbon storage account for 12%. The main carbon flux processes of Nanjing city are lateral carbon input and vertical carbon output, which are brought by human activities. As for inner carbon circulation of Nanjing urban system, the main parts are industrial processing system, urban living

system, rural living system and agricultural producing system. In the carbon circulation between urban and rural areas of Nanjing city, the direct carbon flow from rural to urban area is in the form of wood and food products, and the direct carbon flow from urban to rural area is mainly in the form of energy.

(2) Carbon budget and carbon cycle pressure of Nanjing city was assessed, and found that the carbon cycle efficiency was increasing but the total carbon sink of Nanjing city present a declining trend, which caused the decline of carbon compensation rate, expansion of carbon footprint and the increase of carbon cycle pressure. The carbon compensation rate decreased from 15. 34% in 2000 to 6. 07% in 2009, which indicated that the terrestrial carbon sink function of Nanjing city was not enough to compensate the anthropogenic carbon emissions, which induced the increase of carbon cycle pressure.

(3) The matching relationship between land use types and carbon cycle processes was established, the carbon emission effect of different land use types of Nanjing city was assessed, and found that carbon emission intensity, effect and footprint of different land use types of Nanjing city are quite different from each other. Anthropogenic carbon emissions of per unit area of Nanjing City was 46. 63 t/hm^2 in 2009, in which that of inhabitation, mining and manufacturing land was the highest(200. 52 t/hm^2). Carbon footprint of per unit area of Nanjing city present an increasing trend from 2000 to 2009, in which that of inhabitation, mining and manufacturing land was the highest ($47 hm^2/hm^2$). This indicated that inhabitation, mining and manufacturing land is the most important anthropogenic carbon emission source.

(4) Carbon emission increasing was impacted by many factors. In

general, economic development, population and urban expansion are the main promoting factors. Factor decomposition results indicated that industrial carbon emission intensity of Nanjing city has an inhibitory action on the increase of carbon emission, and other factors such as economic development, population and industrial structure effect all has a promoting action. Factor decomposition of land use carbon emission of Nanjing city indicated that except for per GDP land use intensity, all the other factors such as economic development factor, land use carbon emission intensity and land use structure were promoting factors. Further, the regression analysis showed that the determinant factors of carbon emission are increasing of GDP, population and expansion of urban construction land.

(5) Land use structure optimization and land use extent regulation are important strategies to facilitate carbon emission reduction. As to the land use structure regulation and control, land use structure optimization scheme based on lowest carbon emission (LUSOS-LCE) can efficiently facilitate carbon emission reduction. Under LUSOS-LCE, the carbon emission will decrease 73×10^4 t in 2020, and the carbon emission reduction potential is 8.5 percent of total carbon emission in 2020 under the land use structure scheme proposed by Nanjing government.

(6) Establishing low-carbon oriented land use regulation and control system is an important way to decrease urban carbon emission and strengthen the urban abilities to adapt to climate change. The main low-carbon oriented land use strategies are strengthening ecological protection and enhancing the carbon sink function of city, optimizing land use structure and decreasing urban carbon footprint, exploring low-carbon land use patterns and technologies, low carbon planning and establishing policy guarantee system for low-carbon land use, etc.

目　录

第一章　绪　论

由于国际上对全球变暖的担忧,碳循环成为 20 世纪 90 年代以来全球变化研究的热点领域(Prentice & Fung,1990)。研究表明,全球碳循环过程与人类活动特别是化石燃料燃烧和土地利用/覆被变化有着密切的关系(Canadell & Mooney,1999)。据研究,土地利用变化导致的 CO_2 排放为 124 PgC(1 Pg$=10^{15}$ g),大约为 1850—1990 年以来化石燃料燃烧导致 CO_2 排放的一半(Houghton,1999)。城市是人类活动对地表影响最深刻的区域,工业革命以来,随着城市化的飞速发展,城市及其周边区域不仅地表土地利用/覆被变化强烈,而且化石燃料燃烧集中,CO_2 排放量的 80%以上来自于城市区域(Churkina,2008),城市化过程必然会对全球碳循环和气候变化产生深远的影响。因此,深入探讨城市系统的碳循环机理并构建低碳土地利用调控和管理策略成为当前重要的研究课题之一。

第一节　城市系统碳循环研究的背景与意义

一、研究背景

1."低碳经济"概念的提出和发展为城市系统碳循环研究提供了全新的视角

近年来,由人为活动碳排放导致的全球温室效应成为国际学术界和各国政府关注的热点问题。中国是世界上碳排放大国之一,在国际气候谈判中面临较大的碳减排压力。因此,如何实现碳减排与经济社会的可持续发展,已经成为我国经济发展面临的突出问题;发展低碳经济已成为当前处于经济社会发展转型阶段的必然选择。我国政府已明确提出要大力发展低碳经济,建立以低能耗、低污染、低排放为基础的"三低"经济模式,这与我国节能减排工作和循环经济发展的总体目标是一致的,也是我国加快转变经济增长方式,建设资源节约型和环境友好型社会的重要举措。胡锦涛于2007年APEC会议上,首次明确提出"发展低碳经济,研发低碳能源技术,促进碳吸收技术发展"的战略主张;2009年,我国政府在哥本哈根会议前夕,提出"到2020年单位国内生产总值二氧化碳排放比2005年下降40%～45%"的目标;国家"十二五"规划纲要又提出了"单位国内生产总值二氧化碳排放降低17%"的目标。这些做法表明了国家政府层面对于发展低碳经济的高度关注。

城市是人类能源活动的集中地,降低城市碳排放强度、提高城市能源使用效率、促进城市低碳转型是发展低碳经济的重中之重。因此,基于低碳经济视角开展城市系统碳循环的综合研究,不仅弥补了过去研究仅关注自然生态系统碳循环的不足,而且为研究人为因素对碳循环的影响提供了重要的研究方法和思路,还为国家应对气候变化的低碳城市策略的制定提供了科学的决策参考。鉴于此,本书对城市系统碳循环开展定量分析,在城市层面探索碳循环和碳流通的机制、规律,并在此基础上探讨城市层面碳减排和低碳经济发展的途径。

2. 城市碳过程是区域和全球碳循环的重要环节,城市化过程必然会对全球碳循环及气候变化产生深远影响

作为人类经济活动集中分布的区域以及化石燃料燃烧的集中区域,城市人类经济活动和能源消费带来了大量的碳排放。同时,跟自然生态系统相比,城市系统碳循环过程是一个包括自然和人工过程、水平和垂直过程、经济和社会过程在内的复杂系统,城市碳循环过程更具复杂性、多样性及空间异质性。以往的碳循环研究主要集中在自然生态系统领域,如森林、草地、土壤等方面。从人类活动影响全球气候变化的角度来看,城市系统无疑是全球碳循环的重要环节之一,其碳流通过程、碳循环机制、效率等直接关系到人类影响气候变化的深度和广度。

中国正处于经济快速发展的阶段,随着城市化进程的加快、城市数量的增多和规模的扩大,城市碳循环过程(特别是人为活动的碳排放)对全球和区域气候变化的影响日益增强。正是在这种背景下,城市系统碳循环机理成为亟待研究的课题。同时,中国当前大规模城市化进程及其不同发展模式和阶段,为开展城市系

统碳循环研究提供了较为广阔的空间和丰富的案例,并便于开展对不同类型城市碳循环过程的对比研究。因此,对中国城市系统碳循环过程开展研究不仅能够为国家低碳城市策略的制定提供决策参考,并且能为气候变化背景下世界广大发展中国家的城市发展模式的思考和再评估提供新的方法、途径。

目前,南京市正处于工业化、城市化的快速发展时期,经济发达,但环境问题突出。而且南京是以冶金、石化产业为主的重化工城市,对资源、能源的需求量较大,从而具有较大的碳排放预期。因此,南京市在经济发展的同时也面临着巨大的资源和环境约束等问题,这在我国城市化过程中(特别是东部地区城市)较具代表性。因此,本书基于城市层面,通过对南京市城市系统碳循环和碳流通过程的测算、分析,探索不同土地利用方式的碳储量和碳通量的测算方法,并提出基于土地利用结构优化的低碳城市发展策略,为南京市低碳经济发展提供决策参考,也为全国其他城市面向低碳经济的土地利用结构优化提供借鉴。

3. 建立城市碳循环核算方法体系是在城市层面制定应对气候变化的碳减排策略的基础

建立城市碳循环核算方法体系是制定城市低碳发展策略的重要基础,也是开展城市碳循环压力评估和低碳土地利用调控的前提。国家政府的相关政策文件也把碳排放的监测、统计和评估摆在了突出重要的位置,《国家中长期科技发展规划纲要(2006—2020年)》将"全球环境变化监测与对策"列为优先主题之一;国家"十二五"规划纲要明确提出"要建立完善温室气体排放统计核算制度",并提出"加强气候变化科学研究、观测和影响评估,在生产力布局、基础设施、重大项目规划设计和建设中,充分考虑气候变化因素"。由此可见,开展城市碳循环的核算研究,不仅是当前气候变化背景下发展低碳城市的必要要求,而且也完全切合了国家中长期科技发展的重大需求。

但总体而言,目前城市碳排放核算研究还存在一些不足之处,主要有:碳排放部门和账户的设置不尽合理,如缺乏对水资源和水环境(包括海洋)的碳汇核算等;城市碳排放源信息难以获取,核算精度较低;碳排放因子获取难度较大,本地化研究不足;城市之间核算部门和方法存在差异,难以客观有效地进行对比,等等。另外,当前我国还没有形成以城市为单元的、适合中国城市调查统计体系的碳排放的系统核算方法,这也是当前气候变化背景下亟待解决的问题。因此,亟须建立一套适合我国国民经济统计体系特征,且符合城市特色的、可供对比的城市碳循环和碳排放核算体系,以便为我国城市碳减排和低碳城市策略的制定等提供有力的数据支撑及基础信息库。

4. 开展城市系统碳循环的土地调控研究,有助于从国土开发、产业调整、土地规划、城镇布局、城市发展模式等方面引导城市的低碳发展,是在城市层面发展低碳经济的必然要求和重要途径

土地利用变化是城市化进程的重要体现。土地不仅是陆地生态系统碳源/汇的自然载体,更是社会经济系统碳源的空间载体。土地利用/覆被变化是影响区域和城市碳循环的重要因素,区域碳循环过程的强度、方向和速率受制于区域的土地利用方式、结构、规模和强度。因此,强化应对气候变化综合能力建设,制定应对气候变化的发展战略与规划,建设低碳经济的重点实践领域之一就是土地利用。调整土地利用方式对于增加陆地生态系统碳汇、减少社会经济碳排放起着关键性的驱动作用。《国家中长期科学和技术发展规划纲要(2006—2020 年)》将"土地利用与土地覆被变化"作为"人类活动对地球系统的影响机制"研究的前沿课题之一;《国土资源部 2007—2008 年度节能减排工作方案》中也指出:"要加强土地利用/覆被变化对全球气候变化的影响研究,分析不同区域土地资源演变的机理与全球变化的关系。"由此可见,土地利用调控已经成为区域碳减排的重要策略之一。

土地利用是人类各种社会经济活动和政府政策的直接表现与落脚点,土地调控对于经济发展、社会行为和人类活动模式等的调整都具有重要意义。由于土地利用活动直接影响了人类能源活动的强度,因此开展城市系统碳循环的土地调控研究,从土地利用层面评估城市系统碳循环的效率和压力,有助于从国土开发、产业调整、土地规划、城镇布局、城市发展模式等方面全面引导城市的低碳发展,是在城市层面发展低碳经济的必然要求。

但需要说明的是:低碳排放并非土地调控的唯一目标,本书只是基于土地利用和碳循环之间的内在关系,在理论上寻求有助于碳减排的土地利用调控措施;而在实践中,应该将土地利用的低碳目标与经济效益和社会发展结合起来进行统筹考虑、评估,以寻求发展中的"低碳"途径,为未来经济社会发展提供可供操作的模式。

二、研究意义

基于以上研究背景,本书以南京市为例,通过对城市系统碳循环过程的模拟分析,从不同土地利用方式的碳储量和碳通量核算入手,分析了土地利用变化对城市碳循环的影响,最后提出基于土地利用结构优化的低碳城市管理策略。本书的研究意义主要有:

1. 理论意义

(1)构建了城市系统碳循环研究的理论框架和方法体系,从城市层面分析了碳循环与碳代谢的主要机理、过程和流通效率,为城市系统碳源/汇及碳通量的测算和分析提供了理论基础。

(2)揭示了城市系统碳循环的土地利用变化响应机理,分析了不同土地利用方式的碳储量和碳通量特征,构建了基于土地利用层面的城市碳排放研究的方法。

2. 实践意义

(1)通过建立城市系统碳储量和碳通量的测算方法体系,为城市碳排放清单、碳循环和碳流通研究提供了理论参考,并为符合中国国情的城市碳排放清单的编制提供了实践指导。

(2)提出基于土地利用结构优化的低碳城市发展策略,有助于形成调控城市系统碳循环,引导城市低碳发展的土地利用格局和方式,为发展低碳城市提供了全新的思路。

第二节 城市系统碳循环的研究对象和方法

一、研究内容

本书在城市系统碳循环及其土地调控机理分析的基础上,集成了城市系统碳循环的研究方法体系,并以南京市为例开展了实证研究,分析了南京市城市系统碳循环和碳流通的过程与特征,探讨了土地利用及其变化的碳排放效应,最后提出了基于土地利用结构优化的南京市低碳城市发展策略。本书的主要研究内容如下:

1. 城市系统碳循环及土地调控机理分析

从系统论、物质代谢等相关理论出发,从城市系统的内涵、特征和空间划分入手,对城市系统的碳循环特征、城市碳储量和碳通量的构成、城市碳过程的生命周期、碳输入和碳输出的类型划分、城市系统碳循环框架等进行了理论探讨,并对城市不同土地利用类型的碳储量和碳通量、土地利用碳源/碳汇框架以及土地利用变化对城市系统碳循环的影响等进行了分析,在理论层面上探讨了城市系统碳循环及土地调控的内在机理。

2. 城市系统碳循环及土地调控研究方法

结合 IPCC 温室气体清单和国内外最新研究成果,构建了城市系统碳收支核算方法、城市系统碳循环运行评估方法、城市土地利用碳收支核算及碳效应评估方法、城市系统碳循环的土地调控研究方法等研究方法体系,为系统开展城市层面碳循环及其土地调控研究提供了方法基础和技术支撑。

3. 南京市城市系统碳循环的实证分析

结合城市系统碳循环的理论框架和研究方法体系,以南京市为例,对城市碳储量、碳通量和碳平衡状况进行了分析;构建了南京市城市系统的碳流通图;对城乡之间隐含碳流通过程、城市系统碳补偿效率及碳足迹等进行了分析,全面了解了南京市城市系统碳循环过程、碳循环压力、碳流通效率及其强度的变化特征;对南京市碳排放进行了因素分解和脱钩分析,阐明了南京市碳排放的变化规律和影响因素。

4. 土地利用变化对南京市城市系统碳循环的影响分析

结合南京市城市系统碳循环的实证研究,通过与土地利用方式的对应关系,对南京市不同土地利用方式的碳储量与碳通量进行了定量核算和分析;对南京市土地利用碳排放强度与碳足迹、土地利用变化的碳排放效应进行了分析;对土地利用碳排放进行了因素分解研究;探讨了城市扩展对碳循环的影响,揭示了南京市未来城市碳排放特征及对城市化的响应。

5. 基于土地利用结构优化的南京市低碳城市管理研究

在南京市土地利用总体规划方案的碳蓄积/排放效应评估的基础上,运用线性规划的方法,提出了若干有利于碳增汇/减排的南京市土地利用结构优化方案,同时对土地利用强度调控和产业用地调控的碳减排潜力也进行了分析;最后提出了基于土地利用调控的南京市低碳城市管理的策略和对策建议。

二、研究方法

1. 碳排放清单分析方法

结合IPCC清单方法和国内外的相关研究成果,对南京市自然过程和社会经济过程的碳储量与碳通量进行全面的测算,主要包括不同途径的碳排放清单(工业能源消费、生活消费、农业活动、废弃物等)以及不同土地利用方式的碳排放清单(落实在不同土地利用方式上的碳储量和碳通量,以及土地利用方式变化带来的碳排放)。

2. 统计分析方法

对南京市碳输入/输出及其变化特征进行统计分析,了解南京市碳储量、碳通量以及不同土地利用方式的碳源/汇变化规律。

3. 因素分解分析

采用LMDI因素分解模型,对南京市碳排放总量以及土地利用碳排放量进行因素分析,探索南京市碳排放变化的主要原因和规律,为城市碳排放的土地调控策略的制定提供理论指导。

4. 物质代谢和隐含碳分析

物质代谢方法主要用于揭示南京市城市系统内部碳流通的特征和规律,隐含碳分析方法则用于对南京市城乡之间的隐含碳流通过程进行分析。

5. 土地利用结构优化模型

采用线性规划方法,建立基于碳蓄积最大化(碳汇最大化和碳排放最小化)的城市土地利用结构优化模型,并通过不同方案的对比和优选,选择最有利于碳增汇/减排的土地利用结构优化方案。

三、数据来源

本书的数据主要来自于各类公开发表的统计年鉴以及对南京市与江苏省相关部门的调研和收集,主要有:

1. 社会经济基础数据

人口、GDP、各行业产值、社会用电量等数据来源于《南京市统计年鉴》(南京市统计局,1990—2009年),南京建成区面积数据来源于《中国城市统计年鉴》(中华人民共和国统计局,2000—2009 年),水资源量数据来自于《江苏省统计年鉴》（江苏省统计局,2000—2009 年）。

2. 用于碳储量和碳通量测算的活动数据

城市绿化面积、城市废弃物、农作物产量、主要工业产品产量、稻田面积和畜牧产量等数据均来自《南京市统计年鉴》（南京市统计局,2000—2009 年），食物消费数据来源于《南京市统计年鉴》（南京市统计局,2000—2009 年）和《江苏省统计年鉴》（江苏省统计局,2000—2009 年），南京市房屋建筑面积及人均建筑面积数据来自于《南京市城市建设发展年度报告》（南京市建设委员会,2007—2009 年），木材产量数据来自于《南京市统计年鉴》（南京市统计局,2000—2009 年）以及对南京市统计部门的收集和调查。

3. 能源消费数据

能源消费数据（含能源平衡表）来自于《江苏省环境统计年报》（江苏省环保厅,2000—2009 年）、《南京市统计年鉴》（南京市统计局,2000—2009 年）、《中国能源统计年鉴》（中华人民共和国统计局,2000—2009 年）、《南京市经济普查年鉴》（南京市经济普查办公室,2008 年）以及对南京市统计部门的调研,城市生活能源消费数据来自于《中国城市建设统计年鉴》（中华人民共和国住房和城乡建设部,2000—2009 年）和《江苏城市建设统计年报》（江苏省建设厅,2000—2009 年）。

4. 土壤数据

土壤数据来源于中国科学院南京土壤研究所在江苏全省进行的土壤采样数据（采样深度为 100 cm,采样时间为 2001—2004 年）。其中,土壤容重数据来自江苏省地方志编纂委员会（2001 年）。

5. 土地利用数据

土地利用数据来源于 1996—2008 年江苏省土地变更调查数据（江苏省国土资源厅）。

四、技术路线

本研究主要围绕三个核心内容由浅入深地展开,即城市系统碳循环模拟、城市土地利用变化对城市系统碳循环的影响研究、基于土地利用结构优化的低碳城市管理研究。逻辑上按照"概念界定—机理分析—研究方法—实证分析—对策建议"的思路开展研究,首先构建城市系统碳循环及其土地调控的理论框架和方法体系,然后开展对南京市城市系统碳循环的实证研究,并分析不同土地利用方式的碳储量和碳通量状况以及土地利用变化的碳排放效应,最后落脚于基于土地利用结构优化的低碳城市管理(图1-1)。

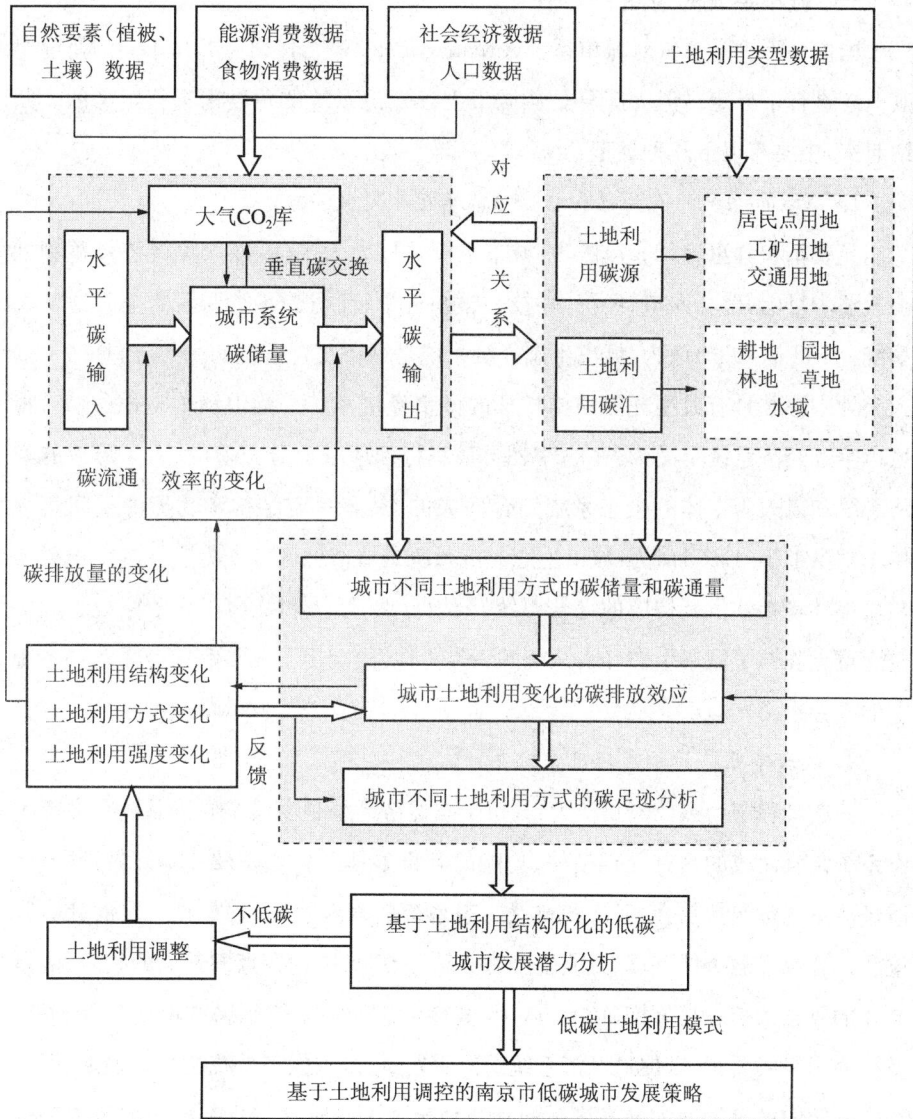

图 1-1 本研究的技术路线图

第三节 城市系统碳循环的相关概念辨析

一、城市系统的内涵

国内外不少学者曾对城市系统(urban system)进行过研究并从不同的角度对其概念进行了界定。但大部分是从城市生态经济系统的角度来进行定义的。归纳起来,主要有以下几种类型:

1. 从城市系统的人为性和社会功能角度来定义

吴晓军和薛惠峰(2007)认为:城市系统是以人为主体,以聚集经济效益和社会效益为目的,融合人口、经济、科技、文化、资源、环境等各类要素的空间地域大系统。Tailor(1986)认为:城市生态经济系统是城市复合系统的一部分,是一个以人类为中心并具有典型耗散结构特征的城市经济系统。梁山和姜志德(2008)将城市生态经济系统定义为:在地球表层某些特殊地域上分布着的、人工形成的经济系统和以人为主体的生态系统结合而成的、具有一定结构和功能的空间集聚体。刘洪奎等(1991)认为:城市生态经济系统是城市地区以人为主体的生物群体与城市环境相互依赖构成的综合系统,分为自然、经济和社会三个子系统。这些概念重点强调了城市生态经济系统的人类主体性,突出了人类及社会活动在系统中的主导作用。

2. 从城市系统的构成角度来定义

苏敬勤和宁小杰(2001)认为:城市生态经济系统是由城市经济系统和城市生态系统结合而成的具有一定结构、功能的有机整体。陈德昌(2003)认为:城市生态经济系统是包括社会、经济和自然生态系统的复合系统,它是在一定的社会制度和地理位置的条件下,以企业生产为基础、人口集中为特点的开放的物质、能量转化的复合系统。马传栋(1997)认为:城市生态经济系统是以城市生态、经济以及社会为组成要素,以促进经济系统的健康发展、维护生态系统的协调发展、保证社会系统的稳定发展为最终目标的复杂系统。这些概念重点突出了城市生态经济系统的构成,主要包括自然、经济和社会等子系统,其中,城市生态系统包括大气、水体、土地、矿产、植物等；城市经济系统包括工业生产、销售、运输等活动；城市社会系统是指由政治、行政机构、社会文化、伦理观等上层建筑，以及与城市居民生活密切相关的有关服务如物业、饮食、医疗、旅游、文化和教育等组成部分（陈德昌，2003）。

3. 从城市系统的复合功能角度来定义

贾广和（2006）认为：城市生态经济系统是一个具有特定功能和结构的生态经济复合体，具有自身的规律性，是一个能利用各种自然资源和社会经济、技术条件，形成生态经济合力，产生生态经济功能和效益的地域单元；城市生态经济系统是一个复杂系统，其基本功能包括经济功能、社会功能和生态功能三种，这三种功能通过经济再生产、人口再生产和生态环境再生产表现出来，并在系统内交织进行，形成了物质流、能量流、信息流、人流和价值流以及它们之间的输入、转化和输出关系。

综上所述，可以认为：城市系统（或称"城市生态经济系统"）是在一定地域范围和历史时期形成的，以人为主体的，具有高度复杂性、开放性、空间异质性的社会、经济和生态复合空间地域系统。

二、城市碳循环相关概念的辨析

本书中涉及的与"碳"有关的概念和术语较多，这里结合城市系统碳循环研究的特点，对涉及的主要术语进行概念界定（以下概念仅代表对"城市系统"的"碳过程"的界定），以明晰本文研究的主要内容和过程。主要概念如下：

1. 碳循环（carbon cycle）：城市系统内部以及与外部系统之间，碳以有机碳和无机碳形式不断生成、分解、排放、转移、流通、输入和输出的循环过程。城市系统碳循环包括两个相互联系、相互作用的过程，既包括城市自然生态系统中的碳的生物地球化学循环，也包括人类活动驱动的城市经济系统中碳的流通、转移、代谢和输入输出过程。前者称为碳的"生物地球化学循环"，后者叫做"碳流通"。

2. 碳源（carbon source）与碳汇（carbon sink）：碳源是指向大气中释放二氧化碳的过程、活动或机制，碳汇是指从大气中清除二氧化碳的过程、活动或机制

(UNFCCC)[1]。

3. 碳储量(carbon storage)：城市系统中，以各种形式为载体的碳的储存量的大小，包括自然碳库和人为碳库两部分(单位：tC)。其中，自然碳库主要是指地表植被、水体的碳蓄积以及1米深表层土壤的碳储存，人为碳库主要是指城市绿地、建筑物、家具、图书和人体等的碳储存。需要说明的是：本书仅考虑城市系统中的有机碳储量，而未对碳酸盐等无机碳部分进行核算。

4. 碳通量(carbon flux)：城市系统碳的输入或输出量(单位：tC)，包括碳输入通量和碳输出通量两种，各自又包括水平和垂直两个不同的方向。

5. 碳代谢(carbon metabolism)：含碳物质在城市系统中的加工、消费和转换的过程。如食物消费带来的碳转移，可以称为"食物碳代谢"；工业活动带来的碳生产和碳转移可以称为"工业碳代谢"；城市加工过程的废弃物的排出也可以看做碳代谢的结果。碳代谢可以理解为"碳流通"的一部分，但其强调的是城市内部碳的加工和转换过程。

6. 碳流通(carbon circulation)：城市系统内部以及与外部系统之间碳以各种形式的流动过程统称为碳流通。除碳代谢之外，碳流通还包括城市内部的碳流动和其他形式的直接碳输送，即不经过加工、消费、转换的含碳物质的输入、输出和流动。碳流通侧重于强调城市经济系统中的人为碳循环过程。

7. 隐含碳(embodied carbon)：任何一种产品的生产，都会直接或间接地产生碳排放。为了得到某种产品，而在整个生产链中的碳排放，称之为隐含碳(闫云凤、杨来科，2010)。本书的隐含碳主要是指：由城市或农村消费引起的各种工业产品生产和加工过程中的能源消费带来的碳排放。

8. 碳足迹(carbon footprint)：吸纳碳排放所需的生产性土地(植被)的面积，即碳排放的生态足迹(单位：hm²)，它代表了人为碳排放的环境影响程度；单位面积碳足迹是指吸收单位土地面积上产生的碳排放需要的生产性土地面积(单位：hm²/hm²)。

9. 碳补偿(carbon compensation)：区域(城市)自然生态系统碳汇对于人为活

---

〔1〕《联合国气候变化框架公约》。

动碳排放的吸收效果称为碳补偿,即表示区域自然生态系统的碳吸收能力。生态系统碳汇与人为碳排放的比值称为"碳补偿率"。

三、主要概念之间的关系

总体来讲,"碳循环"概念的范畴最广,包含了城市系统内部及其与外部系统之间的各种形式的碳的流通和转化过程,包括了其他所有概念的研究范畴。而其余各概念的范畴和侧重点各有不同,它们之间的主要关系如下:

碳通量＝碳输入通量＋碳输出通量

　　　＝(水平碳输入通量＋垂直碳输入通量)

　　　　＋(水平碳输出通量＋垂直碳输出通量);

碳足迹＝人为垂直碳输出通量/当地单位面积植被的平均碳吸收量;

碳源＝人为碳源＋自然碳源＝垂直碳输出通量

　　＝人为垂直碳输出通量＋自然垂直碳输出通量;

碳汇＝垂直碳输入通量;

碳流通＝碳代谢＋隐含碳流通＋其他形式的碳的转移和输入输出。

本书以城市系统碳循环为研究对象,重点分析和研究城市系统的碳储量、碳通量、碳流通、碳平衡、隐含碳等过程,并通过碳汇、碳补偿的分析来了解城市系统碳循环的压力状况。

另外,需要说明的是:本书中碳储量和碳通量的所有计算结果,均代表折算后的碳量(单位:tC),既不表示 CO_2 量,也不代表各种具体含碳产品的物质量。

第二章　城市系统碳循环及
土地调控研究进展

　　一段时期以来,城市系统在全球气候变化和碳循环中的作用并未受到充分重视,大部分学者侧重于对森林(Tian et al.,1998;Kauppi et al.,1992)、农田(West & Marland,2002)、草地(Bradford et al.,2007;Chang & Tang,2008)、土壤(Lal et al.,2002;李克让等,2003)等自然碳循环过程的研究,而较少涉及城市碳循环领域。进入 21 世纪以来,随着碳循环研究的进一步深入和"低碳经济"的提出,城市系统碳循环过程及其在区域碳循环中的重要地位开始受到国内外学者的关注,相关领域的研究也逐渐展开。全球碳计划(GCP)于 2005 年发起了城市与区域碳管理(Urban and Regional Carbon Management,URCM)研究计划(URCM, 2005),对城市碳循环研究起到了重要的推动作用。但总体来说,城市系统碳循环研究还处于起步阶段。本章主要从国内外两个方面对近年来城市系统碳循环的主要研究领域与低碳城市管理等方面进行总结和评述。

第一节　国外研究进展

　　国际上城市系统碳循环研究是随着近年来全球变化研究和低碳经济的发展而逐渐发展起来的。国外学者及研究机构主要在城市温室气体排放清单、城市碳排放及其影响因素、城市碳储存及自然碳过程、城市扩展的碳排放效应、城市系统碳循环模拟和城市碳管理及其调控等方面开展了相关研究。

一、城市温室气体排放清单研究

IPCC 于 1996 年和 2006 年先后两次发布《IPCC 国家温室气体清单指南》,这成为国家层面温室气体编制的权威著作和核算标准。早期城市温室气体清单方法沿用 IPCC 的清单方法,即核算能源,工业过程和产品使用,农业、林业和其他土地利用,废弃物四大领域的温室气体排放量。但城市层面温室气体清单编制与国家层面不同,不管是方法体系、编制模式、覆盖领域还是排放因子等都存在较大的差异(蔡博峰,2011)。

城市尺度温室气体清单研究始于 20 世纪 90 年代。国际地方环境行动理事会(ICLEI)探索并建立了适合城市特色的温室气体清单编制体系和方法(ICLEI,2008a;蔡博峰等,2009),将城市温室气体排放源分为三种不同范围:范围 1 指所有的城市行政边界内温室气体的直接排放;范围 2 特指城市消费和购买的由外部二次能源产生的温室气体间接排放,如电力、热力和蒸汽等;范围 3 指除范围 2 之外的所有间接排放,例如城市进出口商品蕴含的温室气体排放(ICLEI,2008b)。经过不断完善,ICLEI 的方法体系当前已经被国际上的城市广为接受,成为城市温室气体清单编制的主流方法。

基于 ICLEI 方法体系,不少学者对城市温室气体清单进行了研究和探索。比如,Kennedy 等(2009,2010)选择了 10 个典型城市进行温室气体清单的实证研究,结果认为,气候、资源可获取程度、电力、城市设计、废弃物处理等都对城市温室气体排放有着显著影响,同时,城市的地理位置对其温室气体排放有着至关重要的作用,并认为基于生命周期的碳排放量核算更能全面测算城市对全球气候变化的贡献度。Glaeser & Kahn(2010)和 Dhakal(2004)分别对美国 66 个大城市和东京、首尔、北京、上海的温室气体排放进行了研究,与 ICLEI 方法类似,考虑了外调电力和采暖因素。Norman 等(2006)认为城市温室气体排放清单还应该包括建筑材料使用等全生命周期的排放。Hillman & Ramaswami(2010)认为还应该包括城市必需的 4 种要素(食物、燃油、水和建材)生产带来的温室气体排放。Schulz(2010)以新加坡作为开放的经济系统案例,研究了直接和间接温室气体排放的碳足迹,认为城市温室气体研究应该涵盖社会经济系统的上下游生产过程,以及进出口商品生命周期的间接碳排放。以上研究对于城市温室气体核算研究体系的构建起到了较大的推动作用。

近年来国外一些城市如纽约、丹佛、伦敦、东京等都开展了温室气体清单研究（蔡博峰等，2009），具体核算方法大都是基于 ICLEI 开发的 CACP 软件，排放源包括商业、工业、交通、居民和公共机构，评估范围涵盖城市温室气体直接排放和城市消费外调电力、供暖的间接排放（陈操操等，2010）。另外，国际上也出现了一些城市温室气体减排的行动组织，如"C20/40 大城市气候领导组织""城市间气候保护行动"，这对城市温室气体管理和核算研究起到了重要的推动作用。

二、城市碳排放及其影响因素研究

实质上，更多研究并不是从城市温室气体清单的整体角度，而是从城市碳循环过程的某一侧面（如碳排放、碳输入和碳汇或碳消费等）入手开展研究的。其中，城市碳排放测算及其影响因素研究是一个重要方面，也是当前低碳经济背景下的城市系统碳循环研究的热点领域。

1. 城市碳排放研究进展

城市是一个涵盖自然和社会经济过程的复杂系统，受多种人为过程的影响，而且不同国家及地区自然和社会经济条件具有高度的空间异质性，因此城市碳排放的测算还存在较大的不确定性。

大多数城市碳排放研究是从城市整体层面展开的，重点是对城市不同行业（领域或部门）的碳排放进行核算、对比和分析。如 Gomi 等（2010）通过情景分析方法对东京市的碳排放和未来低碳经济发展进行了研究，发现住宅和商业部门是碳减排潜力最大的部门（分别占总减排量的 15% 和 18%）。Sovacool & Brown（2010）对全球 12 个大都市区（北京、雅加达、伦敦、洛杉矶等）的碳排放足迹进行了研究和对比评价，碳排放测算包括交通工具、建筑物能源使用、工业、农业和废弃物等，最后提出了在大都市区降低碳排放足迹的政策建议。Shrestha & Rajbhandari（2010）对尼泊尔首都各部门能源消费格局和碳排放进行了研究，分析了碳减排 10%、20% 和 30% 目标下的最低成本，以及其对于总成本、技术混合、能源结构和地方污染物排放量的影响。Baldasano 等（1999）对巴塞罗那温室气体排放清单的研究发现，主要的碳源是私人交通，占研究期内排放总量的 35%。

Parshall 等(2010)采用 Vulcan 数据,通过与城市空间分布的叠加分析,对美国城市尺度的能源消费和 CO_2 排放进行模拟研究,发现对城市区域不同的尺度定义在很大程度上影响建筑物和工业的能源使用比例。Vande Weghe & Kennedy (2007)根据多伦多市都市区人口普查数据,对居住区温室气体排放进行了研究,并分析了城市形态对温室气体排放的影响,发现由于私家车的使用,温室气体排放量较高的地区反而是位于低密度的郊区。Glaeser & Kahn(2010)对美国不同地点的新建筑的碳排放进行了定量化研究,发现土地利用法规和碳排放具有强烈的负相关关系,通过土地利用限制,低碳排放地区把大部分碳排放转移到其他地区;另外,城市市区的碳排放明显低于郊区。

以上研究表明,不同城市的碳排放及其构成具有较大的差异,这主要归因于城市产业结构、能源效率和发展模式等的差别。实际上,对于大多数城市而言,能源消费碳排放是城市碳排放的主体,因此对能源使用的碳排放途径及其清单开展研究对于了解城市碳过程具有重要意义。据研究,在城市能源消耗中,很多国家的交通运输能源消耗量约占全部终端能源消费的 $1/4\sim1/3$,占全部石油制品消耗量的约 90%(齐玉春、董云社,2004)。20 世纪,人类社会能源消耗量增加了 16 倍,CO_2 的排放量增加了 10 倍(Crutzen,2000),大部分高碳排放的亚洲国家 CO_2 排放量与能源消费量的增加趋势几乎一致(Slsslqi,2000)。

城市碳排放的研究方法较多。目前,国外估算碳排放的方法主要有清单编制法(IPCC,2006)、实测法(张德英、张丽霞,2005)、物料衡算法(IPCC,1996)、模型法(齐中英,1998)等,这些方法在使用过程中各有所长、互为补充,但不同方法的计算结果会有所差异。

2. 城市碳排放的因素分解和情景分析

近年来,国内外关于碳排放的因素分解和情景分析也逐渐展开。因素分解研究自 20 世纪 80 年代以来成为国际能源研究的热点问题,也是国际能源与环境政策制定中被广泛接受的方法(Ang,2004),其实质是将碳排放表示为几个因素指标的乘积,并根据不同的确定权重的方法进行分解,以确定各个指标的增量份额。常见的因素分解模型有 Laspeyres 指数法(Park,1992)、迪氏对数指标分解法(LMDI)(Ma & Stern,2008)、IPAT 模型(Ehrlich & Holden,1971)、STIRPAT 模型(York et al.,2003)、Kaya 公式(Kaya,1990)等,这些分解模型各有自身的特点和适用性,并在相关领域取得了较好的应用。因素分解模型最初应用于能源消费量和能源强度的变化研究(Sun,1998),近年来被引入碳排放研究中。比如:Schipper 等(2001)采用因素分解方法对 13 个 IEA 国家的 9 个制造业部门的碳排放强度进行了分析,解释了 1990 年以来碳排放增长的主要原因;Chang & Lin(1998)基于投入产出方法对中国台湾的产业碳排放及其结构分解进行了研究;Zha 等(2010)采用 LMDI 因素分解方法,对中国城市和农村地区的居住区碳排放的驱动因素进行了分析;Dhakal(2009)采用因素分解分析,对中国城市能源使用的碳排放进行了研究,结果发现,中国 35 个最大的城市,人口占全国的 18%,碳排放总量和能源使用却占全国的 40%。

在碳排放的情景分析方面,Kawase 等(2006)采用改进的 kaya 恒等式对碳排放进行了因素分解研究,并对不同国家的碳减排目标进行了情景预测;Shimada 等(2007)建立了未来区域尺度上低碳经济情景分析的方法;Phdungsilp(2010)对曼谷市能源消费碳排放进行了情景分析,采用 LEAP(长期能源替代规划系统)模型对政府政策进行了模拟,并对其影响 2000—2025 年能源和碳排放的变化程度进行了预测,结果发现,交通部门(特别是采用大容量公交系统)节能潜力最大;Fong 等(2009)以马来西亚 Iskandar 为研究案例,运用系统动力学模型模拟了不同城市政策方案下的碳排放趋势,根据城市政策方案的碳减排潜力,提出了相应的减缓气候变化的政策建议。这些研究对于了解城市碳排放状况及其驱动因素,探索低碳经济的路径和发展前景具有重要意义。

三、城市碳储存及自然碳过程研究

与自然生态系统类似,城市系统也具有一定的碳蓄积和碳汇功能。其中,城市土壤、植被和建筑物等是重要的碳库。因此,研究城市系统内部碳储存和自然系统的碳过程(特别是碳蓄积和碳汇功能)对于全面认识与评估城市系统在碳循环中的地位、作用具有重要意义。

受人类活动影响,城市植被和土壤的碳过程与自然生态系统具有明显差异。城市植被主要以绿化树木、灌木树篱和草地为主,其自然碳循环过程受人类日常维护措施如施肥、修剪和管理等的影响。城市土壤大部分长期被硬化地面覆盖,既不能生长植被,也不能接收雨水下渗,因此非城市景观向城市景观的转化会强烈改变土壤碳库和碳通量(Pouyat et al.,2002)。因此在城市植被和土壤碳研究中应充分考虑人为活动的影响。

在城市植被碳储量和碳汇功能方面的研究较多。Nowak(1993)对美国加州奥克兰市的城市森林碳储量进行了定量研究,结果发现,城市森林碳储量水平为11 t/hm^2。另外,根据测算,美国国家城市森林碳储存总量为350～750 MtC,并且预计,在未来50年内,城市森林可以固定363 MtC。Nowak & Crane(2002)从国家、区域和州等不同尺度上对城市树木的碳储量进行了估算,研究发现,城市植被在降低大气 CO_2 浓度方面起着重要作用,但城市树木的维护带来的碳排放会部分抵消城市植被系统的碳吸收。Zhao 等(2010)对杭州市城市森林的碳储量和碳固定量以及若干工业源的能源消费碳排放进行了研究,结果表明,杭州市单位面积碳储量和年碳汇量分别为30.25 t/hm^2 和1.66 t/hm^2,可以抵消工业碳排放总量的18.57%,说明杭州市城市森林具有较大的固碳效应。Escobedo 等(2010)对亚热带地区的城市森林碳储存进行了测算,结果表明,两种类型城市森林的碳汇补偿碳排放的比例分别为3.4%和1.8%,并认为将非林地转换为城市森林并不会显著增强碳减排效果。Poudyal 等(2010)以美国市政府的调查研究为例,对城市森林碳补偿潜力进行了研究,并提出了相应的对策建议。

国外一些学者也开展了土壤碳储量和碳通量方面的研究。Pouyat 等(2002)对城市生态系统的土壤碳通量进行了研究,结果发现土地利用类型的变化会显著影响土壤碳储量。土壤有机碳密度最高的类型为壤土(28.5 kg/m^2),就不同土地利用方式而言,低密度住宅区的土壤有机碳密度比商业区高44%,并指出自然扰动和人类物质的投入会显著改变城市土壤的碳储量。Mestdagh 等(2005)对比利时佛兰德斯市区和边缘区草地的土壤碳储量进行了计算。Jo(2002)对韩国三个城市 Chuncheon、Kangleung、Scoul 能源消耗的碳排放量,植物和土壤碳储量以及呼吸作用的碳排放量进行了测算,得出了三个城市的碳源和碳汇量,并对城市的碳平衡状况进行了初步分析。Takahashi 等(2008)对日本东京19个城市公园的土壤碳储量进行了研究,对三种不同植被下的土壤碳含量进行了分析,结果发现城市公园土壤具有一定的碳汇功能。以上这些都为研究城市自然生态系统碳循环特征和城市碳汇的估算提供了较好的思路。总体而言,城市自然碳过程研究与其他自然生态系统碳过程的研究方法类似,这也是目前城市碳循环研究较容易切入的一个角度。

Churkina 等(2010)从美国人类聚落区入手,对建筑物、废弃物、人体、植被和土壤五大碳库进行了测算。结果发现在美国城市区域,建筑物碳储量仅次于土壤碳库,甚至超过了植被碳库;在农村地区(城市郊区),建筑物碳库较低,而主要以土壤和植被碳库为主。就整个美国而言,人类居住区土壤碳库、植被碳库和建筑物碳库分别为 11.9 PgC、3.6 PgC 和 0.9 PgC。这改变了过去碳储量研究中仅考虑自然碳库的传统,为全面研究城市碳储量提供了全新的视角和研究方法。Pataki 等(2006)把城市看做一个生态系统,其碳平衡不仅包括化石燃料燃烧的驱动,而且也包括城市植被和土壤的碳循环。因此,跨学科的、包含自然和社会因素在内的整合生态系统研究有助于提升对于城市碳循环的认知水平。

四、城市系统碳循环模拟

过去的碳循环模型(基于过程的、生物地球化学的或遥感的)大都是对自然生态系统的模拟,没有考虑与人类活动相关的水平和垂直碳通量(Churkina,2008)。近年来国外学者逐步开展了针对城市或社区层面的碳循环模拟。总结起来主要有以下研究。

Svirejeva-Hopkins & Schellnhuber(2006)基于城市土地利用的简单划分对土地利用变化的碳动态过程进行了模拟。其将城市土地分为三部分,即 $S = Sg + Sf + Sb$。其中,S 为城区总面积,Sg、Sf、Sb 分别为绿地、贫民区和建成区面积(图 2-1,其中,dS 为城市年增加的土地面积)。于是城市生态系统碳的流动包括以下几部分:

$$生产的碳:N = NPP \times Sg \tag{2-1}$$

$$分解的碳:D = (1 - ke) \times NPP \times Sg \tag{2-2}$$

$$土地变化带来的碳:dC = (B^* + D^*) \times dS \tag{2-3}$$

$$输出的碳:E = ke \times NPP \times Sg \tag{2-4}$$

其中,NPP、B^* 和 D^* 分别指净初级生产力、活生物量和腐殖质数量,系数 ke 是指由城市系统区域输出到周边区域的死亡有机质的比例(为表达清楚,本书对

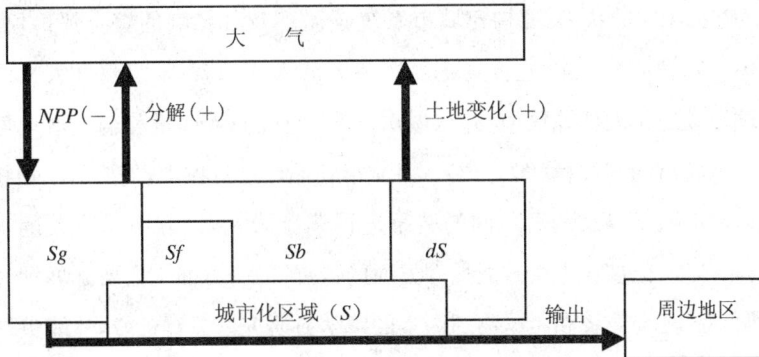

图 2-1　城市生态系统的碳过程

原文献中个别数学符号进行了调整）。该模型主要用来模拟城市土地利用变化对碳通量的影响，为基于城市扩展和土地利用的碳输入输出模拟提供了很好的思路，但仅考虑了植被碳吸收和碳输出以及土地利用变化带来的生物碳的变化，未考虑人类工业活动和生活消费对城市碳循环过程的影响。

Svirejeva-Hopkins & Schellnhuber(2008)又提出了一个基于人口密度空间分布的双参数"Γ分布"模型。该模型基于区域和世界碳排放、城市碳输出的动态对城市化进行了情景预测，并对城市年碳平衡进行了估算。与前述模型相比，"Γ分布"模型实现了人口密度和城市空间扩展的定量估算、预测，为进一步准确估算城市扩展对碳排放的影响打下了基础。

城市碳循环研究也可以在社区层面展开。Christen 等(2010)运用城市代谢的理论，将遥感数据、LiDAR 数据和统计数据相结合，综合考虑自然过程和社会经济活动，通过对植被、土壤、建筑物、废弃物、食物和人体、道路交通运输等模块的碳储量与碳通量的叠加整合分析，对温哥华的 Sunset 社区的碳储量和碳通量进行了模拟。结果发现，该社区的能源、食物等人为碳输入强度为 6.69 kgC・$m^{-2} \cdot a^{-1}$，植被光合强度为 0.49 kgC・$m^{-2} \cdot a^{-1}$；碳输出通量(6.22 kgC・$m^{-2} \cdot a^{-1}$)中，建筑物、交通、人类呼吸、土壤和植被呼吸各占 40％、47％、8％、5％。该研究将计算结果落实在社区空间，以 50 米栅格表示出社区空间的碳排放和碳吸收情况，并将模拟输出数据、能源消费统计数据和碳观测结果进行了对比分析。该研究构建了较为系统的城市社区层面碳代谢研究的方法。

Churkina(2008)认为:要构建城市系统碳循环及其影响的综合评价模型,不仅要考虑生物和物理因素,也要考虑城市系统的人文因素,从自然和人文两个角度构建城市碳通量的估算模型,并从城市碳库、城市输入通量和输出通量等方面来整体考虑城市的碳过程(图2-2)。对城市碳循环进行模拟,需要对生物物理通量和人为活动通量以及两者之间的关系进行调查研究,一方面需要大量能源使用、交通碳排放、植被和土壤碳通量等方面的数据,另一方面也需要开展针对影响城市碳循环的社会经济和生物物理因素的跨学科研究。只有这样,才能更好地了解不同区域城市系统碳循环的过程、途径、方向和机制(赵荣钦等,2009)。

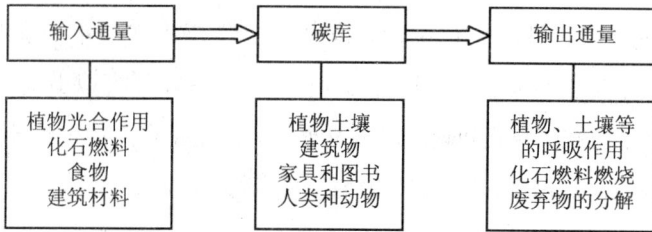

图2-2　城市生态系统的碳输入、碳库和碳输出(Churkina,2008)

五、城市扩展和土地利用的碳排放效应

城市扩展是最重要的土地利用/覆被变化方式之一,其对碳排放的影响主要包括两个方面:一是城市化带来更多的工业碳排放、产品消耗碳排放以及建筑材料消耗带来的间接碳排放;二是城市化带来的非工业化碳排放(地类转化带来的碳排放),比如森林或草地转化为城市用地,由于植物地上生物量会以 CO_2 的形式释放到大气中,这种转化表现为碳源(陈广生、田汉勤,2007)。

城市化过程直接影响了区域能源消费格局、生活方式和城市扩展的速率,对区域碳循环具有较大的影响。Canan & Crawford(2006)认为,城市化过程对区域碳收支的影响主要表现在两个方面:(1) 直接驱动力,一方面是城市化带来的土地利用变化,造成了森林砍伐、农地减少、基础设置扩展、农业扩张和木材加工等,并带来了碳排放;另一方面是城市建筑、交通运输、工业等领域的能源使用带来了碳排放。(2) 潜在驱动力,包括人口(组成、分布)、组织(团体、机构)、生态环境(生态系统、气候、土地利用/覆被)、技术(能源、交通运输)、制度(经济、政策、健康、教育和宗教)及文化(信仰、价值观、习俗和道德)六个方面。其中,潜在驱动力是认识"碳—气候—人类"系统循环的区域差异的关键要素,也是不同城市区域碳循环差异的主要原因。

Svirejeva-Hopkins & Schellnhuber(2008)针对 1980—2050 年间世界的 8 个地区,基于人口密度空间分布的双参数"Γ分布"模型对城市扩展(自然生态系统或景观转变为城市用地)对碳排放的贡献进行了定量核算,结果发现,2005 年全球城市化造成的碳排放为 1.25 Gt,之后有所下降。而且,城市碳排放具有明显的区域差异,中国和亚太地区是城市碳源,而其他区域正在由碳源变为碳汇,或处于中立状态。Svirejeva-Hopkins & Schellnhuber(2006)对土地利用变化的碳动态过程进行了模拟,其中考虑了因城市面积增加带来的植被和土壤生物量的变化。Koemer & Klopatek(2002)以凤凰城为案例,研究了干旱城市人类活动引起的土地利用变化和碳排放,对自然荒地和人工开垦用地(如高尔夫球场、垃圾填埋场、湿地、植被等)的碳密度与人为碳排放(如人类呼吸、汽车、飞机和能源工厂的排放等)进行了测算,并借助 GIS 工具,对所采集的数据进行了空间分析,结果发现,城市中人类呼吸和汽车排放超过碳排放总量的 80%。

城市扩展模式和城市形态(如城市蔓延或城市内部加密开发)影响人们的日常出行模式与交通能源消耗量,并进一步影响城市交通能源的碳排放。Hankey & Marshall(2010)根据美国最新的城市扩展规划,基于情景分析方法,设计了美国城市发展的六种不同的扩展情景,对城市形态对交通工具的碳排放量的影响进行了研究,结果表明,紧凑型城市的碳减排潜力达到 15%~20%。Ishii 等(2010)对日本宇都宫未来城市形态对居住、商业和公共建筑温室气体减排的影响进行了研究,分析了不同建筑密度下的节能技术的效益,发现城市形态、建筑物用途和建筑密度影响节能技术的实用性,这表明城市形态对于城市碳排放具有重要影响。

六、城市碳管理及调控研究

全球碳计划(GCP)于 2005 年发起了城市与区域碳管理(URCM)研究计划,是"科学主题 3"的首要内容,其核心内容是城市和区域水平的能源使用、土地利用变化(Dhakal,2005),首要目标是支持区域碳管理和城市的可持续发展。

1. 基本框架和科学问题

为便于碳管理的实施,URCM 提供了一个完整的方案,其研究层次及主要内容包括(Dhakal,2005):(1) 全球尺度:碳管理和人类社会的可持续性、城市化碳排放对碳汇功能的影响、空前的城市化率;(2) 区域尺度:城市的扩展和新城市的产生、不断侵占传统生态系统的边界;(3) 城市尺度:城市规模和密度、城市蔓延、对汽车的依赖度、消费水平及生活方式等。

城市碳管理要解决的科学问题包括(URCM,2005):(1) 在全球尺度上,城市化和全球碳循环是如何通过人口、富裕程度、能源及其他生物物理和社会经济机制相互作用的?(2) 如何定量分析当前和过去城市及区域的碳源/汇?低碳型城市和区域未来发展情景是什么?(3) 不同城市的不同碳模式的基本驱动因子(如地理条件、社会经济因素、历史遗存/模式等)及其潜在结构是什么?(4) 促进城市碳减排的管理策略有哪些?如:区域高效碳管理中的权衡和协作有哪些?在城市与区域碳管理中,碳管理制度和结构的作用是什么?

2. 碳管理措施

城市主要通过功能、格局和作用的相互结合来影响碳排放,而城市功能的发挥直接决定了碳排放的类型和规模。低碳化(decarbonization)是指采用低碳强度能源甚至无碳能源,以减少碳排放(Nakicenovic,1997)。城市的低碳化是实现城市的 U 型反转,即从城市发展初期的低碳到现在的高碳,再到未来的低碳(Lebel,2005)。实施城市碳管理的目的是为了实现低碳化的城市化发展道路(Canan & Crawford,2006),以缓解城市化对全球气候变化的影响。

结合 Lebel 等(2007)的研究,要实现低碳化的城市发展目标,可采取如下措施:(1) 采用低碳强度的交通系统,比如尽量采用大容量的公共交通体系,以减少私人机动车的发展,这可以在很大程度上减少交通领域的碳排放。同时,尽量采用清洁能源和新能源,在新的城市化区域降低对化石燃料的依存度。(2) 积极推进低碳技术革新,以提高能源使用效率和减少碳排放。(3) 调节城市规划、土地和交通基础设施。城市规划是将碳管理与城市发展相整合的关键过程,未来几十年城市设计和管理方法将对未来碳循环产生巨大影响(Munksgaard et al.,2005)。比如,建筑设计和布局可以考虑提高居住的节能、效率,紧凑格局可以使城市功能更有效地发挥,城市绿地空间可以增加碳吸收并降低城市热岛效应,等等,这些都应该在规划中进行调节。(4)部分改变人们的饮食习惯,基于科学合理的营养搭配和农业规划措施来生产并提供人们所需的食物,这不仅有利于人体健康,还可以减少碳排放和增加土壤碳固定。(5)通过对过度消费的调控来降低碳排放,比如为低收入阶层提供廉价、清洁、安全的出行方式、居住环境、工作和饮食等,同时向消耗大量资源并排放大量碳的群体征税(Lebel et al.,2007)。

　　区域发展途径是社会、经济和政治系统一系列变化的结果,它们随着时间和地点的不同而变化,一方面影响区域的碳沉积和碳流通过程,另一方面碳流通过程又对区域的发展过程产生反馈作用(Canadell et al.,2004)。城市是生产和消费系统的汇合点,也是大量碳流动和汇集的地方,这为管理和调控碳排放提供了机会,因此,了解城市化过程中生产和消费系统碳排放的机制,有助于在不同空间尺度上实现碳管理。总体来讲,可以通过政策调控、技术升级、制定标准、提高消费者文化等措施来实现城市的碳减排和碳管理(Munksgaard et al.,2005)。而在国家和区域层面,可以将低碳政体作为国家的意识形态工程来进行建设,将一套新的碳控制价值融入国家规划中,基于生态国家重建的思想设计环境调节的框架(While et al.,2010)。另外,确定和评估可能影响碳循环过程未来演变的具体干预点、干预途径十分重要,这也是GCP碳管理的行动计划之一(Canadell et al.,2004)。因此,城市碳管理是一个不同尺度的多层次体系,不仅局限于节约能源、提高能源效率和减少碳排放等方面,而且涉及复杂的城市社会和经济的各个方面;不仅是一个自然和技术问题,更是一个复杂的社会和政治问题。同时,碳管理和低碳化不一定阻碍经济发展,完全可以在提高人们生活水平的同时实现碳减排(Lebel et al.,2007)。

第二节　国内研究进展

　　与国外研究相比,国内城市系统碳循环研究在整体模拟研究方面较弱,而在城市碳排放、城市家庭层面碳排放和碳消费、低碳城市土地利用模式等方面有所

涉及。总的来讲,国内当前研究主要集中在以下方面:

一、城市温室气体排放清单研究

我国从 20 世纪 90 年代以来,逐渐开展了国家、省、城市等不同层面的温室气体清单的研究和编制。国家气象局、国家发展和改革委员会等部门也以此为基础开展了国家层面温室气体排放清单及碳排放的核算,并在一些地区开展了试点研究,主要有:

(1)国家发改委(2007)编制了 1994 年国家层面的温室气体清单,主要是借鉴 IPCC 的方法,对能源活动、工业生产过程、农业活动、土地利用变化和林业及城市废弃物处理的温室气体排放进行了测算。国内城市层面的温室气体清单最早出现于 1994 年,北京市环境保护监测中心与加拿大合作,编制了"北京市温室气体清单",建立了编制北京温室气体排放清单的方法学,并预测了 2000 年与 2010 年的排放水平(佟亮,1994)。2006 年,国家环保总局和意大利环境与领土部合作完成了"兰州大气监测系统建设和温室气体排放清单开发研究"(国家环保局,2006),通过固定监测站点的建设,对兰州市进行大气监测和温室气体排放清单的编制,涉及的领域包括燃料燃烧、水泥制造、飞机起降、农作物生产、畜牧业养殖、土地变化、固体废弃物和污水处理等。2010 年 8 月,国家发改委启动国家低碳省和低碳城市试点工作,广东、辽宁、湖北、陕西、云南五省和天津、重庆、深圳、厦门、杭州、南昌、贵阳、保定八市入选试点省、市。国家发改委向试点省市提出五项具体任务,其中重点任务之一是"建立温室气体排放数据统计和管理体系,加强温室气体排放统计工作,建立完整的数据收集和核算系统"。

(2)国内对于城市温室气体排放清单的学术研究也逐渐展开。蔡博峰等(2009)结合 IPCC 和 ICLEI 的温室气体清单方法、美国 EPA 排放因子和 OECD 排放因子数据库等,对 CO_2、CH_4 和 N_2O 等三种温室气体排放清单的编制方法进行了深入探讨,编制范围包括能源活动、工业生产过程、农业活动、土地利用变化和林业活动(含林业碳汇)、废弃物处置等,对各项温室气体排放都详细列出了相应的测算方法和适合中国城市的方法或推荐排放因子,这是一部比较系统的研究城市温室气体排放清单方法的著作。郭运功(2009)从能源消费、土地利用变化、人口碳排放、水泥生产、废弃物处置等方面测算了上海的温室气体排放量,这是对特大城市温室气体排放清单研究的较好的探索,但核算体系还需要进一步完善。赵倩(2011)参照 IPCC 方法对上海市温室气体清单进行了计算分析,进一步完善了城市温室气体核算框架。

(3) 温室气体排放清单研究也从行业或局部领域展开。如,师华定等(2010)结合我国电力行业特点,提出了符合我国国情的电力行业温室气体清单方法;胡其颖(2010)探讨了企业层面温室气体排放清单方法;徐思源(2010a)采用 IPCC 的清单方法对重庆市十年来城市生活垃圾的甲烷排放量进行了测算。

以上成果为城市碳循环核算方法研究提供了很好的借鉴。但总体而言,还仅仅是在不同领域和层面上开展的相关研究、示范工作,仍存在以下不足:一是我国业已编制的温室气体排放清单,仍然是以 IPCC 的排放清单为基础,在体系上没有根本性的突破,与我国国民经济核算体系尚未接轨;二是温室气体排放的部门和账户的设置不尽合理,如缺乏水域碳汇的核算等;三是碳排放源信息和排放因子难以获取,核算精度较低;四是碳排放因子本地化研究不足,城市之间核算部门和方法存在差异,难以客观有效地进行对比。

二、城市碳排放及其影响因素研究

目前在全国层面的碳排放研究较多,如魏一鸣等(2008)、牛文元(2008)、黄贤金等(2009)都从不同层面对中国碳排放进行了测算和分析。国内城市碳排放研究主要集中于城市层面和社区(家庭)层面碳排放的研究,但总体而言,采用 IPCC 清单方法对城市碳排放进行测算分析是当前国内研究的主流。

1. 城市层面碳排放研究进展

国内城市层面的碳排放研究以上海居多,且主要集中在 2009 年之后。一些学者分别从城市碳源/碳汇、能源消费碳排放、碳足迹和碳流通等不同角度开展了对上海市碳排放的研究。比如,钱杰(2004)构建了城市碳源碳汇模型,对化石燃料燃烧,人类呼吸、土壤和植被的呼吸作用碳排放,生态系统碳储量等进行了测算,通过对碳源碳汇变化的时间序列和影响因素分析,提出了低碳城市发展的对策建议;赵敏(2010)对上海市碳源碳汇结构的变化进行了研究,并分析了其变化的驱动机制;黄蕊等(2010)采用最优增长率模型对上海市未来能源消费量和碳排放量进行了研究,结果发现,上海碳排放高峰年为 2035 年;梁朝晖(2009)通过对上海市能源消费量的预测,测算了未来情景下的碳排放量及其演变趋势;杨鹏等(2010)也对上海市碳排放量及碳源分布进行了研究;谌伟等(2010)运用因果检验和方差分析技术对上海工业碳排放量与碳生产率的关系进行了分析;郭运功等(2010)对上海市能源利用的碳排放足迹、碳足迹产值和生态压力值等进行了分析,并进一步探讨了经济发展与碳排放足迹之间的关系;赵敏等(2009)采用 IPCC 的方法,对上海市能源消费的碳排放进行了研究,并分析了碳排放强度下降的原因;谢士晨等(2009)构建了上海市能源消费的碳流通图,分析了不同能源类型、产业部门和能源加工转换与损失等过程的碳流通;帅通和袁雯(2009)分析了上海市产业结构和能源结构的变动对碳排放的影响。

除上海之外,部分学者也开展了对北京、重庆和南京等大城市碳排放的相关研究。如:张金萍等(2010)对京津沪地区城市碳排放结构进行了测算分析,并提出了城市低碳水平的测度方法;王卉彤和慕淑茹(2010)对北京能源消费总量、结构与碳排放的变化趋势进行了研究;唐燕秋等(2010)对重庆市碳排放现状及低碳经济发展策略进行了研究;郑思齐等(2010)对 1999—2006 年我国 254 个地级及以上城市的居住碳排放进行了测算,发现南北方城市生活用电、冬季供暖和日常生活等碳排放具有较大差异;钟宜根等(2010)对南京市城市规模与碳排放的关系进行了研究,发现经济增长对碳排放变化具有增量效应,而土地开发密度与碳排放量存在显著的负相关关系;徐思源(2010b)对重庆市的主要碳源和碳汇进行了测算,并对其未来趋势进行了情景分析;王海鲲等(2011)提出了中国城市碳排放核算的范围和框架,并以无锡市为例进行了核算研究;马巾英等(2011)通过综合城市复合生态系统内社会经济活动的主要排碳和耗氧行为,构建了城市碳氧分析模型,对 2007 年厦门市碳氧平衡状况进行了定量化分析。

2. 城市社区(家庭)层面碳排放研究

国内部分学者也开展了城市社区层面碳排放的研究。宋敏(2010)基于城市家庭层面的能源消耗开展了碳排放研究,包括住宅耗电、私人和公共交通工具、住宅取暖和家庭燃料等,并以此对中国 74 个主要城市进行了家庭碳排放排名,结果表明淮安和宿迁是最绿色的城市,而且家庭碳排放与人口规模、人口增长、收入、气温和城市化发展模式等因素有关。陈琦等(2010)基于昆明市城市家庭终端消费,对家庭层面碳排放量及其构成的变化趋势进行了分析。杨选梅等(2010)基于南京市 1000 个家庭碳排放调查数据,探讨了家庭消费活动与碳排放之间的关系,并总结了一套适合中国国情的家庭碳排放系数,结果发现:南京市家庭能耗、生活垃圾和交通出行碳排放比例为 64∶24∶12。城市社区层面碳排放研究从居民消费端探索了城市碳排放的特征和构成,为城市自下而上的碳排放研究提供了较好的思路。

3. 碳排放的因素分解研究

在碳排放因素分解方面,大多是针对国家或省级层面的研究,近年来随着低碳城市的研究,城市层面的碳排放因素分解研究也逐渐展开。徐国泉等(2006)基于碳排放量的基本等式,采用对数平均权重 Disvisia 分解法,建立中国人均碳排放的因素分解模型,定量分析了 1995—2004 年间能源结构、能源效率和经济发展等因素变化对人均碳排放的影响。刘红光和刘卫东(2009)采用投入产出、LMDI分解分析方法对我国工业源碳排放进行了因素分解研究。燕华等(2010)采用 STIRPAT 模型定量分析了 CO_2 排放量与人口、富裕度、城市化水平、技术进步之间的关系,并分析了上海市未来碳排放和减排潜力的不同情景模式。郭运功等(2010)对上海市物质生产部门终端能源消费的碳排放进行了分析,并采用 LMDI模型对碳排放进行了因素分解分析,发现产业增加值是上海物质生产部门碳排放增加的决定因素,而能源效率和产业结构则是促进碳排放的下降因素。

4. 城市碳排放的情景分析

在城市碳排放情景分析方面,Guo 等(2010)采用系统分析方法对上海市碳减排进行了情景分析,认为上海市要满足"十一五"规划的要求,2015 年和 2020 年碳减排量需要达到 17.26 和 111.04 Mt,这比当前增速下 2020 年的预测值减排近46%。Li 等(2010)也以上海市为例,对不同发展情景下的能源需求和碳排放进行了分析,认为在 BP 情景下,2020 年上海能源需求总量为 160 Mt,同时 2020 年碳排放为 330 Mt,比自然情景下减排 48%。在国家层面也有关于碳排放情景的研究,比如:中科院可持续发展战略研究组(2009)对中国低碳发展情景和发展战略对策进行了论述;庄贵阳(2005)对我国经济低碳发展的可能途径与潜力做了分析;温宗国(2008)针对低碳发展措施对我国经济可持续发展的影响进行了情景分析;Gielen & Chen(2001)以上海为研究案例,对1995—2020年中国能源和环境政策的碳减排效果进行了分析。以上研究为深入分析碳排放量年际变动的不同因素的作用机制打下了基础,对于研究人文因素和经济活动及其过程对碳动态的影响具有重要意义。

三、城市碳储存及自然碳过程研究

在城市植被、土壤、城市水体和建筑木材碳储存方面,国内学者开展了一些研究,这增强了对城市生态系统碳循环过程的认知。

在城市植被碳储存方面,管东生等(1998)对城市绿地碳的贮存、分布和固碳放氧能力进行了估算,探讨了城市绿地对城市碳氧平衡的作用。结果发现,植物光合作用固碳和放氧量分别相当于人口呼吸释放碳和消耗氧的 1.7 倍和 1.9 倍,但远小于化石燃料燃烧释碳耗氧量。王迪生(2009)基于生物量方法,对北京市城区园林绿地净碳储量进行了测算,结果发现,北京平均每公顷园林植被和土壤碳储量分别为 22.1 t/hm² 和 70.33 t/hm²,植被年平均生物量增长 2.09 t/hm²。北京市森林和园林植物可补偿碳排放总量的 53.2%。何华(2010)提出了建筑系统、社会系统和绿地系统的居住区生命周期碳收支计算框架,对深圳市小区的碳收支计算结果表明:碳源与碳汇的比例为 29∶1,在居住区全生命周期中碳源和碳汇严重失衡;在碳源构成中,社会碳源与建筑碳源的比例为 4.6∶1,社会碳源成为影响碳收支平衡的重要因素。彭立华等(2007)应用 City Green 软件对南京市城市绿地的固碳效益和碳削减率进行了评估,发现南京市主城区单位面积碳储存量为 30.2 t/hm²,而且不同的用地类型碳储量也存在较大差异,其中城市绿地最高。谢军飞等(2007)也对北京城市园林树木碳储量进行了研究。

与自然土壤相比,城市土壤性质发生了显著变化,城市化进程和路面封闭对城市土壤碳储量和分解速率具有较大的影响。董艳等(2007)研究了福州市自然及人工管理绿地土壤有机碳含量的差异和垂直分布规律,发现该市自然绿地景观 0~10 cm 土层有机碳均值比人工管理绿地有机碳含量均值低。部分学者还对城市化和城市扩展对土壤碳储量的影响进行了研究,大部分结果表明,城市土壤碳储量远远大于郊区和乡村。孙艳丽等(2009)以开封为例,研究了土壤有机碳在不同类型功能区的分布,结果表明,土壤表层有机碳密度最大的是休闲区,最小的为行政/居民区,城区土壤有机碳平均是郊区的 2.53 倍。何跃和张甘霖(2006)对城市土壤有机碳含量及来源进行了研究,结果发现,与郊区相比,城市土壤的有机碳含量普遍偏高。章明奎和周翠(2006)对杭州市不同土地利用功能分区研究发现,城市土壤表层中平均有机碳含量约为远郊区土壤的 4.3 倍,有机碳含量在风景区最高,其次为工业区和文教区,居民区和商业区相对较低。

除自然植被和土壤之外,城市水体、建筑木材和家具等也起到一定的碳储存功能,这对于全面认识和评估城市系统在区域碳循环中的地位十分重要。近年来,城市水体的碳循环也受到重视,杨洪(2004)采用水体监测数据,对武汉东湖碳循环和碳收支过程进行了研究,发现东湖是一个较小的碳源。俞佳等(2009)利用总有机碳分析仪测定了芜湖市区几种典型地面水体总有机碳含量,并探讨了城市和郊区水体以及不同天气状态下的水体有机碳含量的差异及其原因。张发兵等(2008)对太湖碳循环进行了系统研究,认为太湖水体碳循环对大气二氧化碳浓度的降低有正面作用,即太湖表现为碳汇。除水体外,城市木质林产品也是重要的碳库,比如,中国家具业和建筑业十分兴旺,较长时间固存在这部分木材中的碳量对区域碳平衡的估算是不可忽视的量(方精云等,2007)。白彦锋等(2009)根据三种测算方法对中国木质林产品的碳储量进行了计算,并分析了我国木质林产品在替代建筑材料方面的减排潜力。结果发现,我国木质林产品的碳储量处于增长趋势。

四、城市碳代谢与碳流通研究

城市物质代谢的概念是由 Wolman(1965)于 1965 年提出的,他认为城市代谢就是将物质、能量、食物等输入城市系统,并输出产品和废物的过程。和自然生态系统类似,将资源转化为有用产品及废物的过程就是城市系统的新陈代谢过程,这指明了人类社会物质和能量运动的基本方式、方向。城市物质代谢研究主要目的是分析和了解与人类有关的物质、能量的流动,重点关注进出社会经济系统的物质数量与质量及其生态效应(马其芳等,2007)。目前,城市代谢的概念多应用于物质、能量、食物、营养物和水等领域,而较少涉及碳过程。由于城市原料和产品的代谢是城市碳通量的载体,因此通过城市代谢方法,可以更深入地了解城市系统的碳循环过程。

城市代谢可以从宏观和微观等不同层面展开。Kennedy 等(2007)对世界 5 大洲、8 个都市区的城市代谢过程进行了宏观研究,发现大部分城市人均水、污水、能源和原料等代谢量都呈明显增加趋势,这意味着城市足迹区面临着较大的环境资源负担(Churkina,2008)。因为城市的繁荣依赖于与其腹地的空间关系和全球资源网,代谢增加意味着失去更多的农田、森林和生物多样性,增加更多的交通和污染(Kennedy et al.,2007)。这为认识城市系统的碳过程提供了较好的思路,因为城市系统碳循环过程是与城市物质代谢相伴而产生的,碳循环效率和过程也取决于城市物质代谢的效率。但城市代谢方法未考虑城市蔓延区和足迹区的植被及土壤的垂直碳通量(Churkina,2008),即代谢方法只考虑了人类经济生活部分,而未涉及自然碳过程。

另外,城市代谢也可以从微观的家庭代谢层面展开(刘晶茹等,2003),从家庭层面研究自然资源的输入和输出通量(马其芳等,2007)。对荷兰城市家庭代谢研究发现:不同家庭生活模式影响着物质吞吐量,甚至影响着整个经济系统的运行,结果表明荷兰城市家庭代谢状况不利于社会、经济、生态的可持续发展(Biesiot & Noorman,1999)。食物消费是家庭碳代谢的重要环节,罗婷文等(2005)对北京市家庭食物碳消费的变化趋势进行了分析,发现人均及户均食物碳消费量由明显减少转变为明显增加态势,主要原因是食物消费结构的变化,另外,食物碳消费量还与家庭收入、年龄结构和教育水平等有一定的关系(Luo et al.,2008);吴开亚等(2009)对上海市居民食物碳消费及其变化趋势进行了分析,并探讨了食物碳消费波动变化的原因;何月云(2008)结合各种食物碳含量的参数,对厦门市居民食物碳消费和代谢及其环境影响进行了分析;智静和高吉喜(2009)从食品消费周期的角度,对中国城乡居民的食物消费对碳排放的影响进行了研究,其中对直接食物消费碳排放和化肥使用、能源消耗、食物存储、加工运输等过程的间接碳排放等进行了测算。结果表明,城镇居民食物碳消费总量高于农村居民,其中直接碳排放低于农村居民,而间接碳排放高于农村居民。

城市碳代谢和碳流通研究为分析社会、经济因素对城市系统碳循环的空间异质性的影响提供了较好的思路,并有助于解释不同经济结构和生活方式对碳循环的影响,为进一步精确估算城市系统碳通量奠定了基础。

五、碳足迹及其应用研究

1. 碳足迹的概念辨析

20世纪90年代,加拿大学者提出了生态足迹(ecological footprint)的概念,其以生态生产性土地面积来度量某个确定人口或经济规模主体的资源消费和废弃物吸收水平,测量人类生存所必需的真实生物生产面积。生态足迹已经成为近年的研究热点,世界各国学者对其进行了深入的研究并不断加以完善。Hoekstra(2003)提出了"水足迹"的概念,是衡量人类对水资源系统真实占有量的指标。这些研究,都是为了定量反映人类社会经济活动中对于自然资源的占用、消费以及各种废弃物排放的代谢情况,由此可以更直观准确地反映出对资源环境系统的影响状况(孙建卫,2008)。

碳足迹(carbon footprint)是在生态足迹的概念基础上提出的,是随着人们对全球变化的重视而产生的新名词,可以看做是对某种活动引起的(或某种产品生命周期内积累的)直接或间接的CO_2排放量的度量(Wiedmann,2007)。

碳足迹概念2006年就已经在英国流行开来,并被列入英国和美国出版的第六版《牛津简明英语词典》。其指的是每个人的温室气体排放量,表征了个人的能源意识和行为对自然界产生的影响。碳足迹可以分为第一碳足迹和第二碳足迹。第一碳足迹是因使用化石能源而直接排放的二氧化碳,比如一个经常坐飞机出行的人会有较多的第一碳足迹,因为飞机飞行会消耗大量燃油,排出大量二氧化碳;第二碳足迹是因使用各种产品而间接排放的二氧化碳,比如消费一瓶普通的瓶装水,会因它的生产和运输过程中产生的碳排放而带来第二碳足迹。碳足迹越大,说明个人的碳排放量越多,对全球变暖所要负的责任越大,因此碳足迹概念的提出是为了让人们意识到应对气候变化的紧迫性(黄贤金等,2009)。近年来,一些学者对碳足迹研究不断重视,并对其概念作了界定(表2-1)。

表2-1　主要的碳足迹概念

作者(时间)	概　　念
BP(2007)	碳足迹是人们日常生活(从洗衣服到驱车送孩子上学等一系列活动)排放的CO_2量。

作者（时间）	概　念
Energetics(2007)	碳足迹是指人们日常活动带来的全部直接或间接的 CO_2 排放量。
ETAP(2007)	碳足迹是对人类活动对环境影响的度量（以温室气体产生量来度量，单位：tCO_2）。
Grub & Ellis(2007)	碳足迹是对化石燃料燃烧二氧化碳排放量的度量。对一个商业组织来说，碳足迹是指其日常运转中产生的直接或间接的 CO_2 排放量。碳足迹也可以反映进入市场的商品中包含的化石能量的大小。
Global Footprint Network(2007)	碳足迹是指吸收（以光合作用方式）化石燃料燃烧碳排放的所需的生态承载力的需求量。
Post(2006)	碳足迹是指一个过程或产品整个生命周期内释放的 CO_2 和其他温室气体的总量（单位：$gCO_2\,eq/kWh$）。
Wiedmann(2007)	碳足迹是对某种活动引起的（或某种产品生命周期内积累的）直接或间接的 CO_2 排放量的度量。
World Wildlife Fund (2008)	碳足迹包括化石燃料燃烧带来的直接碳排放，也包括国外进口产品带来的间接碳排放。碳足迹是通过估算需要的自然碳固存量来计算的，即扣除被海洋吸收的 CO_2 量之后，基于全球森林的平均碳吸收率来计算吸收剩余碳排放所需的土地面积。

可以看出，国际上对碳足迹主要有两种理解：一是将其定义为人类活动的碳排放量，即以排放量来衡量；二是将碳足迹看做生态足迹的一部分，为吸收化石燃料燃烧排放的 CO_2 所需的生态承载力，即以面积来衡量。这里，第一种理解与碳排放量相同，容易造成概念混淆，因此第二种理解更适合作为对碳足迹的准确界定。

2. 区域碳足迹测算及应用研究进展

作为人类活动对环境的影响和压力程度的衡量，碳足迹成为近年来国外生态学研究的新热点领域。比如《地球生命力报告》（World Wildlife Fund，2008）在计算生态足迹时，分为碳足迹、农用地足迹、牧草地足迹、林地足迹、渔业用地足迹和建设用地足迹六类；并认为，碳足迹既包括化石燃料燃烧带来的直接碳排放，也包括国外进口产品带来的间接碳排放。碳足迹是通过估算所需的自然碳固存量来计算的,即扣除被海洋吸收的CO_2量之后,基于全球森林的平均碳吸收率来计算吸收剩余碳排放所需的土地面积。按此计算,全球人均生态足迹为 2.7 hm^2,其中碳足迹为 1.41 hm^2;中国的人均生态足迹为 2.1 hm^2,其中碳足迹为 1.13 hm^2。可见碳足迹是导致人为生态影响的重要因素。Sovacool 等(2010)对全球 12 个大都市区的碳足迹进行了评价分析,并提出了减少碳足迹的政策建议。Kenny & Gray (2009)以爱尔兰为例,对六种碳足迹计算模型的运行效果进行了对比分析。

在国外研究的基础上,国内学者也对碳排放足迹、碳排放足迹产值和影响力等进行了研究。谢鸿宇等(2008)在对森林和草地 NEP 进行测算的基础上,基于碳循环和植被碳吸收的思路对以前的化石能源的定义进行了重新修正,并对各种化石能源的单位生态足迹和中国电力的生态足迹进行了计算,这是国内较早开展的对能源消费碳排放足迹的测算。郭运功(2009)提出了"碳足迹产值"的概念,即人均 GDP 与人均碳足迹的比值,并提出了"能源利用碳足迹生态压力"指数,即人均能源利用碳足迹与人均拥有的生产性土地面积的比值,用来表征能源消费碳排放对自然生态系统产生的压力。结果发现,上海碳足迹产值不断提升,但明显滞后于 GDP 的增长,而且由于 2000 年以后上海市人均碳足迹呈扩大趋势,使得上海碳足迹生态压力也迅速提升。赖力等(2006)和孙建卫等(2010)结合投入—产出分析方法,提出了碳足迹影响力和感应力系数指标,用来对部门之间的碳关联进行分析。影响力系数用来衡量一个产业对其他产业的影响程度,反映国民经济某一部门增加单位最终使用时,对国民经济各部门所产生的需求波及程度;感应力系数是反映国民经济各部门增加单位最终使用时,某部门由此而受到的需求感应程度。他们结合这两个系数的计算方法对各部门的碳排放足迹强度大小及其关联程度进行了分析。

计算碳足迹是评价温室气体排放的重要而有效的途径之一。目前碳足迹研究方法主要有两类:一是自下而上模型,以过程分析为基础;二是自上而下模型,以投入—产出分析为基础。这两种方法的建立都是依据生命周期评价的基本原理。碳足迹研究可以从不同尺度和特定产业部门角度展开,不同尺度包括个人/产品、家庭、组织机构、城市、国家等,特定产业/部门包括工业、交通、建筑、供水、医疗等(王微,2010)。2007 年,百事公司旗下某薯片产品首次应用此碳足迹计算方法进行了碳足迹分析,成为第一个被贴上碳标签的产品。到目前为止,该方法已经被广泛应用到全世界 20 多个公司的 75 种产品(Brenton et al.,2008)。Marilyn 等(2009)分析了 2005 年美国 100 个主要大城市地区的客运货运交通及住宅区能源消费的碳足迹,结果发现,这 100 个大城市的人均居住碳足迹(2.24 t)仅为美国全国人均居住碳足迹(2.60 t)的 86%,也就是说大城市的能源利用效率要高于其他城市和地区。为量化分析不同建筑物在生命周期各阶段的能源消耗和温室气体排放情况,乔永峰(2006)以生命周期评价(LCA)方法的基本概念和理论框架为基础,建立了建筑物能源消耗和 CO_2 排放量的数学计算模型,为建筑业碳足迹测算提供了可供借鉴的研究方法。

除此之外,国内还有一些学者基于不同的侧面和研究目的,对碳足迹的核算方法进行了探讨(黄贤金等,2009;李志强和刘春梅,2010;赵荣钦,2010)。但总体而言,碳足迹研究仍处于起步阶段,需要进一步深入和拓展,尤其是对各种人类能源活动的碳足迹的区域差异研究有待于进一步加强。

六、低碳城市发展策略研究

部分学者也开展了低碳城市发展策略的研究,并从城市产业布局、城市低碳评价等角度提出了一些低碳城市发展的对策和策略。顾朝林等(2009)、戴亦欣等(2009)分析了建设低碳城市的必要性,认为低碳城市是碳减排的关键,不仅是新型城市发展和规划理论的有益尝试,而且为其他城市提供发展上的后发优势。李克欣(2009)认为低碳城市建设应遵从"顺时、因地、应变、简约"原则,设计创造城市形态,充分利用各种资源,执行简约的生活方式。毕军(2009)指出低碳城市建设要在能源低碳化、生产低碳化、消费低碳化和排放低碳化四个方面开展。陈飞和诸大建(2009)通过构建低碳城市模型对上海市碳排放进行了计算,并提出了低碳城市发展的若干对策。朱守先(2009)选择一些量化指标对我国若干城市低碳发展水平进行了对比研究。余凌曲、张建森等(2009)在分析我国城市轨道交通发展与低碳城市建设之间关系的基础上,提出加快我国城市轨道交通发展,促进低碳城市建设的若干政策建议。

低碳城市的实现需要借助于规划的引导,制定低碳城市规划对于发展低碳城市具有重要意义。潘海啸等(2008)从规划角度探讨了低碳城市发展问题,从区域规划、城市总体规划、详细规划三个层次分析了规划编制方法和技术标准,并在城市交通与土地使用、密度控制和功能混合方面提出了改进规划编制的建议。潘晓东(2010)从低碳城市发展战略和规划的制定、低碳城市规划实施和监测、低碳城市温室气体排放清单编制等方面开展理论研究与制度设计,提出了符合中国实际的低碳城市发展路线图。潘海啸(2010)指出必须对城市交通和土地使用模式进行必要的控制,并提出了城市容积率控制、交通可达性、土地混合在低碳城市规划中的重要性。廖威和唐静(2010)基于低碳理念,以宁波梅山保税港城国际商贸区为例,对城市新区进行了控制性详细规划编制,采用公共交通和步行优先的交通方式,以及低碳设计要素图示化、条文化的二元地块管理模式等,将低碳理念真正落实到空间,有效指导地块开发。中国城市科学研究会(2009)从城市和居住区层面对总体规划下的低碳城市形态结构、详细规划下的低碳节能居住区设计等进行了探讨,并提出了低碳城市规划编制的修正建议。

七、城市低碳土地利用模式研究

土地利用/覆被变化是影响陆地生态系统碳循环的主要因素,也是仅次于化石燃料燃烧导致大气 CO_2 浓度急剧增加的最主要的人为原因(Quay et al.,1992;Houghton & Hackler,2003)。土地利用变化直接影响区域陆地生态系统的分布和结构,并改变其碳储量和碳通量过程(高志强等,2004)。因此,通过研究城市土地利用的碳排放效应,探索城市低碳土地利用模式是构建低碳城市的重要措施。

1. 城市土地利用的碳排放效应研究

由于各区域自然及社会经济条件的差异,各种土地利用类型的碳储量、碳通量都存在较大的差异,同时,土地利用变化对碳循环的影响程度、区域差异、碳源/汇(Schindler,1999)等问题仍存在较大的空间差异(陈广生、田汉勤,2007)和不确定性。

国内一些学者对土地利用变化的碳排放效应进行了研究。葛全胜等(2008)研究发现,过去 300 年间,中国陆地生态系统植被和土壤变化造成的碳排放达4.50~9.54 PgC。Fang 等(2001)研究表明:中国土地利用活动(特别是人工造林)引起陆地生态系统碳吸收大约为 0.45 PgC。李颖等(2008)和张秀梅等(2010)采用相关经验系数,对江苏省土地利用方式的碳源和碳汇强度进行了测算,并对土地利用的碳排放效应进行了分析。赖力和黄贤金等(2011)采用IPCC的清单方法,对中国不同省区碳蓄积、碳汇和各种土地利用方式的碳排放进行了定量分析,并结合国土空间规划的碳减排效应提出了区域土地利用结构优化的方案,认为土地利用结构优化的碳减排潜力约为常规低碳政策的1/3。李颖等(2008)对江苏省不同土地利用方式的碳排放效应的研究发现,建设用地产生的碳排放量占总碳排放的一半以上,而且随着建设用地的扩展,碳排放强度呈逐年增加的态势。游和远和吴次芳(2010)从能源消耗的视角,对土地利用的碳排放效率及其低碳优化进行了研究。余德贵和吴群(2011)建立了区域土地利用结构的低碳优化动态调控模型,并以江苏省泰兴市为例进行了实证研究。刘英等(2010)构建了土地利用碳源/汇的研究框架,并对河南省进行了实证研究,分析了各种土地利用方式碳源/汇强度及其变化特征。江勇等(2010)以河北省武安市为研究案例,通过对主要碳源和碳汇的测算,研究了土地利用变化对生态系统碳源/汇的影响。梅建屏等(2009)探讨了城市微观主体土地利用模式对碳排放的影响,并以南京市某单位为例,对不同交通方式能源使用的碳排放量进行了评测。温家石等(2010)通过实地调查和测量,估算了台州市城市建成区的生物量和净初级生产力,认为适当提高城市绿化覆盖率能够补偿因土地利用方式改变而损失的碳吸收能力。叶浩和濮励杰(2010)分析了苏州市土地利用变化对区域生态系统固碳能力的影响,认为土地利用变化(耕地面积减少)是苏州市生态系统固碳能力下降的主要原因。汪友结(2011)从低碳经济的视角,建立了城市土地低碳利用的概念模型,并对城市土地低碳利用的内部静态测度与动态协调控制进行了初步分析。

不同用地类型的碳排放效应明显不同。研究表明,建设用地能在很大程度上增加碳排放,而林地碳汇则能补偿人为能源活动的碳排放。总体来看,建设用地的碳排放强度达到55.8 t/hm²,其中工矿用地碳排放强度最大,达到196 t/hm²,而林地碳吸纳强度为0.49 t/hm²,是重要碳汇(赖力、黄贤金等,2011)。另外,土地利用方式改变带来的碳排放也有所差别,一般来说,林地转化为建设用地、草地或农田会造成碳释放;反之,退耕还林、还草以及开展土地复垦和整理则会增加碳汇。

2. 城市低碳土地利用模式研究

探索面向低碳的土地利用结构、规模和方式能在很大程度上降低人为碳排放的速率。国内一些学者近年来开展了碳排放的土地利用调控研究,同时,国家低碳国土试验区的设立为低碳土地利用提供了理论指导和政策依据。

部分学者和研究机构开展了低碳土地利用模式的研究与探索。中国城市科学研究会(2009)将土地利用列为我国低碳城市规划的三大指标之一,对其目标层和准则层进行了具体的规定;并提出了基于主体功能区的低碳城市发展策略,对我国各类主体功能区的低碳土地利用对策进行了探讨。潘海啸(2010)从土地利用的角度论述了低碳城市空间布局的理念;黄贤金(2010)认为:应通过土地资源时空配置、结构优化、规模控制、功能提升,有效地引导发展方式转变,从而推进资源占用少、污染排放低、用地集约化的低碳发展方式。肖主安和彭欢(2010)认为:土地利用过程中要采用先进的低碳技术,实现源头上遏制、环节中减少、循环中中和碳排放的低碳土地利用模式;同时,通过土地混合利用提高土地集约利用程度及社会资源的共享性;通过土地利用结构优化来实现低排放、高效率、高效益的低碳经济型土地利用模式。陈擎和汪耀兵(2010)从城市土地集约利用、推广低碳建筑,减少硬化面积、低碳化交通、保育土地碳汇等方面阐述了城市低碳土地利用的主要模式。赵荣钦等(2010)在"减量化、再利用、再循坏、再升发和再修复"的原则下,提出了低碳土地的主要模式和目标,其中紧凑型城市、土地功能混合、控制城市规模等措施为低碳城市发展提供较好的思路。

卢珂和李国敏(2010)指出,要建立低碳土地利用模式,一方面应合理布局城市功能区,优化城市土地结构及其空间布局,规划以最短路径出行为目标的土地混合使用功能分区等;另一方面应构建低碳生态化土地利用模式,充分考虑土地的生态价值,保护自然植被和原始地面,尽可能减少地面硬化。陈从喜等(2010)认为:低碳经济发展要求我们必须从土地利用结构、规模、方式、布局等方面全面增强碳汇能力,减少或抑制碳源量的过快增长。研制专门化的土地利用碳排放清单,形成低碳排放的土地利用规划体系;将碳减排纳入用地供应审核内容,引导低碳化产业快速发展。

通过土地的低碳利用,要达到以下目标(赵荣钦等,2010):(1) 降低土地利用碳排放强度。通过单位土地上更少的投入,获得更大的产出,并尽可能降低单位面积的碳排放,实现土地的节约集约利用;(2)增强土地利用的碳汇功能。控制建设用地规模,增加生产性土地面积和陆地生态系统的固碳效率;(3)减少土地利用的能源消耗。降低土地利用的人为化石能源消耗,减少人为活动的碳排放;(4)形成低碳化的土地利用方式和布局。通过土地利用结构优化实现土地利用的碳减排和调控目标。

第三节 研究进展评述

一、国内外研究进展评述

从国内外研究来看,当前该领域的研究现状可总结如下:

(1)与国外相比,我国城市温室气体清单研究方面具有较大的差距。国外一些大城市编制了温室气体排放清单,在城市碳排放测算方面构建了较为完整的方法体系;而国内关于城市层面的温室气体排放清单的编制于 2010 年刚刚启动,目前还没有形成完整的可供参考的城市层面温室气体核算标准。

(2)国内外城市碳排放研究是当前研究热点,相关研究也较为成熟,而且相关的因素分解和情景分析等模拟研究也较多。但总结起来,大都是在 IPCC 清单方法的基础上对城市能源碳排放开展的测算研究。一方面排放因子的选取不够合理,另一方面碳排放核算体系也不够完整。

(3)国内外城市自然和人为碳储存的研究还需要进一步加强。城市植被和土壤的碳储存受许多因素的影响,具有较大的区域差异性。另外,城市人为途径的碳储存(建筑物、木材等)的研究也需要进一步加强。

(4)在城市碳代谢和碳循环模拟方面,国外开展了相关的探索研究,并且在城市层面和社区层面开展了对城市碳循环和碳代谢的模拟,而国内仅开展了城市部分碳源/汇的测算以及食物碳代谢的研究,尚未开展对于城市碳循环的整体模拟研究。而对于城市层面的碳流通研究,国内外目前均未涉及。

(5)国内外均开展了土地利用的碳排放效应和低碳城市管理研究,但对城市碳循环过程的土地利用调控以及城市层面的碳管理策略的研究还需要加强。

二、当前研究的不足之处

结合国内外研究现状,目前城市系统碳循环及其土地调控研究方面存在的主要不足如下:

(1) 缺乏对城市系统碳循环的系统而整体的模型研究。当前国内外研究中,一方面对于城市碳循环过程的机理和影响机制还不十分了解;另一方面当前研究主要集中于温室气体排放方面,对于城市系统碳循环的体系和方法研究还不够完整。要构建城市碳循环模型,需要从城市系统碳储量和碳通量的角度,综合考虑各种途径的城市碳过程,综合考虑自然和人文因素来构建城市碳循环模型,特别应积极开展人为过程的水平碳通量的定量研究。

(2) 对于城市碳代谢和碳流通过程的研究需要进一步加强。城市是动态变化的过程,城市碳储量和碳通量一方面受制于城市需求,另一方面也取决于生产过程和流通效率。因此对于城市系统而言,应该借鉴自然生态系统碳循环的研究思路,采用物质代谢的方法,构建城市系统碳储量、碳通量、碳代谢、碳流通的主要过程、方向和模式,分析城市内部碳代谢和碳流通的主要方向、规模、效率,这样才能从整体上阐明城市系统碳循环的内部机理。

(3) 缺乏对不同土地利用方式碳循环特征的研究。国内外前期研究虽然开展了城市土地利用的碳排放效应的研究,但对于城市不同土地利用方式的碳循环特征还缺乏整体的了解。城市化过程涉及更大范围内人流、物流的交换和碳代谢过程,土地利用变化的方向和强度影响城市系统碳过程的规模、效率,因此分析和研究不同土地利用方式的碳储量与碳通量,对于更大尺度的碳过程研究和不同区域城市之间的对比研究具有重要意义。

(4) 对城市碳管理的策略和实施路径尚不十分明确,特别对于城市低碳土地利用模式的研究还较少。因此,应该在城市土地利用碳循环研究的基础上,从土地利用的角度构建低碳排放的调控体系,通过规划引导和土地利用结构优化,促进城市碳减排,实现城市低碳发展的目标。

第三章 城市系统碳循环及土地调控机理分析

城市系统碳循环是一个复杂的系统过程。本章从系统论、物质代谢等原理出发,阐明了城市碳循环及其土地调控研究的理论基础;从城市系统碳循环特征、碳储量和碳通量的构成、城市系统碳流通机理、城市碳过程的生命周期分析、土地利用碳源/碳汇框架以及城市系统碳循环的土地调控机理等入手,在理论层面上探讨了城市系统碳循环及其土地利用调控的研究机理。

第一节 城市系统碳循环研究的理论基础

一、系统理论

钱学森认为,系统是指相互作用和相互依赖的若干组成部分构成的具有特定功能的有机整体(冯海旗等,2009)。系统论作为一门学科是 1968 年由美籍奥地利生物学家贝塔朗菲在其著作《一般系统论的基础、发展和应用》中提出的,是研究自然、社会和思维领域内各种系统的一般特征及其演化规律的学科。系统方法是运用系统论原理考察系统整体与部分、系统与环境、结构与功能等相互联系和相互作用的关系,以揭示其本质与规律的方法(乔非,1996)。整体性、层次性、结构功能性、环境适应性和反馈性是系统的主要特性,这些思想和理念对于城市系统碳循环研究具有重要意义与指导作用。

1. 整体性

整体性原理就是把系统的各个组成部分作为有机整体,研究整体的构成及其发展过程中的系统规律性(汪飞、薛静,2005)。整体性是系统论的核心思想。任何系统都是一个有机整体,不是各个部分的机械组合或简单相加,系统整体功能大于局部功能之和。对于城市系统而言,需要从整体上把握和分析系统的特性、结构、功能。城市碳循环是一个十分复杂的过程,涉及城市系统与外部系统、系统内部子系统之间等不同过程的碳流通,而且不同环节的能源需求和产品流通效率会影响整个城市系统的碳流通效率。因此应该从突出城市系统的整体性出发来研究碳循环过程,一方面需要全面核算系统各部分的碳储量和碳通量,另一方面也要对城市系统的整体碳流通过程进行分析。另外,对于城市系统碳循环的土地调控来讲,也应该从发挥城市系统整体效益的角度出发,既注重城市经济效率的发挥,又要考虑系统功能的改善,还要有利于城市碳减排,从城市整体土地利用布局和空间功能组织的角度统筹考虑城市碳减排效果。

2. 层次性

层次性是指由于组成系统的要素的差异,使系统组织在地位、作用、结构和功能上表现出等级秩序性,而形成不同的系统等级。系统作为一个整体,可以分解为一系列的子系统,并存在一定的层次结构,系统层次结构反映了不同层次的子系统之间的从属关系或相互作用关系(冯海旗等,2009),每一个系统又是它上一级系统的子系统。对城市系统而言,一方面它是区域系统的构成要素或子系统,另一方面其自身又包括若干子系统。其碳循环过程也是如此,一方面要研究城市系统与外界系统或上一级系统之间的碳循环和流通过程,另一方面也要研究城市内部子系统之间的碳交换过程,从不同层级的系统出发,来阐明城市系统碳循环的特征和机制。

3. 结构功能性

结构功能性指任何系统都具有一定的结构,系统的结构决定了系统的功能,系统的功能是与其结构相匹配的(王建,2001)。城市系统具有一定的结构和功能,如产业结构、消费结构、空间结构和土地结构等,同时也具有生产功能、居住功能、交通功能、休闲功能等各项功能。这些结构和功能的组合及配置状况决定了城市系统的能源消费格局和碳循环的特征与规模。因此,城市碳循环研究应该从城市不同子系统的结构和功能入手,分析其碳流通特征,这对于城市系统碳循环的调控和城市碳减排十分重要。

4. 环境适应性和反馈性

任何系统都存在于一定的物质环境中,必然要与外界环境产生物质、能量和信息的交换,因此,外界环境的变化必然对系统产生影响。系统必须适应外部环境的变化,否则就没有持续的生命力(冯海旗等,2009)。反馈性是指任何系统的运行都要接受外界的反馈,而且只有通过有效的反馈信息才可能实现控制(汪飞、薛静,2005)。城市系统的运行会带来一定的环境影响和反馈,碳循环过程的规模和效率都取决于人类经济活动的运行特征。在当前气候变化的背景下,如何通过调控促进碳减排也是城市面对挑战产生的一种环境适应。因此,要弄清城市系统碳循环对外界的影响机理,并根据外界环境的反馈来实现对碳循环和碳排放的调控是最终实现城市碳管理的关键。

二、生态系统理论

生态系统的概念是英国学者 Tansley 于 1936 年提出来的,强调在一定自然地域中生物与生物之间、生物有机体与非生物环境之间功能上的统一。生态系统是在一定空间中栖息着的所有生物(即生物群落)与其环境之间由于不断地进行物质循环和能量流动过程而形成的统一整体(赵桂慎,2009),生物生产、物质循环、能量流动是生态系统的基本功能。生态系统理论突出强调了生物体与环境之间相互影响和相互协调的关系。生态系统包含生物成分和非生物成分两部分,其中生物成分包括生产者、消费者和分解者,这构成了系统的主体和物质能量流动的主要环节。生态系统的理论核心可以总结为整体、协调、循环和再生等(赵桂慎,2009),该理论不仅应用于对自然生态系统的保护和恢复治理,而且被广泛应用于农业、工业等领域的循环经济与生态设计,收到了较好的效果,对于人类经济社会可持续发展具有重要的指导意义。

生态系统按照人为的干扰程度,可以分为自然、半自然和人工生态系统三种。而城市系统是目前地球表面受人类干扰程度最强的系统类型。马世骏、王如松(1984)提出了"社会—经济—自然复合生态系统"的概念,认为城市作为一个社会经济与自然地理的实体单元,实际上是一个以人为主体的,由自然亚系统、社会亚系统和经济亚系统构成的"社会—经济—自然复合生态系统"。这种思想对于全面认识区域或城市系统的运行规律以及研究人与自然的相互作用关系十分重要。总体上而言,生态系统理论对于城市系统碳循环研究的重要指导和启示意义表现在:

(1)生态系统理论强调了人与自然的相互作用关系,对于从自然和人为两个方面探索城市碳过程起到了理论指导。城市系统中,既包括自然碳过程也包括人为碳过程,且两者相互作用、相互影响,共同构成了城市系统碳循环过程,这也是城市系统碳过程明显区别于自然生态系统碳过程的主要特征。因此,在研究中,一方面要区分自然和人为过程,另一方面也要考察人为碳过程对于自然碳过程的干扰程度,从生态系统整体的角度看待城市的碳循环特征及其运行机制。

(2)从生态系统的结构和功能角度而言,对城市碳循环的研究应从城市功能研究和城市内部物质能量的流通过程入手来考虑。城市碳循环过程实质上是与城市物质循环和能量流动相伴而生的,碳流通过程是伴随着能源加工、产品流通、废弃物的排放过程而产生的。因此,需要从城市的生产功能和产业链的角度分析碳循环过程,这不仅有助于了解和跟踪碳循环的主要环节和去向,而且便于深入研究不同产业链("营养级")之间碳的转换效率。

(3)从生态平衡的角度而言,城市系统的碳循环过程也需要在碳流通、转移的过程中实现碳平衡,这样才能维持城市系统的正常运行。城市系统是一个开放的系统,在系统运行过程中,不仅要实现城市系统的含碳物质流通的平衡,同时也要考虑到城市垂直碳输入和碳输出之间的协调,以减轻城市碳循环的压力。

(4)开展城市系统碳循环的调节,是修复城市生态系统功能、保证区域可持续发展的重要途径。对于城市生态系统而言,生态平衡的维持需要开展对碳循环过程的人为调控,以提高城市碳循环效率,改善碳流通状况,促进城市系统的健康运行。

三、物质代谢理论

物质代谢的概念最初来自于生命科学。从有生命的单细胞生物到复杂的人体,都与周围环境不断地进行物质交换,这种物质交换称为物质代谢或新陈代谢(马其芳等,2007)。后来,物质代谢研究开始拓展到社会层面,即研究工业化、城市化与物质代谢以及自然环境的相互关系,从而物质代谢逐渐被赋予了更为深刻的内涵。因此,物质代谢的概念可以归纳为人类改造自然过程中,社会经济系统内部物质消耗及其与外界自然环境之间的物质交换过程的集合(黄贤金等,2009)。

社会经济系统的物质代谢包含三个基本特征:(1) 人类社会与自然环境之间存在着永恒的连续不断的物质输入输出过程;(2) 人类社会从自然环境中获取物质、能源等原材料,且部分以存量的形式在社会经济系统中存储,最终以废弃物等形式释放到环境中;(3) 人类社会物质代谢规模由物质吞吐的绝对量决定,且物质吞进量的规模决定着物质吐出量的规模。

随着物质代谢研究的发展,一些学者提出城市代谢和工业代谢等概念。城市代谢是将物质、能量、食物等输入城市系统,并将产品和废物从城市系统中输出的过程(Wolman,1965)。将资源转化为有用产品及废物的过程就像自然生态系统的代谢过程一样,城市代谢指明了人类社会物质和能量运动的基本方式、方向。城市物质代谢的主要目的是分析和了解与人类有关的物质、能量的流动,重点关注进出社会经济系统的物质数量与质量及其对生态环境产生的影响(马其芳等,2007)。1999 年,Newman 扩展了城市代谢的概念,他认为在城市物质代谢分析过程中还应该考虑人类居住的适宜程度(黄贤金等,2009)。但就目前来讲,城市代谢的概念多应用到物质、能量、食物、营养物和水等领域,而较少涉及碳循环过程。

物质代谢研究可以采用物质流的分析方法来进行。物质流分析框架主要由输入端、社会经济系统内部以及输出端构成。输入端是指从本国或本地区自然环境中开采或输入的各种原料,包括化石燃料、矿物质、生物等,还包括进口的部分原料。进入经济系统的物质流一方面成为系统内部的存量物质,如基础设施和耐用产品等;另一方面经过消费,成为通过系统边界返回到自然环境中的废弃物和排放物;此外,还有一部分物质通过系统边界出口到其他国家或地区。在输出到自然环境系统中的废弃物中,有一部分被称为消耗流,即在产品使用过程中不可避免地产生的废弃物,包括化肥、农药等在农业生产中的使用,以及其他产品在使用过程中的磨损(黄贤金等,2009)。

　　物质流分析方法包括物料流和元素流两种。物料流主要是针对混合物的大宗物资在经济系统的输入和输出,元素流主要研究特定元素(如具有较大危害的有毒元素或具有重要战略价值的有色金属元素等)在国家社会经济系统的输入和输出。由于城市原料和产品的代谢是城市碳通量的载体,通过城市物质代谢方法,可以更深入地了解城市系统的碳循环过程。因此,借鉴元素流的研究方法来研究城市系统内部碳元素的流通和循环效率,是研究社会经济系统碳循环较好的思路和出发点。

　　在实践中,可以采用城市物质代谢的方法,通过各种产品和废弃物的输入、输出量来研究城市系统碳的输入和输出过程。对于城市来说(图3-1),碳主要以食物、燃料、原料、电力等为载体输入系统内部,通过加工、消费、存储、转换生成产品和废弃物,并输出系统之外。该过程一方面不断增加了城市的碳储存,另一方面也带来了大量的碳排放。

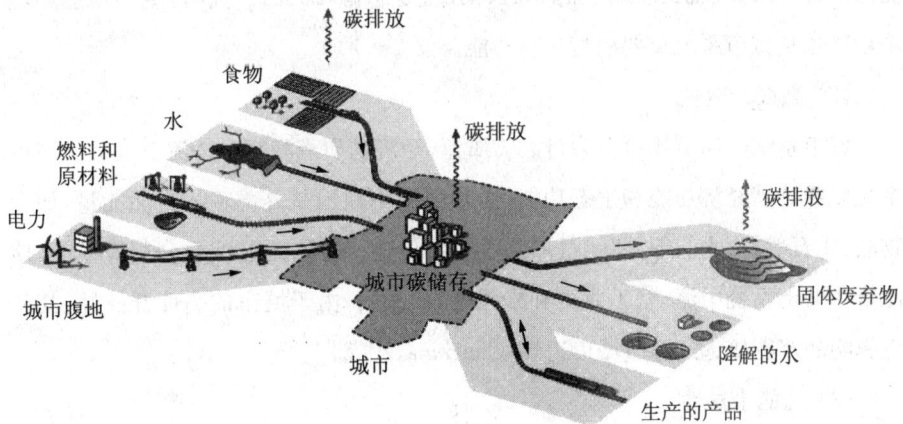

图3-1　城市系统碳元素物质代谢框架图(Oke et al.,2010;Christen et al.,2010)

第二节　城市系统碳循环机理分析

城市系统与自然生态系统有着本质的区别。本节主要对城市系统的内涵和特征、碳循环机理、主要的碳储量和碳通量过程、碳排放和碳吸收的类型划分以及城市系统碳循环的研究框架等问题进行总结和理论探讨。

一、城市系统的特征

1. 城市系统的特征

作为一个多要素、多层次的社会、经济和生态复合系统,城市系统与其他生态系统相比,具有以下重要特征:

(1) 社会性和经济性

城市系统是一个纯粹的人工生态系统,其主体是人类本身,是由人类需要和人类劳动结合而形成的,具有明显的人工性和社会性特征。人类对城市系统的自然生态系统改造得最彻底,自然生态景观大部分已被改为人工景观,自然的调控能力十分有限,表现出脆弱性的一面(梁山、姜志德,2008)。同时,生产功能和经济功能也是城市系统重要的特征与功能。

(2) 高度开放性

城市系统的物质流可分为自然物质流、经济物质流和废弃物流三大类。城市系统要维持其经济功能和生态功能,必须源源不断地从外部输入自然能量,如食物能、化石燃料、水能等,并经过加工、储存、传输、使用、余能综合利用等环节,使能量在城市系统中流动(王克英和朱铁臻,1998)。由于城市的高度开放性,其环境影响的范围要远远超过城市边界(Churkina,2008)。

(3) 功能多样性

与农村系统的农业生产功能和农居生活功能相比,城市系统的功能表现出多样化特征:生产功能包括了除第一产业之外的所有产业,有时还包括部分第一产业;生活功能也比农村复杂得多,承载着各式各样的人群、各式各样的生活方式;另外还有政治功能、军事功能、物质集散功能和政权功能等(梁山、姜志德,2008)。

（4）外部依赖性

城市系统属于主要依赖燃料供能的生态系统。当前,以化石燃料为主的能源使用是城市生产的基础和运行的根本保证,同时工业原料依赖于外部输入,产品生产和销售量也依赖于外界的需求。因此城市系统具有强烈的外部依赖性。

（5）空间异质性

不同区域的城市系统、同一城市内部不同功能区之间都具有较大的差异,这取决于自然环境条件、经济区位、产业结构、政府政策、城市内部交通和微环境的区别,因此具有高度的空间异质性。这决定了城市系统研究具有较大的复杂性和不确定性。

（6）动态扩展性

随着经济发展和人类活动的影响,城市系统具有动态变化的特点,就中国当前城市发展而言,人口、经济要素和用地面积等的扩展是城市化进程的基本特征。因此,城市系统研究应该从动态角度考虑其空间形态、经济发展和社会功能的变化及其对环境的影响(或适应)。

2. 城市系统的空间划分

根据城市的空间影响范围,城市系统可分为城市蔓延区(urban sprawl)和城市足迹区(urban footprint)。城市蔓延区主要指城市建成区,即城市形态集中连片的区域。城市足迹区是指满足城市居民消费和垃圾堆放所需的区域,以及受城市污染和气候变化影响的区域。城市大部分能源和原料来自城市边界之外,即城市足迹区(Churkina, 2008)。另外,城市足迹区不一定与城市蔓延区毗邻,可能位于数百公里之外(Folke et al. ,1997)。

为进一步分析城市碳循环的方式和过程,将城市蔓延区和城市足迹区按地表形态和地上部分特征细分为人工部分、自然部分。其中,人工部分包括硬化地面及其上覆部分,自然部分主要包括城市植被、土壤和水体。另外城市蔓延区和城市足迹区的地表特征与上覆物质形态也具有较大差别(表3-1),前者以人工部分(建筑物)为主。这种空间划分方法为分析城市系统的碳循环特征提供了基础。

表3-1　城市系统的空间范围及碳循环过程

类别		城市蔓延区			城市足迹区		
		人工部分	自然部分		人工部分	自然部分	
地表特征		硬化地面	土壤	水体	硬化地面	土壤	水体
地上特征		建筑物、道路、广场	绿化植被或裸地	水体	建筑物、道路	农田、自然植被或裸地	水体
城市碳库		建筑物、构筑物、土壤、家具、图书等	土壤和植被碳库	溶解碳	建筑物、构筑物、土壤、家具、图书等	土壤和植被碳库	溶解碳
水平碳通量	输入	食物、纤维、木材或其他含碳产品	植物栽种、有机肥输入	含碳物质排入	部分工业产品、垃圾	作物栽种、有机肥输入	含碳物质排入
	输出	部分工业产品、垃圾	无	无	食物、纤维、木材或其他含碳产品	农产品输出	无
垂直碳通量	输入	无	植物光合作用	与大气的碳交换	城市排放CO_2的吸收	植物光合作用	与大气的碳交换
	输出	化石燃料燃烧、废弃物分解及人类呼吸	土壤和植物呼吸作用		少量化石燃料燃烧、废弃物分解及人类呼吸	土壤和植物呼吸作用	

注：根据文献(Churkina, 2008)补充整理得到。

二、城市系统碳循环特征

作为"自然—经济—社会复合系统"，城市系统碳循环过程与自然生态系统明显不同。因此，需要从整体上认识城市系统的碳过程特征，综合考虑城市化石燃料排放的潜在驱动力以及生物碳源/汇(Pataki, et al. 2006)，并从不同尺度来研究城市系统的自然过程和社会经济过程及其相互作用(Alberti & Waddel, 2000; Grimm et al. , 2000)。

受人为活动的影响，城市系统具有明显的"自然—社会(经济)"二元碳循环特征(图3-2，其中"社会"碳循环部分实际上也包括了经济活动的碳过程)，且具有较大的复杂性、不确定性和空间异质性。因此，需要从整体上了解城市系统自然和社会过程碳循环的主要环节、方向、规模以及两者之间的耦合关系。总体而言，

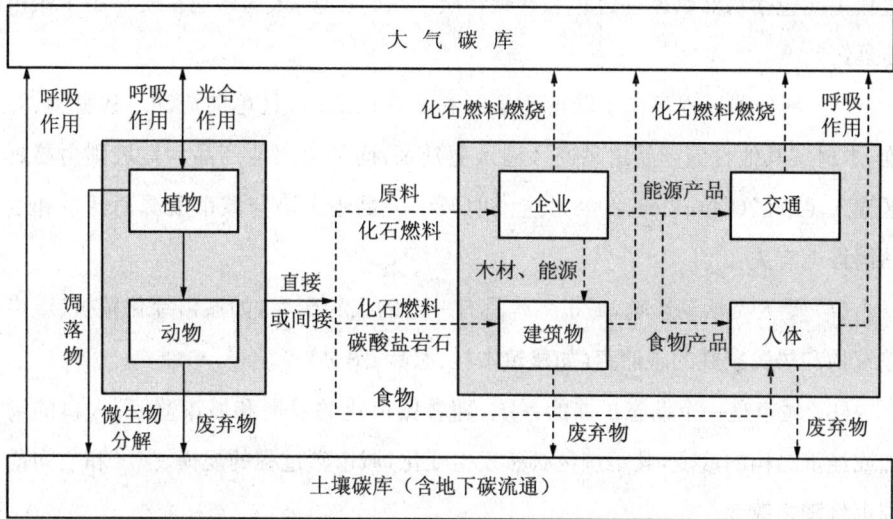

注:图中,实线代表自然碳循环过程,虚线代表社会(经济)碳循环过程。

图3-2　"自然—社会"二元碳循环过程

城市系统碳循环是一个包括自然和人工过程、水平和垂直过程、地表和地下过程、经济和社会过程在内的复杂系统,与自然生态系统碳循环有着本质区别。其主要特征如下:

(1)城市系统与外界有着巨大的碳交换。其碳循环过程涵盖城市足迹区,甚至影响到更大区域的生物地球化学过程,其影响的空间范围主要取决于城市碳代谢通量大小和交通运输方式。

(2)城市碳过程包括自然和人为过程,以人为过程为主;城市人工部分的碳过程主要受人为因素的影响,而自然部分的碳过程主要受自然过程控制(表3-1)。

(3)城市系统碳循环包括水平和垂直碳通量两部分(表3-1)。水平碳通量以能源、含碳产品、废弃物和地下管网的溶解碳的输送为主,垂直碳通量既有人为过程(化石燃料燃烧等),也有自然过程(植物和土壤等的呼吸作用)。

(4)城市系统碳循环具有较大的空间异质性,城市碳通量的强度、范围、速率取决于城市社会发展模式和水平、城市职能、产业类型、经济结构、能源结构及能源使用效率等社会因素。

(5)城市蔓延区的人工化程度较高,因此其人为碳通量较大。城市足迹区碳过程主要包括自然碳循环过程和含碳物质产品的传输,人为碳通量明显小于城市蔓延区。

(6)部分碳过程存在于城市蔓延区和足迹区之间,且单向流动。如食物、纤维、木材或其他含碳产品由足迹区输入蔓延区,而部分工业产品和垃圾则由蔓延区输入足迹区(Churkina,2008),这说明城市碳足迹大小与城市资源消耗量和产品销售地有关。

(7)受人类活动影响,城市系统具有一定的人为碳库,如城市绿化植被、城市建筑物和居民家庭的碳储存(如建筑木材、家具、图书)等。

(8)城市是一个动态扩展的系统,随着城市化的发展和城市蔓延、人口的增加或经济结构的改变,其足迹区必然发生变化,城市碳过程的规模、强度和空间范围也将随之改变。

此外,从城市社会、经济的角度出发,可以将城市系统看做一个具有特定功能、格局和作用的复合体。出行、住房、食物和生活方式等是城市系统提供给居民的主要功能,这些功能的发挥必然会带来城市碳排放,其强度受城市格局和作用的影响(图3-3)。而城市功能、格局、作用会随着区域需求和经济竞争等社会因素的改变而改变,这会进一步对城市碳循环过程造成影响(Lebel et al.,2007)。

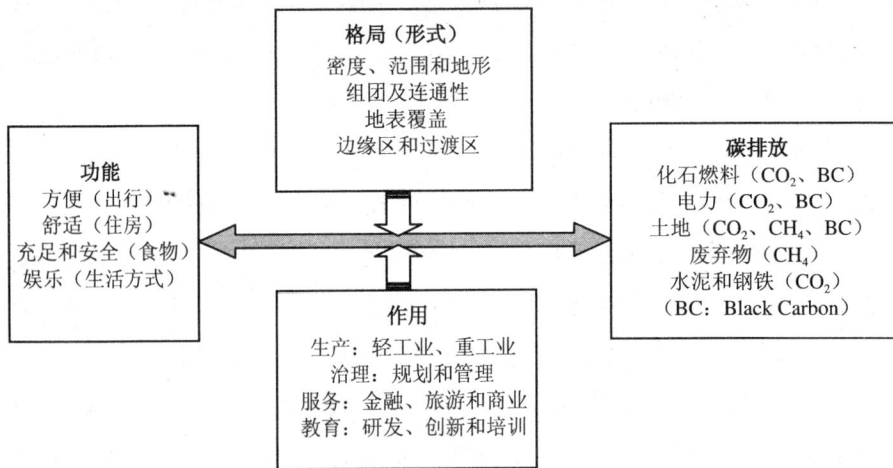

图3-3 城市系统功能、格局和作用与碳排放的耦合关系(Lebel et al.,2007)

三、城市系统碳储量和碳通量分析

要对城市系统碳循环过程进行模拟,首先应该对其碳储量和碳通量过程进行分析,这里将碳通量过程分为输入通量和输出通量两方面进行分析。

1. 城市系统碳储量

城市系统具有一定的碳蓄积能力,其主要碳库包括:

(1)城市土壤碳库。土壤(特别是地表 100 cm 深土壤)碳库是区域最大的有机碳库。按照城市地表覆被状况,城市土壤碳库主要包括:农用地土壤碳、林地土壤碳、城市绿化用地土壤碳、草地土壤碳和硬化地面的土壤碳等。不同地表覆被状况下土壤碳储量和碳密度存在差异,土壤有机质分解的速率也不相同,但总体而言,城市土壤碳库相对比较稳定,受人类影响不大。

(2)城市植被碳库。城市植被碳库主要包括城市森林、草地,以及城市建成区内部的公园、林木、行道树、草地等植被碳库。郊区以自然植被和农业植被为主,市区以绿化植被为主。郊区自然植被承担部分生产功能,而市区绿化植被大部分仅为观赏和生态之用,碳储量比较稳定。其碳库变化主要取决于植被生产力的变化。

(3)建筑物碳库。建筑物碳库分有机碳和无机碳两种。有机碳主要是指存在于建筑物结构中的木材碳,如建筑物中的木构件、木结构建筑、木质门窗等。无机碳是指存在于建筑材料中的碳,比如碳酸盐石材以及水泥,主要成分为碳酸钙。

(4)家具和图书碳库。家具和图书(含报纸等)一般是工业生产过程的产物,通过城市内部和外部输入木材等原料,进入工厂加工成家具或图书(报纸)产品,通过市场流通进入居民家庭或公共建筑,成为稳定的城市碳库,同时也有一部分家具和图书等含碳产品输出到城市系统之外。

(5)人体和动物碳库。人体和动物碳库是指人体和动物(如驯养动物和宠物)体内的有机碳。这部分碳实质上来源于食物消费积累的有机碳。该碳库总量不大,但十分稳定。但随着人口(动物数量)的增加,该部分碳库也会发生少量变化。

(6)城市水域碳库。城市水域碳库主要包括城市河流、湖泊、水库和湿地等。一方面,水体自身会溶解一部分碳。另一方面,水体中的藻类、水生生物等有机物质也含有一定的有机碳；同时，河流和湖泊的底泥中也沉积了大量由死亡生物遗体堆积形成的有机或无机碳。

（7）城市垃圾碳库。城市垃圾作为人类生产和生活的废弃物，含有大量的有机和无机碳。其中一部分经过燃烧和分解之后重归到大气中，另一部分堆积在城区周围成为较为稳定的碳库。

总体而言，城市碳库可以分为自然碳库和人为碳库，人为碳库包括人体、建筑物、图书、家具、城市绿化植被和城市垃圾碳库，其余属于自然碳库。

2. 城市系统碳输入通量

城市系统碳通量分为碳输入通量和碳输出通量两大类，两者又可再分为水平通量和垂直通量。图 3－4 代表了城市系统（社区层面）的碳通量框架（Christen et al.，2010）。从中可以看出，水平碳通量和垂直碳通量的主要区别一方面在于其方向的不同，另一方面碳流通的形式和载体也有所差别，水平碳通量主要以碳水化合物形式进行流通，而垂直碳通量主要以 CO_2 的形式进行流通。

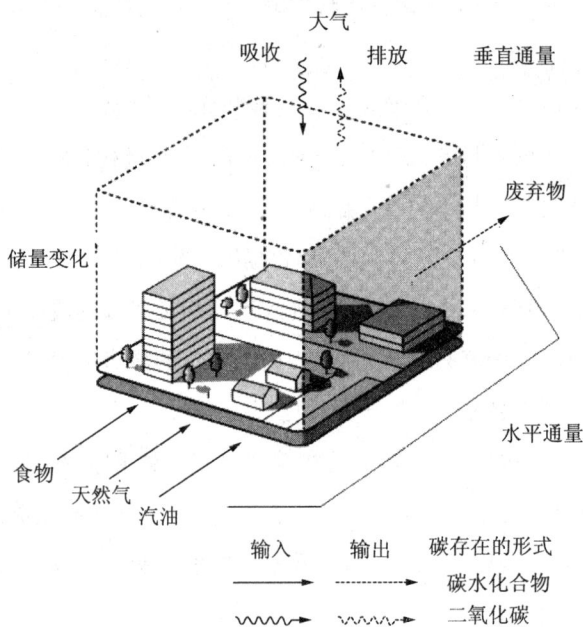

图 3－4　城市水平和垂直碳通量的概念框架（Christen et al.，2010）

对于整个城市系统层面而言,碳输入通量类型较多,既有能源和原材料,也有食物、木材等含碳消费品,还包括植物光合作用的碳吸收等。城市系统碳输入通量主要有以下几种:

(1) 化石能源,即煤、石油和天然气等化石燃料。这是目前城市的主要能量来源,也是最主要的城市输入碳通量。化石能源中大部分碳直接输入工厂用于工业生产,另外一部分直接用于家庭生活消费或交通消费。

(2) 工业用木材或建筑木材。其主要是指工业生产和建筑所需的木材产品等的输入(当本地的木材采伐量不能满足本地生产消费时),用于建筑过程及建筑构件的木材消耗和工业生产中木材加工过程的消耗。

(3) 建筑材料无机碳。如碳酸盐类岩石、水泥等建筑材料的输入,这部分碳主要以无机碳的形式存在,一旦进入城市系统,大部分转化为建筑物碳库的一部分,相对比较稳定。

(4) 食物碳。其包括各种食物或食品原料的输入,是以有机形式存在的碳。这部分碳十分活跃,而且循环速度很快,通过人类的食物消费会很快释放到大气中。

(5) 其他产品碳输入。这部分碳以有机碳为主,主要是指含碳的各种产品的输入,如家具、图书、报纸、纤维、橡胶、衣物等含碳产品。

(6) 有机肥投入。其主要包括用于农业生产和城市绿地维护的人工肥料的投入,如绿肥或其他含碳肥料等。这部分碳施用后,一部分分解变为 CO_2,另一部分转变为土壤碳库的一部分。

(7) 植物的光合作用。植物光合作用是碳汇的主要形式,城市中的林木、农田、草地、绿化植被等生育期内会吸收一定的碳并固定下来,这是自然过程的城市碳输入通量。

(8) 水域的碳吸收。其主要是指水域生态系统的光合作用带来的物质生产。随着藻类和其他水生生物等有机物质的死亡、沉积,光合作用的碳吸收会有一部分进入到水域沉积物中,变为稳定的碳库;同时,通过降水也会带来一定的碳沉降。

(9) 河流(或地下输水管网)的碳输入。该部分碳通过地表水将溶解有机碳输入城市系统内部,也可以通过地下输水管网系统将碳输入城市水厂及居民家庭,构成城市水平碳输入的重要方式。

综上,城市碳输入包括垂直碳输入和水平碳输入两种,垂直碳输入是指植物光合作用的碳吸收和水体的碳沉降(碳固定),其他过程均属于水平碳输入。

3. 城市系统碳输出通量

城市系统碳输出通量主要是指各种途径的碳排放,另外也有部分以工业产品、能源制成品和废弃物等为载体的碳输出。总结起来,主要有:

(1)植物呼吸、土壤呼吸作用。这是自然过程的碳输出途径,其碳输出强度主要取决于植被和土壤类型以及生产力大小,另外也受人类活动干扰的影响。

(2)人类(动物)呼吸作用。这部分碳输出跟食物消费碳输入是对应的,基本上不在城市内长期储存,通过每天的食物消费活动而迅速以 CO_2 的形式排放到大气中。

(3)化石燃料燃烧。作为化石燃料的集中地,城市工业生产和生活消费中的煤、石油、天然气等化石燃料燃烧带来的碳排放是城市最主要的垂直碳输出通量类型。

(4)工业生产过程。根据 IPCC 温室气体清单指南,工业生产过程如水泥、石灰、玻璃、钢铁等的生产过程会释放大量的碳。

(5)农业过程碳释放。其主要是指与农业生产有关的碳排放,包括稻田甲烷释放、畜牧业反刍动物的甲烷释放、农业生物质能源消费和秸秆焚烧带来的碳释放等。

(6)废弃物碳释放。这部分碳输出包括粪便、生活垃圾、工业废弃物和废水等,其中一部分分解释放出 CO_2 或 CH_4,另外一部分作为城市代谢的废物输出城市系统之外。

(7)含碳产品的输出。这是城市功能的最重要的体现,城市系统的开放性决定了不断有物质产品的输出,包括食物、家具、工业产品、能源制成品等一系列含碳产品的输出。

(8)水域碳释放。其主要是指水域(河流、湖泊)的挥发带来的碳输出。

(9)植物凋落物碳输出。城市里大部分凋落物(特别是行道树的落叶等)并没有增加土壤的碳含量,一部分就地燃烧,另外一部分则以城市垃圾的形式输出系统之外,成为城市碳输出的一部分。

（10）城市地下管网的碳输出。城市系统区别于自然生态系统的最大特点之一是人工修筑了路网和地下水网,这促进了水平碳输出,在城市碳循环中占有重要地位。城市地下水网的存在使得城市系统地表物质被人为地引入地下,促使了地下水平碳交换,使大量的含碳物质（如可溶性有机碳等）随排水管网进行输送,这构成了城市水平碳通量的重要组成部分。

可以看出,城市系统碳输出通量也可以分为垂直和水平碳输出通量两种。垂直碳输出通量又可以分为两种,即自然垂直碳输出（包括植被呼吸、土壤呼吸、人类和动物呼吸作用及水域碳挥发等）和人为垂直碳输出（包括化石燃料燃烧、工业生产、农业活动等的碳释放）；水平碳输出以有机碳的流通为主,主要是指能源制品、含碳产品和废弃物的输出、地下排水管网的碳输出和运移等。

4. 城市系统碳储量和碳通量的生命周期分析

任何事物的发展都有自己的生命周期。生命周期评价是以产品为核心,分析、识别和评估原材料、生产过程、最终产品或生产系统在其整个生命周期中的环境影响（黄贤金等,2009）,这是产业生态学的重要理论基础。实质上,不管是产品、材料、技术、经济活动还是生态系统,都具有自身的发展过程和生命规律。目前,生命周期理论广泛应用于对工业产品、食品、能源等的环境影响评价和生产过程管理。碳排放也是产品生产和消费对环境的重要影响之一。近年来,国内对碳排放的生命周期评价也有所涉及,比如一些学者分别对建筑（尚春静和张智慧,2010）、电力能源生产（刘韵等,2011）、食品（马爱进,2010）和居住区（何华,2010）等的全生命周期的碳排放进行了研究。这突破了以前碳排放研究中仅偏重于对能源碳排放测算的局限,为碳排放的系统测算和研究提供了较好的思路。

对城市系统而言,各种途径的碳储量和碳通量也具有一定的生命周期,碳在城市系统中流通、存储的过程和周期不同,这会对城市碳循环和碳流通过程产生不同的影响,因此在城市碳管理中也应该采用不同的策略而各有侧重。

（1）城市系统碳储量的生命周期分析

各种碳储存方式的周期不同。碳储存时间最长的为水体的碳储存,比如藻类和水生生物死亡之后沉积进入底泥,会转变为非常稳定的碳库,经过漫长的地质时间或地壳变动才会被重新释放出来;土壤碳库一般也相对稳定,土壤呼吸作用会释放一部分碳,但地表的枯枝落叶也会不断补充土壤碳库,使其总体上保持在一定水平;相对而言,城市植被的碳储存周期一般为几十年时间,这跟林木的砍伐更新周期有关;建筑物木材的存储周期跟建筑物的使用寿命有关,一般也是几十年时间,甚至更短;家具和图书的碳储存周期更短,其中家具碳的存储周期取决于家具的使用年限。人体碳库比较稳定,具有较长的存储时间,但动物体(畜牧业)的碳库存储时间较短,一般为几个月到几年不等,之后便会被消费重新释放出去;相对而言,食物的储存周期最短,一般仅为数天(图3-5)。总体来说,城市人为碳库如建筑木材、图书和家具等在一定程度上影响了区域尺度的碳循环过程。

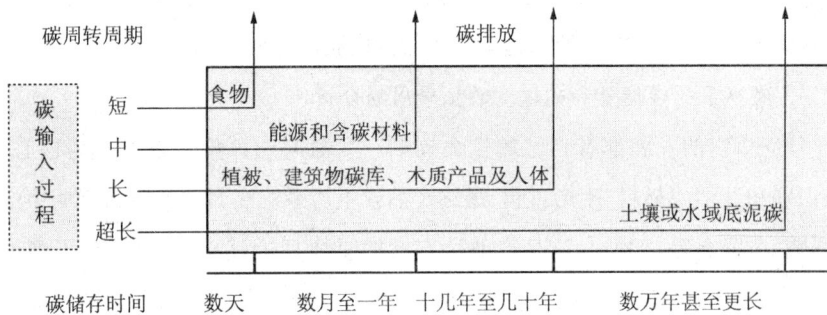

图3-5 城市系统碳储量和碳通量的生命周期分析

(2)城市系统碳通量的生命周期分析

各种途径的碳通量的生命周期也不同。这里结合主要途径的碳输入和碳输出过程、周期,大体上分为以下几类:

①食物消费型。这类碳的周转过程最快,输入城市后很快被作为食物消费而重新释放出去。输入城市中的各种食物或食物原料都属于这种类型,由于食物一般具有保鲜期,一般很难长时间存储,这类碳的存储时间最短。

②碳储存型。比如各种途径的垂直碳输入,如植物的光合作用和水域的碳吸收。这部分碳输入系统之后,便转化为碳储量的一部分固定下来。

③工业生产型。主要是指用于工业生产的各种原料和能源,这部分碳进入城市之后,存储的时间也较短。一部分直接用于生产和生活能源,燃烧后以 CO_2

的形式排放,另一部分加工成为能源产品输出系统之外。

④ 建筑材料型。主要指水泥、建筑木材等,输入城市之后,进入城市建筑物而转变为城市人为碳库的一部分。

⑤ 废弃物排放型。主要是以工业和生活垃圾、废水等形式以燃烧、交通工具输送或地下管网输送等方式输出系统之外。

综合以上分析,对城市碳管理而言,应结合各种碳通量的生命周期和周转速率来考虑,重点监测与控制碳存储时间较短、周转快的碳通量过程(比如工业生产型和食物消费型的碳排放等),以提高城市碳循环效率。同时,尽可能促进自然及人为城市碳储存,在一定程度上增强城市应对全球变化的能力。

(3) 城市系统碳流通和碳代谢过程的生命周期分析

对城市系统而言,自然碳循环过程主要是指植被、土壤、水体的碳吸收和释放,这里不再赘述。而人为碳流通过程实质上是主要含碳产品从"原料—产品—废物"的代谢过程,主要包括能源、食物和木材三类含碳产品(无机碳除外)。这几类含碳产品的流通、代谢过程和周期明显不同:

① 能源类含碳产品。该类产品主要以化石能源、生物能源的形式输入城市系统内部(也有部分来自于城市系统内部的开采或收获),大部分通过工业生产、生活消费和交通消费转变为 CO_2 释放到大气中,也有一部分经过工业生产加工为能源制品输出城市系统之外。

② 食物类含碳产品。这类产品以食物或食物原料的形式在农业生产系统和生活系统之间流通,也有一部分来自于城市外部系统的输入,最终通过食物消费以 CO_2 的形式释放,或以废弃物的形式燃烧分解、进入地下管网或输出系统之外。

③ 木材类含碳产品。木材类含碳产品来源于城市林木的砍伐以及外部木材产品的输入,最终经过工业生产转化为木制品(如家具等),或成为木质建筑材料,成为城市建筑物碳库的重要部分,最后经过建筑物的拆除和家具等的废弃分解或被重新利用。

以上三类含碳产品中,食物的代谢速率最快,其次是能源类产品,而木材类产品的流通周期最长。除此之外,城市中还有其他含碳产品,但总体碳含量较少。

因此,对于主要含碳产品(如木材、能源、食物等)和碳消耗过程(如工业加工、产品运输等),可以引入生命周期评价方法开展全生命周期过程的碳排放分析。从各种产品(或各种生产过程)的原材料开采、运输、加工、销售、存储、消费及废弃物处置等一系列过程开展碳排放的调查和分析,深入探讨和分析城市主要含碳物质产品"从摇篮到坟墓"的各个环节的碳储存量、碳排放量、碳流通量,从而实现对城市含碳产品不同环节的碳排放、碳流通量的监测和精确核算。

四、城市系统碳流通机理和层次划分

城市系统碳流通过程不仅包括城市工业生产和食物消费等带来的碳代谢,也包含城市系统内部以及与外部系统之间的碳流动和其他形式的直接碳输送,即不经过加工、消费和转换的含碳物质的输入、输出与流动。总体而言,根据流通途径和范围,可以将城市碳流通分为三个层次(图3-6):

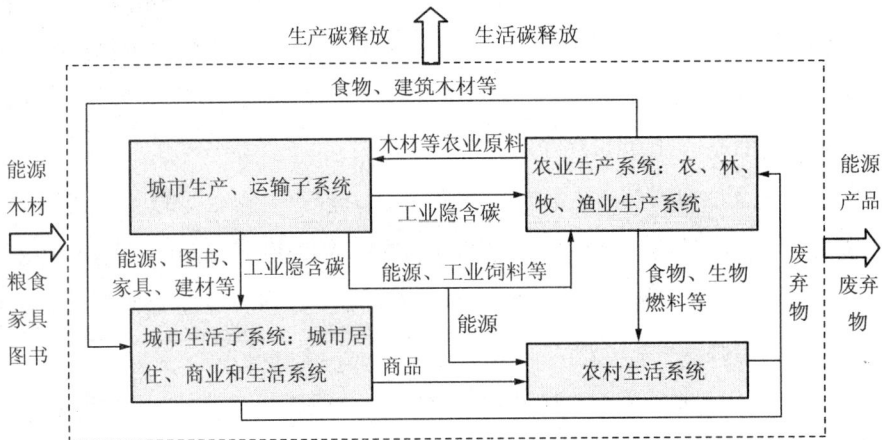

图3-6 城市系统碳流通过程图

(1)城市与外部系统的碳流通。该层次的碳流通主要包括:外界向城市的碳输入,如外部能源、食物的供应,以及木材、家具和图书等含碳产品的输入;城市向外部的碳输出,如城市能源制成品、含碳产品以及废弃物的输出等;城市碳排放,如城市各种生产活动、交通运输、生活消费等过程带来的碳释放。

(2)城市内部子系统之间的碳流通。该层次的碳流通主要是指在城市生产系统、城市生活系统、农业生产系统和农村生活系统之间的各种含碳物质的转移和流动,包括能源供应、食物运输和消费、原材料供给、商品生产和运输等。

（3）城乡之间隐含碳流通。为了得到某种产品，而在整个生产链中的碳排放，称之为隐含碳（闫云凤、杨来科，2010）。这里的"隐含碳"是指由城市或农村消费引起的各种工业产品生产和加工过程中的能源、电力消费的碳排放。该层次的碳流通主要包括城市生产系统向农村生活系统和城市生活系统的输送的工业产品、电力中所隐含的间接碳排放。

五、城市系统碳输入/输出的类型划分

1. 碳输出的类型划分

这里重点对城市垂直碳输出（即碳排放）的类型进行划分。Lebel 等（2007）认为，根据城市生产和消费的组合关系，城市碳排放可分为四种类型：直接碳排放（direct emissions）、责任碳排放（responsible emissions）、间接碳排放（deemed emissions）和物流碳排放（logistic emissions）（图 3-7）。

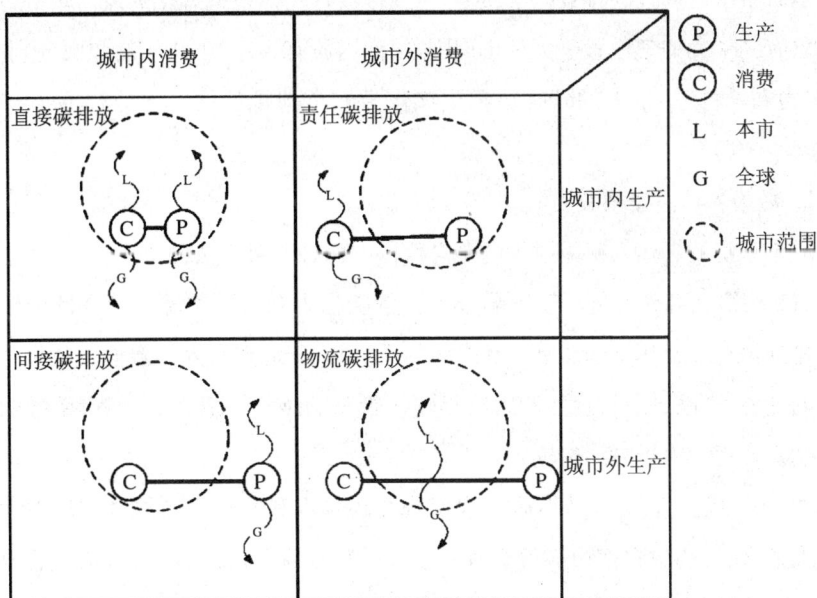

图3-7　基于城市生产和消费不同组合关系的碳排放类型划分(Lebel et al.,2007)

直接碳排放是指在一个大都市区内生产并且消费而产生的碳排放，如家庭、商业和工业生产的大部分产品在本地生产同时在本地消费；责任碳排放是指在一个城市生产但在城市外消费带来的碳排放，如能源制品和各种工业产品在城市生产但是输出到城市之外消费;间接碳排放是指输入城市内部的产品或商品的消费带来的间接的碳排放,比如电力生产,发电过程中燃煤产生碳排放在城市外部,而电力消费是在城市内部,其他因城市消费引起的外部产品的输入也属于这种类型;物流碳排放是指不在都市内生产和消费的货物、服务,但是由通过城市带来的碳排放,如过境的客货运服务会带来一定的碳排放,这种类型的碳虽然在本地排放,但并不是本地消费引起的,只是过境交通引起的(Sovacool & Brown,2010)。

对城市碳排放测算来讲,基于消费端来计算城市系统碳排放最符合实际情况,因此本书的碳输出计算中,重点对直接碳排放、责任碳排放以及部分间接碳排放进行了测算,主要有:(1)城市内部消费的直接碳排放,包括工业、交通和家庭能源消费等的碳排放;(2)责任碳排放,主要包括工业生产过程中释放的碳,这里并未扣除输出到城市外部的产品生产引起的碳排放;(3)部分间接碳排放,比如电力消费带来的间接碳排放。实质上,对碳排放计算体系概念化的最简单的方法是想象有一个大的气泡置于大都市周围,气泡内所有生产(工业产品和服务)和使用(电力和燃料等)带来的碳排放都应该作为城市碳排放的一部分(Sovacool & Brown,2010)。

2. 碳输入的类型划分

城市系统的碳输入根据过程的差异可以有两种划分方法:

(1)根据是否受人类活动影响分为自然碳输入和人为碳输入。自然碳输入主要是指植物光合作用的碳吸收和水体的碳沉降(碳固定);人为碳输入是指各种形式的能源、产品、原料、食物和木材等输入带来的碳。一般而言,城市系统的人为碳输入要远远大于自然碳输入。

(2)按照输入碳的周转性质分为消费性碳输入和累积性碳输入。对人为碳输入来说,化石能源和食物都属于消费性水平碳输入,也即碳输入系统之后通过消费会迅速释放到大气中,并不能直接增加城市的碳储量;而木材和建筑材料等含碳产品是累积性水平碳输入,能增加城市碳库(至少在一段时期内,如几十年),起到固碳效果。对自然碳输入而言,自然植被和城市绿地的碳吸收能够增加城市碳库,属于累积性垂直碳输入;而农作物光合作用形成的产品(粮食、蔬菜等)由于年内很快被消费(转变为 CO_2 释放到大气中),则属于消费性垂直碳输入。

六、城市系统碳循环的研究框架

对于城市系统碳循环过程,可以从模块框架和系统框架两个角度来进行分析。

1. 城市系统碳循环的模块框架

结合以上对于碳储量和碳通量的分析,将各部分整合汇总,可以得到城市系统碳循环模块框架图。这里将城市系统分为生产系统、运输系统、消费系统、居住系统、办公系统、自然生态系统和城市土壤系统等模块。各模块之间的碳循环过程见图3-8。可以看出,城市系统是一个十分复杂的有着大量物质输入和输出的系统。对于各子系统来讲,城市系统的碳过程也存在差别。

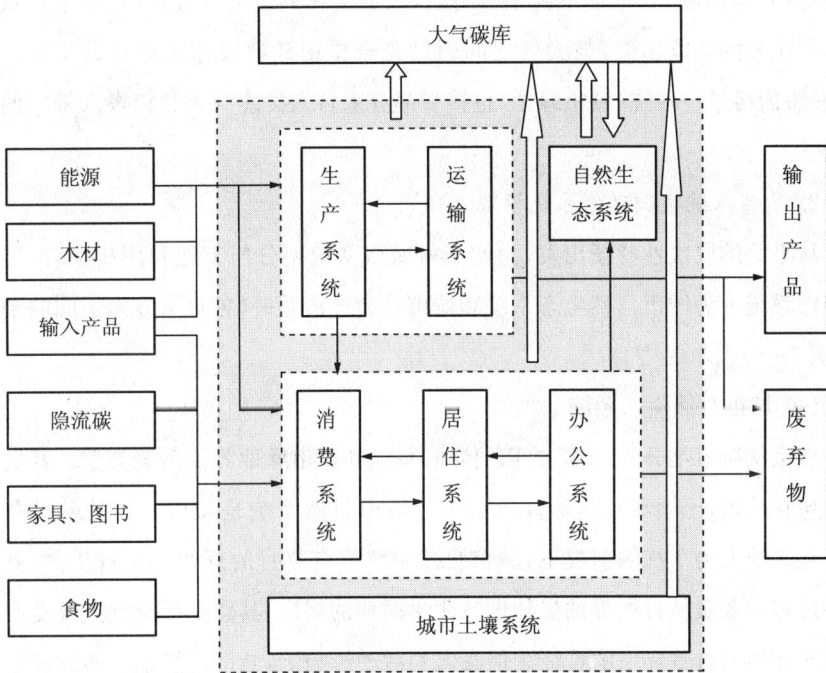

注:(1)┌┈┐代表城市系统的边界;(2)⇨代表城市系统的垂直碳通量;(3)→代表城市系统的水平碳通量;(4)原材料、输入(出)产品和人工投入均代表含碳物质。

图3-8　城市系统碳循环的模块框架示意图

(1)生产模块:包括生产系统和运输系统。这两个子系统主要承担城市内部消费产品和输出产品的生产。因此,主要的碳输入即能源和原材料,主要的碳输出为各种工业产品、废弃物和化石燃料燃烧。另外,有很大一部分碳输送到其他消费子系统,如食物、含碳产品等。该模块是城市系统内部碳流通规模最大的子系统,是城市系统碳循环过程的主导环节。

(2)消费模块:包括消费、居住和办公子系统。其主要功能是消费、居住等,碳输入主要是生活能源、食物和含碳产品(如木材、家具和图书等),碳输出以 CO_2 排放和废弃物输出为主。该模块的碳输入中一部分来源于城市系统外部,如食物和部分能源的输入;另一部分来自于生产模块,如工业产品和能源制成品、家具等的输入。

(3)自然模块:包括自然生态系统(仅代表地上部分)和土壤系统。对于城市来讲,由于地面硬化,土壤系统相对封闭,土壤碳库的稳定性较强;自然生态系统与自然植被的功能相似,与大气之间通过光合作用和呼吸作用进行碳交换。同时,城市内部景观系统(城市绿地)也接受部分来自人类能源或肥料投入带来的碳输入。

2. 城市系统碳循环的系统框架

从系统的层次性特征出发,为便于将城市系统划分与土地利用相结合,可以将城市系统分为城市自然生态系统和城市社会经济系统,各自又分为不同的子系统(图3-9)。

(1)城市自然生态系统

该系统可以细分为水体、农田、林地、草地和城市绿地等子系统类型。其碳库主要包括植被、土壤和水体碳库三部分。城市自然系统是城市运行的基础和前提。在未受人为干扰的前提下,城市自然系统具有自身的规律和运行机制,其碳循环过程主要服从自然界的生物地球化学循环的规律,其碳循环特点主要受制于城市所在地的自然环境的特征。但在人为活动影响下,城市自然系统的碳循环过程会受到一定的干扰。各自然子系统除了生物地球化学循环之外,一方面接受外部系统能源的碳输入,另一方面也接受工业生产系统的碳输入,同时也有来自社会经济系统的废弃物的碳输入。城市自然系统的部分含碳产品如农产品、林业产品和水产品等也会输入城市社会经济系统中。同时,城市自然系统也具有较大的垂直碳输入和输出通量,表现为城市植被、土壤、水域等的光合作用的碳吸收或呼吸作用碳释放。

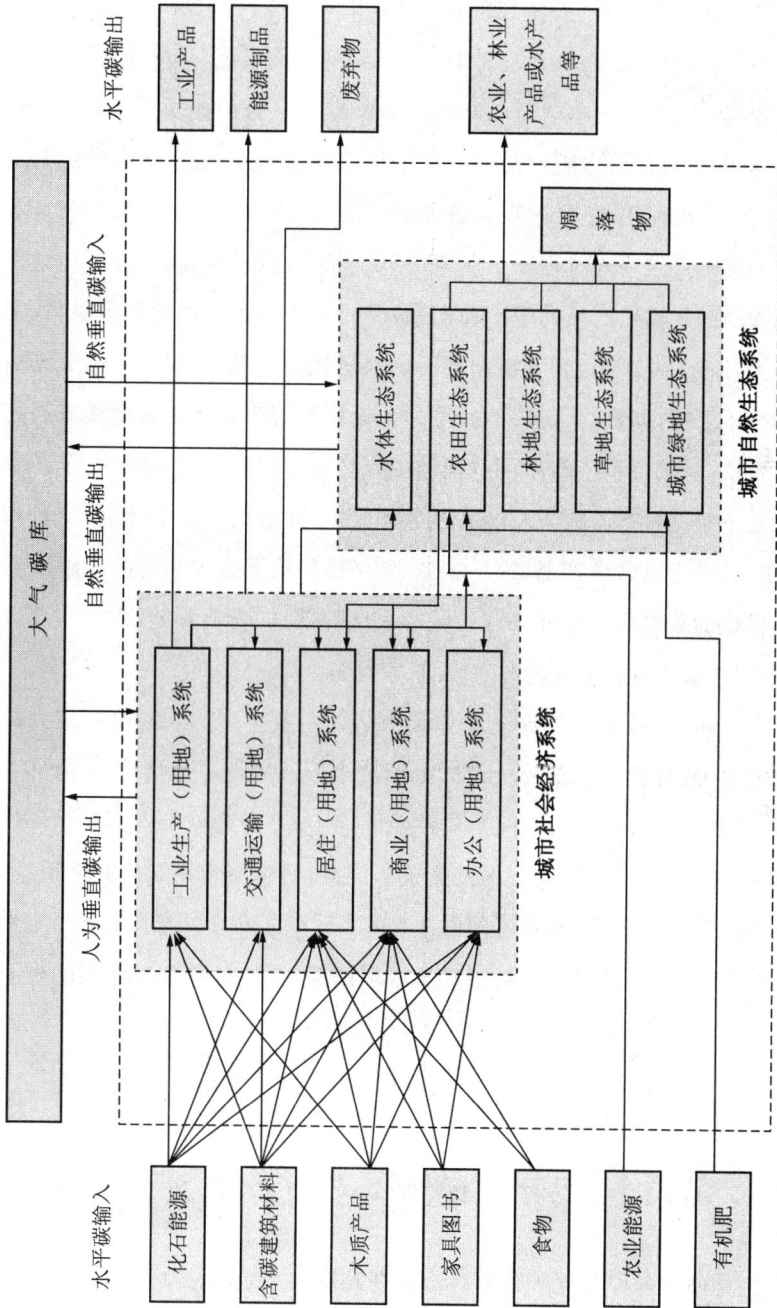

图 3-9 城市系统碳循环的系统框架示意图

（2）城市社会经济系统

其碳库包括城市建筑物、人体和动物、图书和家具等，可以分为工业生产系统、交通运输系统、居住系统、商业系统和办公系统等。该系统一方面接受外部系统的大量能源、食物、原料和木材等含碳物质的输入，另一方面接受自然系统含碳产品的输入，同时也有部分含碳产品输出到系统之外。另外，城市社会经济系统也具有较大的垂直碳输出，主要表现为各种途径的人为碳排放，但城市社会经济系统不存在人为垂直碳输入过程。工业生产系统和交通运输系统主要承担城市系统内部消费产品和输出产品的生产和运输，主要的碳输入是能源和原材料，主要的碳输出为各种工业产品、废弃物和化石燃料燃烧。同时，有很大一部分碳输送到其他消费子系统，如食物、含碳产品等。该模块是城市系统内部物质流通规模最大的子系统，是城市系统碳循环过程的主导环节。商业、居住和办公子系统的主要功能是消费、居住等，碳输入以生活能源、食物和含碳产品（如木材、家具和图书等）为主，碳输出以含碳产品、CO_2排放、废弃物和地下排水系统的溶解碳输出为主。该模块的碳输入一部分来源于城市系统外部，如食物和能源；另一部分来自于生产模块，如工业产品和能源制成品、家具等。

从以上分析可见，城市系统碳输入和碳输出的主要类型、途径、机制较为清晰，但城市内部的碳过程比较复杂。比如城市不同模块（系统）之间和模块内部碳的流通规模、效率等具有较大的空间异质性及不确定性，因为城市内部碳循环过程受城市发展模式和城市不同功能区的影响。因此，对于城市系统研究来说，应从系统整体性和层次性出发，建立不同层次、不同环节的城市系统碳循环的定量分析模型，并研究城市系统碳循环对更广泛区域的影响，这是碳循环模拟的重要内容之一。

第三节 城市土地利用的碳循环特征及碳源／汇分析

土地利用是城市各种人类活动的直接体现和反映。城市社会经济活动复杂多样，不同土地利用方式的碳储量及碳通量的强度、方向和规模也存在差异。因此，了解城市系统不同土地利用方式碳循环过程及其特征的差异，并将碳储量和碳通量分解落实到不同的土地利用方式上，对于进一步研究城市系统碳循环过程对土地利用变化的响应具有重要意义。

一、城市不同土地利用方式的碳储量

本书将土地利用方式按照中国原土地利用分类系统进行划分，分为耕地、园地、林地、牧草地、居民点及工矿用地、交通用地、水域和未利用地八大类。为进一步分析居民点及工矿用地内部二级地类的碳过程的差异，又将其细分为农村居民点、城镇居民点和工矿用地三类。对于各种用地方式来说，碳储量主要包括土壤和植被碳储量两部分，其中植被碳储量根据用地类型的不同又有所差别，有自然植被也有人工植被，林地、草地等的植被碳储量以自然植被为主，而耕地、居民点用地等的植被碳储量以人工植被（农作物或绿化植被）为主，居民点及工矿用地碳储量还包括建筑物中的碳。具体来讲，可以根据前面城市系统碳储量的类型划分归入相应的用地类型（表3-2）。

二、城市不同土地利用方式的碳通量

结合前面城市碳通量的分析，将不同土地利用方式的碳通量也分为输入通量和输出通量两种。输入和输出通量都可再分为自然过程（直接）和人为过程（间接）两类。以农用地为例，农作物NPP（net primary productivity，净初级生产力）即代表自然过程的碳输入，而人工有机肥可以看做人为过程的碳输入；土壤呼吸、作物呼吸和稻田甲烷排放是自然过程的碳输出，而人为活动，如肥料生产、机械化耗能、灌溉用电、种子生产、其他物资生产耗能带来的碳排放则为人为过程的碳输出。各类用地的碳通量具有较大的差异，主要表现在人为部分的碳输入和输出的类型、规模、强度的不同。其中，居民点用地由于受人类活动的强烈影响，有大量的人为碳输入和碳输出通量，而自然过程的碳通量基本可以忽略不计。具体各地类的碳通量过程见表3-2，这里不再详述。

三、城市不同土地利用的碳源/汇特征分析

人类社会经济活动与土地利用方式密切相关。不同土地利用方式在社会生产、生活、生态效应等方面承担的作用不同，因此不同土地利用方式的碳过程明显不同。有些土地利用方式主要表现为碳源，如居民点用地和交通用地；而其他一

表3-2 各地类地表系统碳储量及碳收支项目概况

土地利用类型		原始碳储量	碳输入（或碳吸收）过程		碳输出（或碳排放）过程	
			直接（自然）	间接（人为）	直接（自然）	间接（人为）
耕地		农作物储量 土壤碳储量	农作物NPP-C	人工有机肥投入碳	土壤呼吸 作物呼吸 稻田CH₄排放	肥料生产、农业机械、灌溉用电、种子生产、其他物资生产耗能碳排放
园地		果木碳储量 土壤碳储量	果木NPP-C	人工有机肥投入碳	土壤呼吸	人工维护耗能碳排放
林地		森林碳储量 土壤碳储量	森林NPP-C	人工有机肥投入碳	土壤呼吸	人工林维护耗能碳排放
牧草地		牧草地碳储量 土壤碳储量	草地NPP-C	肉类产量	土壤呼吸 牲畜CH₄排放	人工投入消耗碳释放
居民点及工矿用地	农村居民点	绿化植被碳储量 土壤碳储量 建筑物碳储量	绿化植被NPP-C	含碳产品输入	土壤呼吸	农村用电排放、农村建房、农村生活消耗、能源消费碳释放
	城镇居民点	绿化植被碳储量 土壤碳储量 建筑物碳储量	绿化植被NPP-C	含碳产品输入	土壤呼吸	城镇建设、城镇用电、城镇能源消耗、城镇生活消费、食物消费碳释放
	工矿用地	绿化植被碳储量 土壤碳储量 建筑物碳储量	绿化植被NPP-C	含碳产品输入	土壤呼吸	工业用电、厂房建设、工业能源消费碳排放

土地利用类型	原始碳储量	碳输入（或碳吸收）过程			碳输出（或碳排放）过程	
		直接（自然）	间接（人为）	直接（自然）	间接（人为）
交通用地	绿化植被碳储量 土壤碳储量	绿化植被 NPF－C	含碳产品输入	土壤呼吸	建设物资投入、交通工具碳释放
水域	水面溶解碳 有机物质碳库	水面吸收 C	水产品产量	水面交换	水利设施建设物资消耗或能源消费碳排放
未利用地	植被碳储量 土壤碳储量	原生植被 NPF－C	无	土壤呼吸	无

些土地利用方式则主要表现为碳汇,如林地、草地和水域等。

结合全国土地利用分类系统,可以将土地利用方式分为碳源和碳汇两种。其中,属于碳源或具有碳源效应的土地利用类型有:居民点及工矿用地、交通用地、耕地、园地、林地和水域等,这些地类的碳源包括建设用地(居民点及工矿用地、交通用地)上的能源消费、社会生产和交通运输等的碳排放,以及农、林业人类活动造成的碳排放等;属于碳汇或具有碳汇效应的土地利用类型有:耕地、园地、林地、水域和城市绿化用地等,这些地类的碳汇主要是指植被光合作用的碳吸收或水体自然过程的碳沉降。

需要说明的是:(1) 居民点及工矿用地既是碳源又是碳汇,因为既有大量的人类活动碳排放,也有城市绿化植被的碳吸收,但主要表现为碳源;(2) 耕地、园地、林地和水域既是碳汇又是碳源,因为既有人类耕作或生产活动的碳排放,又有植被光合作用碳吸收或水体自身的固碳效应,但主要表现为碳汇;(3) 牧草地是主要的碳汇用地,同时也表现为一定的碳源,但碳源的强度应按不同区域来分别对待。在牧业较为发达的区域,用于牧业生产的能源消耗也较多,同时畜牧业也会造成大量的甲烷排放,因此碳源强度就高;反之,在非牧区,草地数量很少,草地不一定大量用于牧业生产,这种情况下牧草地的碳源强度就弱,甚至不表现为碳源;(4) 从理论上来讲,未利用地主要表现为碳汇而非碳源。因为除非裸地,或多或少总会有植被光合作用的碳吸收,但由于人类活动很少,未利用地一般不表现为碳源。

第四节　城市系统碳循环的土地调控机理分析

一、土地利用变化对城市系统碳循环的影响机理

土地利用变化对城市系统碳循环的影响是通过直接影响和间接影响来实现的。直接影响主要是指土地利用对城市自然碳过程的影响,而间接影响是指土地利用变化影响人类经济活动和能源消费方式,从而引起城市系统碳循环过程的改变。

1. 土地利用变化对自然碳过程的影响机理

土地利用变化对城市系统自然碳循环过程的影响通过两个层面来实现：

(1) 土地利用方式变化导致自然碳储量或植被碳汇的改变。不同土地利用方式的土壤和植被的碳储量与碳密度差异明显，土地利用方式变化会改变地表上下土壤和植被的碳储量。比如：当林地转化为农田时，森林砍伐会导致自然植被的碳储量的显著下降，土壤碳储量也会发生明显变化，这表现为不同地类的植物凋落物和土壤有机质含量的差别；当土地利用变化发生在城市区域，建设用地取代自然植被或农田时，地上碳储量（植被）也会急剧下降，土壤因被建筑物或硬化路面封闭变化的可能反而不大。

(2) 土地利用变化对土壤呼吸速率的影响。比如：农用地由于人类活动的耕作影响，土壤有机质和植被凋落物分解的速率较快，而林地和草地在自然状态下土壤有机质含量相对较高。因此，不同土地利用方式的变化导致土壤环境改变，这会在长期内改变土壤有机质分解速率和碳储量。

2. 土地利用变化对人为碳过程的影响机理

除自然过程之外，还需要考虑土地利用方式变化对城市系统人为碳过程的影响。不同的用地方式下，能源消费类型和人类经济活动的方式、强度明显不同，因此不同土地利用方式具有不同的碳排放强度。比如：居民点用地主要以家庭能源消费和食物消费为主，交通用地主要以交通能源消费为主，工矿用地主要以能源和电力消费为主，商服用地主要以商业经营、运输中的交通能源和电力消费为主。因此，不同的土地利用方式上必然具有不同的人为碳排放强度。

土地利用方式的变化会在某种程度上增大或减小对某种能源消费的需求，引起人类活动碳排放的改变，从而进一步改变土地利用的碳排放强度和格局。在人类活动密集的城市地域，由于人类活动强烈，因此这一点表现得更为明显。由此可见，土地利用变化对人为碳过程的影响主要是通过改变各种地类上能源消费类型的组合格局来实现的，不同土地利用方式上人类经济活动和能源消费强度的差异是造成人为碳排放强度改变的主要原因。

二、城市土地利用对碳循环过程的调控机理

从以上分析可知，土地利用变化会对城市系统碳循环带来直接或间接影响，因此,不同的土地利用模式及其组合格局会改变城市碳循环、碳通量、碳流通的规模和强度。同时,土地利用及其变化在城市政策的制定中起着先导性的作用,许多调控政策的落实,如产业结构调整、区域发展模式、城市功能区的规划和布局以及生态保护战略等,都要最终体现在土地利用结构和强度的变化上,土地利用方式的变化和调整是大部分城市政策的直接体现与落脚点。因此,开展城市系统碳循环的土地调控研究,从土地利用层面评估城市系统碳循环的效率,有助于从国土开发、产业调整、土地规划、城镇布局、城市发展模式等方面引导城市的低碳发展,是在城市层面发展低碳经济的必然要求和重要途径。总结起来,城市系统碳循环的土地调控可以通过对用地方式、结构、规模和强度等的调整来实现(具体调控方法详见本书第四章)。

1. 土地利用方式的调控

理论上来讲,每种土地利用方式都既表现为碳源也表现为碳汇,只不过表现的强度不同罢了。其中,林地、草地等主要表现为碳汇,建设用地主要表现为碳源,农用地既是碳源也是碳汇,而在不同的建设用地类型中,碳源和碳汇的强度也有所差异。因此,土地利用方式的调控能在很大程度上对碳源和碳汇的强度作出重新安排。通过对土地利用方式的调控,可以限制高碳排放的用地方式,提高碳汇土地的比重,实行差别化的供地机制,降低高碳排放的土地利用方式的扩展速率,能够在一定程度上从碳排放强度的角度来约束用地,从而降低区域土地利用的碳排放强度。

2. 土地利用结构的调控

土地利用结构是调控碳排放并实现碳减排的重要方式。城市不同的用地布局结构和模式会在很大城上改变城市碳源/碳汇的格局。不同的土地利用结构,带来的碳输入和碳输出的通量、规模也不同。调控土地利用结构和布局,可以调整自然和人为过程的碳源/汇的强度、组合关系。土地利用结构一方面要考虑城市用地发展的平衡,另一方面也要考虑不同产业用地的比例关系,保证经济社会的可持续发展。对于城市用地来讲,应该对土地利用结构调整的碳汇效应进行综合评估,以在保证经济发展和用地需求的同时,尽可能采用最有利于碳减排和增汇的土地利用结构布局方式,通过土地利用结构调整和供地方式的碳汇效应评估来引导形成区域低碳型的土地利用模式、布局,以实现环境友好型的土地利用结构。

3. 土地利用规模的调控

随着人口增加和城市化的发展,建设用地会不断扩张。相应地,城市人为碳输入通量(比如能源、电力、食物)以及废弃物的输出通量也会提高,这会加大城市系统碳循环的压力。因此,对土地利用规模进行调控,一方面要限制建设用地的过快增长,另一方面应该尽可能实现合理紧凑的土地利用格局,降低因土地利用规模扩大及城市框架拉大带来的过多的能源消耗、交通、建筑和废弃物等的碳排放。

4. 土地利用强度的调控

土地利用强度的增加,必然会带来单位土地面积上物质输入和输出的增加。比如建设强度的提高和建筑容积率的增加,会导致建设物资投入、能源和电力投入的增加,同时建筑的运行能耗也会随之提高,这会造成单位建筑面积上碳排放强度的增加。通过土地利用强度的调控,实现土地利用规模和土地利用强度的最佳组合关系,一方面避免城市规模拉大带来的多余碳排放,另一方面也要限制土地利用强度提高带来过多的碳排放。因此,需要对不同土地利用规模和强度组合状态下的碳排放进行评估,以找到最利于城市碳减排的最佳结合点。

第五节　本章小结

城市系统碳循环过程是一个包括自然和人为过程、水平和垂直过程、地表和地下过程、经济和社会过程在内的复杂系统。

本章基于系统论生态系统理论和物质代谢等相关理论,从城市系统的内涵、特征和空间划分入手,重点探讨了城市系统碳循环特征、城市碳储量和碳通量的构成和生命周期、城市碳输入和碳输出的类型划分、城市系统碳流通机理、城市系统的碳循环研究框架等;并对城市不同土地利用方式的碳储量和碳通量、土地利用碳源/汇特征以及土地利用变化对城市系统碳循环的影响及调控机理等进行了分析,在理论层面上探讨了城市系统碳循环及土地调控的研究机理,构建了城市系统碳循环研究的理论框架,为城市系统碳循环的测算方法和实证研究打下了基础。

第四章　城市系统碳循环及
土地调控研究方法

在城市系统碳循环及土地调控机理分析的基础上,本章构建了城市系统碳收支核算方法、城市系统碳循环运行评估方法、城市土地利用碳收支核算及碳效应评估方法、城市系统碳循环的土地调控研究方法等,为系统开展城市层面碳循环及其土地调控研究提供了方法基础和技术支撑。

第一节　城市系统碳循环研究方法体系的构建

城市系统碳循环的土地调控的目标是实现城市碳循环及流通效率的提升和城市的低碳运行,为发展低碳城市提供决策参考。本章从整体上构建了城市系统碳收支核算方法、城市系统碳循环运行评估方法、城市土地利用碳收支核算及碳效应评估方法、城市系统碳循环的土地调控研究方法等集成研究方法体系,为城市系统碳循环及其土地调控建立了方法基础(图4-1)。

(1) 城市系统碳收支核算方法。包括城市系统碳储量、碳通量(碳输入和碳输出)、碳流通等的核算方法,目的是对城市系统的碳循环进行系统的测算和分析,从整体上构建城市系统碳循环和碳流通清单,为城市系统碳循环效率和压力的评估打下了基础。

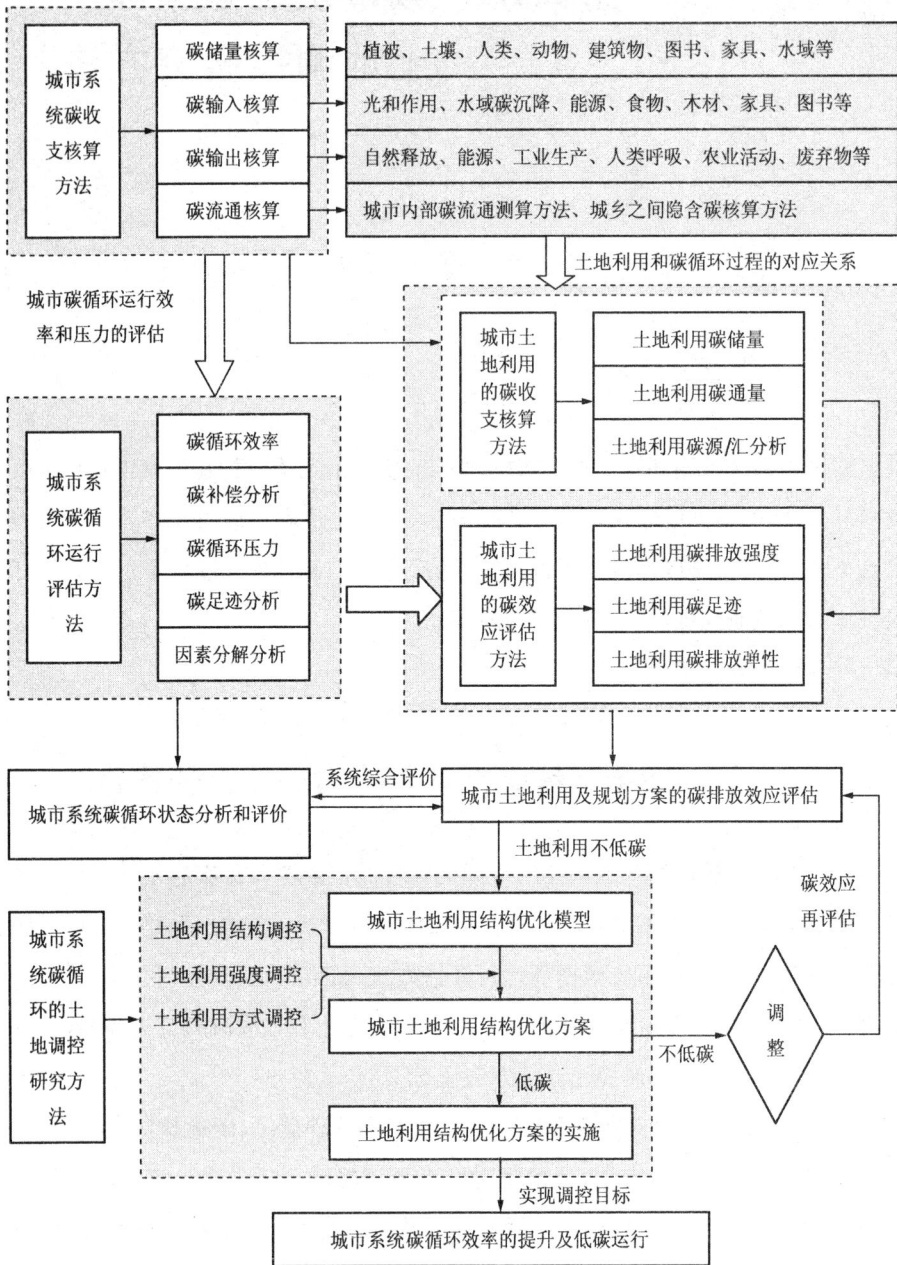

图 4-1　城市系统碳循环及其土地调控的集成研究方法

（2）城市系统碳循环运行评估方法。基于对碳收支的核算，构建了城市系统碳循环效率、城市人为碳补偿和碳循环压力、城市碳足迹、城市碳排放的因素分解等研究方法，对城市系统的碳循环状态进行综合评估。一方面分析城市碳过程的效率及其变化，另一方面分析城市碳循环过程的人为影响和压力状态。

（3）城市土地利用碳收支核算及碳效应评估方法。通过城市碳储量、碳通量和土地利用的对应关系，提出基于土地利用层面的城市系统碳循环研究的方法，包括土地利用碳源/汇分析框架、土地利用碳排放和碳足迹研究方法、土地利用碳排放弹性分析和因素分解分析方法，不仅构建了城市土地利用碳收支的核算方法，也提出了土地利用碳效应评估的方法。

（4）城市系统碳循环的土地调控研究方法。通过对现行土地利用规划方案的碳效应评估，采用线性规划方法，提出基于不同低碳目标的若干土地利用结构优化方案，并进行对比和优选分析；另外，通过土地利用结构、强度等的调整，分析其碳减排潜力及对于城市系统低碳运行的效果。如果土地结构优化方案符合低碳要求，则可以通过土地利用方案的实施，来实现城市系统碳循环效率的提升及低碳运行。

土地调控可以通过城市土地规划、土地价格、土地税收和土地计划等一系列手段来实现。如果对土地结构、规模、强度等的评估不符合城市低碳标准，则需要重新调整调控手段和土地规划方案，并对其土地利用碳效应进行再评估，以实现最利于碳增汇/减排的土地利用结构优化方案，实现城市低碳发展的目标。

第二节　城市系统碳收支核算方法

城市系统碳循环研究的基础是城市碳收支核算，包括城市碳储量、碳通量和碳流通的核算等。这里结合 IPCC 温室气体清单方法，以及国内外相关最新研究成果，建立了较为完整的城市系统碳收支核算方法体系，这也是开展城市碳循环评估和土地调控研究的前提。

一、城市碳储量的核算方法

这里对主要城市碳库的测算方法进行了总结和探讨,包括植被、土壤、人类和动物、建筑物、家具、图书、水域等。需要说明的是:(1)考虑到城市中的无机碳储量变动不大,对城市碳循环的影响较小,因此仅对有机碳储量的核算方法进行了探讨,而对于建筑材料(如水泥中的碳)和其他形式的无机碳没有进行核算;(2)一些产品如衣服、纤维、橡胶等产品也含有有机碳,但考虑到其碳储量较小而且其流通数据收集较为困难,因此未进行核算;(3)由于数据不易收集,对于城市垃圾碳库未进行核算。

1. 城市植被碳库

考虑到农作物大都是一年种植和收获,因此,其生长过程和消费环节可以看做年度的碳输入和输出,但并不产生实质的植被碳积累,因此未将农作物看做植被碳储量的一部分。本书的碳储量计算包括森林、草地和城市绿化植被三部分。计算以年度为周期,代表年度植被的碳储存总量(下同)。计算公式如下:

$$C_{veg} = Area_{forest} \times C_{forest-dens} + Area_{grass} \times C_{grass-dens} + Area_{green} \times C_{green-dens}$$

$$(4-1)$$

其中,C_{veg}表示植被碳储量,$Area_{forest}$、$Area_{grass}$和$Area_{green}$分别代表森林、草地和城市绿地的面积,$C_{forest-dens}$、$C_{grass-dens}$和$C_{green-dens}$分别表示森林、草地和城市绿地单位面积的碳密度(表4-1)。

表4-1   主要植被类型的碳密度参数表(t/hm^2)

作　者	自然林	人工林	草地	城市绿化植被
李克让等(2003)	53.40		3.40	
方精云等(1996,2001)	48.75	31.11	5.25	
王效科等(2001)	36.45			
徐新良等(2007)	36.04			
赵敏、周广胜(2004)	41.32			
管东生等(1998)				32.1
均值	43.19	31.11	4.33	32.1

2. 城市土壤碳库

通过土壤容重和有机碳含量来计算土壤碳储量是比较通用的方法(方精云等,1996),具体计算方法如下:

$$C_{soil} = \sum_i Area_{soil-i} \times H_{soil} \times D_{soil-i} \times C_{soil-i} \qquad (4-2)$$

其中,C_{soil} 表示土壤的碳储量,$Area_{soil-i}$ 代表第 i 种土壤类型的面积,H_{soil} 表示土层厚度,D_{soil-i} 表示第 i 种土壤类型的容重(单位为 t/m³),C_{soil-i} 表示第 i 种土壤类型的有机碳含量(单位为%)。借鉴该方法,根据南京市 1500 余个土壤采样数据,结合各土壤类型的面积数据可以推算出土壤总的碳储量,然后计算出南京市各种土地利用类型的土壤的平均碳密度[1](表 4-2)。

表 4-2 南京市各地类 100 cm 深表层土壤有机碳密度

土地利用类型	表层 TOC 密度 kg/m²
耕地	10.080
园地	8.985
林地	9.952
牧草地	8.295
居民地及工矿用地	12.476
交通	10.997
水域用地(部分)	10.241
未利用地	8.940
全市	10.200

3. 人类和动物碳库

人体碳储量采用 Churkina 等(2010)的计算方法,公式如下:

$$C_{hum} = Num_{people} \times Weight_{capita} \times f_1 \times f_2 \qquad (4-3)$$

其中,C_{hum} 为人体的碳含量,Num_{people} 为人口数量,$Weight_{capita}$ 代表人体的平均重量(60 kg)(Churkina,2010),f_1 代表干有机质中的碳含量比重(一般取 0.5),f_2

---

[1] 水域用地部分土壤有机碳密度主要是指苇地、滩涂等用地,而并非代表水体。对于水体本身而言,底泥中有一定的碳储存,但本书中仅考虑陆地表面的土壤碳密度,而对于底泥部分未进行核算。

代表人体中干物质的比重(一般取 0.3)(Bramryd,1980)。

考虑到动物体与人体具有较大的相似性,这里计算中采用的参数(f_1、f_2)同上(公式略),而各种动物平均体重数据见表4-3。需要说明的是:(1)由于野生动物的数量和类型难以进行统计,因此这里暂时忽略不计,而仅计算了驯养家畜和家禽生物体的碳含量;(2)动物出栏数实质上构成了人类食物消费的一部分,而不形成年度碳储量,因此各种动物数量按统计年鉴中历年年底的存栏数进行计算。

表4-3 主要驯养动物的平均体重

家畜/禽	黄牛	乳牛	水牛	驴	猪	山羊	绵羊	家禽	兔
平均个体体重(kg)	600	600	666	320	75	37.5	45	2.513	4.5

注:(1)各种动物活体重根据华南农业大学(1991)、徐伟立(1989)、佟哲晖(1983)和章世元等的研究整理汇总而成;(2)家禽的体重采用鸡和鸭的平均体重进行计算。

4. 城市建筑物碳库

建筑物、构筑物等是城市的主体,含有大量的有机碳和无机碳,其中无机碳主要是水泥和其他建筑材料中的碳酸盐类物质,这部分碳相对稳定,一般不参与大气碳循环,本书未对建筑物无机碳进行测算(同理,修建道路的硬化路面部分也有大量的无机碳,在本书中也没有进行核算);有机碳部分主要是以房屋木结构和房屋装修的形式把大量的木材碳储存下来,其中房屋木结构主要是指椽、梁、门、窗和脚手架等的木材消耗,房屋装修主要是以木地板和木工材料为主。这里结合Churkina 等(2010)的研究,经过适当改进,采用如下方法:

$$C_{build} = Num_{people} \times Area_{capita} \times Wood_{unitarea} \times wood_{dens} \times C_{wood} \qquad (4-4)$$

$$C_{fit} = Area_{total} \times Wood_{unit-fit} \times wood_{dens} \times C_{wood} \qquad (4-5)$$

其中,C_{build}代表建筑用木材的碳储量;C_{fit}表示装修用材的碳储量;Num_{people}表示城市人口;$Area_{capita}$表示人均建筑面积(这里分城镇住宅建筑、城镇公共建筑和农村住宅三种建筑物类型),$Area_{total}$为总建筑面积;$Wood_{unitarea}$代表单位建筑面积的木材消耗量,根据刘爱民等(2000)的研究,中国城镇住宅建筑、公共建筑和农村住宅建筑的木材消耗量分别取 0.045 m^3/m^2、0.055 m^3/m^2和0.06 m^3/m^2;$Wood_{unit-fit}$表示单位建筑面积的装修用木材量(0.014 m^3/m^2)(刘江,2002),$Wood_{dens}$代表木材产品的基本密度(0.485 t/m^3);C_{wood}表示木材的碳含量(0.5)(白彦锋等,2009)。

5. 家具和图书碳库

由于家具和图书的生产需要消耗大量的木材，因此，这两者也是城市碳储存库的一部分。计算方法如下：

$$C_{furn-book} = Num_{people} \times (C_{furn-capita} + C_{book-capita}) \qquad (4-6)$$

其中，$C_{furn-book}$家具和图书中的碳含量，Num_{people}表示城市人口，$C_{furn-capita}$和$C_{book-capita}$分别代表人均家具和图书的碳储量。对于城市现存图书和家具的数量没有详细的统计数据，也无法进行估测，为如实反映中国的实际情况，这里结合中国木质林产品的碳储存总量，按木材主要用途的消耗量对全国的木质品碳储量进行分解，再除以全国人口，即得到我国人均家具和图书的碳含量，并以此作为计算城市图书和家具碳储量的人均参数（表4-4）。

表4-4 全国人均家具和图书碳储量

年 份	全国木质产品碳储量(Mt)	图书碳储量(Mt)	家具碳储量(Mt)	全国人口(万人)	人均图书碳储量(kg)	人均家具碳储量(kg)
1990	316.41	38.60	28.79	114333	33.76	25.18
1991	326.42	39.82	29.70	115823	34.38	25.65
1992	336.43	41.04	30.62	117171	35.03	26.13
1993	346.44	42.27	31.53	118517	35.66	26.60
1994	356.46	43.49	32.44	119850	36.28	27.07
1995	366.47	44.71	33.35	121121	36.91	27.53
1996	376.48	45.93	34.26	122389	37.53	27.99
1997	386.49	47.15	35.17	123626	38.14	28.45
1998	396.50	48.37	36.08	124761	38.77	28.92
1999	406.52	49.59	36.99	125786	39.43	29.41
2000	416.53	50.82	37.90	126743	40.09	29.91
2001	426.54	52.04	38.82	127627	40.77	30.41
2002	436.55	53.26	39.73	128453	41.46	30.93
2003	446.56	54.48	40.64	129227	42.16	31.45
2004	456.58	55.70	41.55	129988	42.85	31.96
2005	466.59	56.92	42.46	130756	43.53	32.47

年 份	全国木质产品碳储量(Mt)	图书碳储量(Mt)	家具碳储量(Mt)	全国人口(万人)	人均图书碳储量(kg)	人均家具碳储量(kg)
2006	476.60	58.15	43.37	131448	44.23	32.99
2007	486.61	59.37	44.28	132129	44.93	33.51
2008	496.63	60.59	45.19	132802	45.62	34.03
2009	506.64	61.81	46.10	133474	46.31	34.54

注:全国木质产品碳储存总量根据白彦锋等(2009)的相关计算结果推算,家具和图书的碳含量根据刘江(2002)研究中木材需求量的比例进行分解得到。

6.城市水域碳库

城市水域碳库采用河流和湖泊的碳容量进行推算,计算公式如下:

$$C_{water} = Runoff_{river} \times C_{pool-river} + Cap_{lake} \times C_{pool-lake} \qquad (4-7)$$

其中,C_{water}表示水域碳储量,$Runoff_{river}$表示河流的径流量,$C_{pool-river}$表示河流的碳容量,Cap_{lake}表示湖泊和水库的库容,$C_{pool-lake}$表示湖泊和水库的碳容量(表4-5)。

表4-5 水域碳储量及碳通量计算的主要参数表

类 型	参数	单位	单位解释	取值地点
湖泊挥发	0.041	$t/(km^2 \cdot a)$	水面面积	东部平原
河流挥发	0.026	$t/(km^2 \cdot a)$	流域面积	长江
河湖水面固碳速率	0.567	$t/(hm^2 \cdot a)$	水面面积	华东
沿海滩涂固碳速率	2.356	$t/(hm^2 \cdot a)$	水面面积	
水域干湿沉降	5.208	$t/(km^2 \cdot a)$	土地面积	江苏(含上海)
河流碳容量	2242	$t/(10^8 m^3 \cdot a)$	径流量	江苏
湖泊碳容量	2200	$t/(10^8 m^3 \cdot a)$	库容	东部平原

注:根据叶笃正(1992)和段晓男等(2008)的成果计算、整理得到。

二、城市碳输入的核算方法

据第三章分析可知,城市碳输入的路径有两种:垂直碳输入和水平碳输入。前者主要指自然过程光合作用的碳吸收,即有机物质的合成;后者主要指各种含碳能源和产品的输入。需要说明的是,本书对于城市地下水所带来城市碳通量未进行核算。

1. 垂直碳输入通量

(1) 自然植被光合作用的碳吸收

这里主要计算森林、草地和城市绿地的年度光合作用的碳吸收总量。

据方精云等(1996)的研究,森林植被的碳同化量可以根据"光合总量＝呼吸总量＋净增量＋凋落物量"进行计算,全国的光合总量及其比例数据见表4-6。对于草地(不含农业植被)而言,由于每年不产生直接的净增量,而是以落叶落枝的形式返还到系统中,因此认为凋落物量等于净生产量(除牧草地动物消费外)。

森林、草地和城市绿地的 NEP(净生产量)数值可以通过相关文献的研究成果(表4-6)整理得到。根据表4-6中的比例关系,可进一步计算各种植被类型单位面积的光合总量(即年度碳吸收量)。计算公式为:

$$CI_{veg} = \sum C_{veg-i} \times Area_{veg-i} \qquad (4-8)$$

其中,CI_{veg}表示植被光合作用的碳吸收总量(农作物除外);C_{veg-i}表示第 i 种植被类型单位面积的年碳生产率,$i=1,2,3$分别为森林、草地和城市绿地,这里的碳生产率即指各种植被类型单位面积的光合总量;$Area_{veg-i}$为第 i 种植被类型的面积。

表4-6 中国植被的光合总量、呼吸总量及净生产量的系数表

类别	光合总量		呼吸总量		净生产量		凋落物量	
	Gt/a	比重	Gt/a	比重	Gt/a	比重	Gt/a	比重
森林(全国)	1.354	100%	0.677	50.00%	0.452	33.38%	0.225	16.62%
草地(全国)	2.75	100%	1.1	40.00%	1.65	60.00%	1.65	60.00%
单位面积参数	t/hm²·a	比重	t/hm²·a	比重	t/hm²·a	比重	t/hm²·a	比重
森林	11.412	100%	5.706	50.00%	3.810*	33.38%	1.90	16.62%
草地	1.580	100%	0.632	40.00%	0.948*	60.00%	0.948	60.00%
城市绿地	10.12	100%	5.06**	50.00%	3.378**	33.38%	1.682	16.62%

注:数据来源如下:＊谢鸿宇等(2008),＊＊管东生等(1998),其余数据根据比例计算得到。

(2) 农作物生育期碳吸收

用农作物产量来推算碳吸收量是比较可行和成熟的方法。这里参照李克让

(2000)和方精云等(2007)的研究,经过适当改进,采用以下计算方法:

$$CI_{crop} = \sum_i CI_{crop-i} = \sum_i C_{crop-i} \times Y_{bio-i} \times (1 - P_{water-i})$$

$$= \sum_i C_{crop-i} \times (1 - P_{water-i}) \times \frac{Y_{eco-i}}{H_{crop-i}} \quad (4-9)$$

其中,CI_{crop}指作物生育期的光合作用碳吸收总量,CI_{crop-i}为第i种作物碳吸收量,C_{crop-i}为第i种作物合成单位有机质(干重)的碳吸收率,Y_{bio-i}代表第i种作物的生物产量,Y_{eco-i}为第i种作物的经济产量,H_{crop-i}为第i种作物的经济系数。$P_{water-i}$表示第i种作物的含水率。主要农作物的含水率、碳吸收率和经济系数见表4-7。

表4-7 主要农作物类型的经济系数和碳吸收系数

种 类	经济系数	平均含水率**	碳吸收率	1单位经济产量的生物产量	1单位经济产量的碳吸收量	1单位经济产量的秸秆重量
水稻	0.45*	0.1375	0.4144*	1.92	0.79	0.92
小麦	0.4*	0.125	0.4853*	2.19	1.06	1.19
玉米	0.4*	0.135	0.4709*	2.16	1.02	1.16
高粱	0.35*	0.145	0.45***	2.44	1.10	1.44
谷子	0.4*	0.1375	0.45***	2.16	0.97	1.16
薯类	0.7*	0.133	0.4226*	1.24	0.52	0.24
大豆	0.35*	0.125	0.45***	2.50	1.13	1.50
其他粮食作物	0.4*	0.133	0.45***	2.17	0.98	1.17
棉花	0.1*	0.083	0.45***	9.17	4.13	8.17
油菜籽	0.25*	0.09	0.45***	3.64	1.64	2.64
向日葵	0.3*	0.09	0.45***	3.03	1.37	2.03
花生	0.43*	0.09	0.45***	2.12	0.95	1.12
甘蔗	0.5*	0.133	0.45***	1.73	0.78	0.73
麻类	0.39**	0.133	0.45***	2.22	1.00	1.22
甜菜	0.7*	0.133	0.4072*	1.24	0.50	0.24
烟草	0.55*	0.082	0.45***	1.67	0.75	0.67

注:主要参数的来源如下:* 李克让(2000),** 方精云等(2007),*** 王修兰(1996)。

需要说明的是,根据该式计算出来的碳吸收量仅代表农作物的NPP,即有机体净增量和凋落物之和,而实际光合作用的同化量,还需要加上农作物自身呼吸作用的消耗量,具体转化系数比例关系见表4-6。

（3）水域的碳吸收

通过相关资料,水域的碳吸收主要包括水域固碳、水域干湿沉降和水生生物光合作用的碳吸收。计算方法如下：

$$CI_{water} = C_{unit-water} \times A_{water} + C_{unit-mud} \times A_{mud} + C_{sub} \times A \qquad (4-10)$$

其中,CI_{water}表示地区水域的碳吸收总量,$C_{unit-water}$和$C_{unit-mud}$分别代表河湖和滩涂的固碳速率,A_{water}和A_{mud}分别为河湖面积与滩涂面积,C_{sub}为单位土地面积干湿沉降带来的碳输入,A为研究区域面积。这里水域和滩涂的固碳实质上已经包含了水生生物光合作用的碳吸收(段晓男等,2008)。具体参数见表4-5。

2. 水平碳输入通量

（1）食物碳输入

食物是重要的含碳物质,也是城市水平碳输入的重要部分。这里结合城市和农村人口数量,根据城乡居民主要食物人均消费量对城市食物碳输入进行核算。计算方法如下：

$$CI_{food} = \sum_i Q_{food-i} \times C_{food-i} \times (1 + 30\%) \qquad (4-11)$$

其中,CI_{food}为食物的碳含量,Q_{food-i}为第i种食物的消费量,C_{food-i}为第i种食物的碳含量系数(表4-8)(中国预防医学科学院营养与食品研究所,1992;罗婷文等,2005)。在统计资料中,因为各种原因有部分消费未统计入内,比如饭店消费、旅游消费或其他零星食品等,这里假定该部分比重为30%。因此在计算时,把食物消费的碳含量同比例放大,以更符合地方消费的实际。另外,根据研究,人体食物消费量与购买量还不完全相等,因为购买的食物中还存在食物废弃率。这里按照国外的研究,购买食物中,有70.0528%用于自身食物的消费(Christen et al.,2010),本研究也采用这一数值(表4-9)。

另外,农产品加工转换成食品会有一定的碳损失,因此要计算农产品产量被消费的碳量,还要乘以农产品加工转换效率。这里用本地区农作物产量中的碳量乘以加工转换效率可以得到作为食物消费的碳量。具体各种农作物加工转换效率来自世界经济手册编委会(1989)(表4-10)。

表 4-8 食物碳含量系数表(单位:kg/kg)

名称	碳含量	名称	碳含量	名称	碳含量	名称	碳含量
粮食	0.3268	畜禽肉	0.2546	植物油	0.7666	糖果	0.3380
蔬菜	0.0274	水产品	0.1433	酒饮料	0.0411	食糖	0.3965
水果	0.0498	蛋类	0.1510	奶类	0.0629	茶叶	0.3380

表 4-9 人均食物碳消费及其构成比例(Christen et al.,2010)

项 目	人均(kg/a)	比 例
食物购买	151.6	1
食物消费	106.2	0.701
♯呼吸作用	76.3	0.503
♯人类排泄物	29.9	0.197
食物垃圾(或浪费物)	45.4	0.299

表 4-10 中国主要农产品加工转换效率

种 类	加工转换定额	备 注
小麦	85%	平均出面率
稻谷	73%	平均出米率
玉米	93%	平均出面率
油菜籽	40%	平均出油率
芝麻	53%	平均出油率
糖料	12.5%	平均出糖率

(2)能源碳输入

对城市来说,能源输入主要包括用于工业生产和民用的煤、石油、天然气、电力、液化石油气等的输入,这也是水平碳输入中最大的部分。这里以各种能源的输入量及其碳含量进行推算,具体计算方法与相关参数见公式 4-16 和表 4-11。

(3)建筑木材碳输入

建筑物碳输入与前文碳储量的计算类似。本书未考虑建筑材料的无机碳输入,而仅对木材的有机碳输入进行了核算。这里以每年新增的建筑面积为活动数据来估算每年输入城市的建筑木材碳含量,具体计算方法如下:

$$CI_{build} = Area_{new-build} \times Wood_{unitarea} \times wood_{dens} \times C_{wood} \qquad (4-12)$$

$$CI_{fit} = Area_{new-build} \times Wood_{unit-fit} \times wood_{dens} \times C_{wood} \qquad (4-13)$$

其中，CI_{build} 为年度新增建筑用木材的碳含量；CI_{fit} 为年度新增建筑装修用木材的碳含量；$Area_{new-build}$ 为新增建筑面积；$Wood_{unitarea}$ 代表单位建筑面积的木材消耗量，分城镇住宅建筑、城镇公共建筑和农村住宅三种类型；$Wood_{unit-fit}$ 表示单位建筑面积的装修用木材量；$Wood_{dens}$ 代表木材产品的基本密度；C_{wood} 表示木材的碳含量（具体见碳储量核算部分）。另外，按建筑用材总量的 2% 来估算在建工程及桥梁、水利等构筑物的用材量（刘江，2002）。这里将年度施工建筑物面积减去年度竣工建筑物面积看做在建面积来进行推算。

（4）图书和家具碳输入

以家具和图书的需求量来进行推算。具体计算中采用家具和图书生产中的木材消耗量来进行推算：

$$C_{furn} = Q_{furn} \times 49.67\% \times 0.0478 \times 0.485 \times 0.5 \qquad (4-14)$$

$$C_{book} = Q_{paper} \times 0.5 \qquad (4-15)$$

其中，C_{furn} 和 C_{book} 分别表示年度家具和纸制品生产的碳含量，Q_{furn} 和 Q_{paper} 分别表示家具和纸制品的产量（两者单位分别为"件"和"吨"），式中的其他数据为参数。根据刘江（2002）的研究，家具产量中，木质家具比例为 49.67%，每件木质家具平均木材含量为 $0.0478\ m^3$；根据白彦锋等（2009）的研究，木材的基本密度为 $0.485\ t/m^3$，木材和纸板地含碳率均为 0.5。

实际计算中，考虑到图书和家具有外地制成品的输入量，而且应该占有较大的比重，这里假定图书和家具的自给率为 30%，其余 70% 为外部输入。另外，本地生产的图书和家具中的碳含量减去本地木材采伐量的碳含量，可以得到外地木材输入的碳量。

三、城市碳输出的核算方法

城市碳输出也包括两种路径：垂直碳输出和水平碳输出。前者是指各种途径的化石燃料燃烧、废弃物分解、呼吸作用等带来的碳释放，后者是指含碳产品和废弃物的输出。

1. 垂直碳输出通量

(1) 能源消费碳排放

借鉴 IPCC 的计算方法,确定各种能源消费碳排放的计算公式为:

$$CE_{energy-i} = Q_{energy-i} \times H_{energy-i} \times (C_{energy-i} + M_{energy-i}) \qquad (4-16)$$

其中,$CE_{energy-i}$ 为第 i 种能源的碳排放量;$Q_{energy-i}$ 为第 i 种能源的消费量;$H_{energy-i}$ 为第 i 种能源的净发热值;$C_{energy-i}$ 为第 i 种能源的碳排放系数,$M_{energy-i}$ 为第 i 种能源的 CH_4 排放系数。其中,$C_{energy-i} = A_i \times B_i$,$A_i$ 为缺省碳含量,B_i 为缺省氧化碳因子。其中的主要参数来源及其转化方法见表4-11。这里的能源消费涵盖了各种能源类型,包括化石能源(固定源和移动源,其中包括交通运输的能源消耗)、电力、热力和农村生物质能源等。为尽量符合中国的实际情况,各种能源的净发热值主要取自于《中国能源统计年鉴》,而缺省碳含量、氧化碳因子和 CH_4 排放系数等由于国内缺乏相关研究,因此取自于 IPCC 指南。具体各类能源的碳排放最终计算参数见表4-11,电力生产的碳排放系数见表4-12。

表4-11　各种能源类型的碳排放系数计算表

能源类型	净发热值 kJ/kg(kJ/m³)	缺省碳含量 (kgC/GJ)	氧化碳因子	CH_4 排放系数 (kgCH₄/TJ)	总碳排放系数	单位备注 (kgC)
原煤	20908	25.8	1	1	0.539	kg/kg
洗精煤	26344	26.209	1	1	0.691	kg/kg
其他洗煤	9408.5	26.95	1	1	0.254	kg/kg
煤制品	15909.8	26.6	1	1	0.423	kg/kg
型煤	15909.8	26.6	1	1	0.423	kg/kg
水煤浆	9408.5	26.95	1	1	0.254	kg/kg
粉煤	9408.5	26.95	1	1	0.254	kg/kg
焦炭	28435	29.2	1	1	0.830	kg/kg
其他焦化产品	34332	26.6	1	3	0.913	kg/kg
焦炉煤气	17353.5	12.1	1	1	0.21	kg/m³
高炉煤气	2985.19	70.8	1	1	0.211	kg/m³
其他煤气	16970.33	60.2	1	1	1.022	kg/m³
天然气	38931	15.3	1	1	0.596	kg/m³
原油	41816	20	1	3	0.836	kg/kg

续　表

能源类型	净发热值 kJ/kg(kJ/m³)	缺省碳含量 (kgC/GJ)	氧化碳 因子	CH₄ 排放系数 (kgCH₄/TJ)	总碳排 放系数	单位备注 (kgC)
汽油	43070	18.9	1	3	0.814	kg/kg
煤油	43070	19.6	1	3	0.844	kg/kg
柴油	42652	20.2	1	3	0.862	kg/kg
燃料油	41816	21.1	1	3	0.882	kg/kg
液化石油气	50179	17.2	1	1	0.863	kg/kg
炼厂干气	46055	15.7	1	1	0.723	kg/kg
煤焦油	33453	20	1	3	0.669	kg/kg
其他石油制品	37681.2	20	1	3	0.754	kg/kg
热力（当量）	1(kJ/kJ)	26.95	1	1	3E−05	kg/kJ
电力（当量）	3596(kJ/kwh)	26.95	1	1	0.097	kg/kwh
人粪	18817	30.5	1	30	0.574	kg/kg
牛粪	13799	30.5	1	30	0.421	kg/kg
猪粪	12545	30.5	1	30	0.383	kg/kg
羊、驴、马、骡粪	15472	30.5	1	30	0.472	kg/kg
鸡粪	18817	30.5	1	30	0.574	kg/kg
大豆秆、棉花秆	15890	30.5	1	30	0.485	kg/kg
稻秆	12545	30.5	1	30	0.383	kg/kg
麦秆	14635	30.5	1	30	0.447	kg/kg
玉米秆	15472	30.5	1	30	0.472	kg/kg
杂草	13799	30.5	1	30	0.421	kg/kg
树叶	14635	30.5	1	30	0.447	kg/kg
薪柴	16726	30.5	1	30	0.511	kg/kg
沼气	20908	14.9	1	1	0.312	kg/m³
木头	15890	30.5	1	30	0.485	kg/kg
一般废弃物	7071.51	25	1	30	0.177	kg/kg

注：(1) 各种能源的净发热值主要来自于中国能源统计年鉴，部分缺失项目（如煤制品、型煤、其他焦化产品和焦炉煤气等）取自 IPCC；缺省碳含量、氧化碳因子和 CH₄ 排放系数取自 IPCC；其他洗煤、粉煤等碳含量数据在 IPCC 中没有对应的项目，因此取 IPCC 几种煤产品碳含量系数的均值；(2) "总碳排放系数"是将各种能源类型 CO_2 和 CH₄ 的排放进行了汇总、折合，代表一单位能源消费产生的碳排放量（折纯量）。

表4-12　中国逐年电力生产的标准煤耗和碳排放系数表

年份	发电标准煤耗 （kg/ kwh）	净发热值 （kJ/kwh）	发热量 （kcal/kwh）	碳排放系数 （kg/kwh）
1990	392	11488.58	2744	0.310
1991	390	11429.96	2730	0.308
1992	386	11312.73	2702	0.305
1993	384	11254.12	2688	0.303
1994	381	11166.2	2667	0.301
1995	379	11107.58	2653	0.299
1996	377	11048.97	2639	0.298
1997	375	10990.35	2625	0.296
1998	373	10931.73	2611	0.295
1999	369	10814.5	2583	0.291
2000	363	10638.66	2541	0.287
2001	357	10462.81	2499	0.282
2002	356	10433.51	2492	0.281
2003	355	10404.2	2485	0.280
2004	349	10228.35	2443	0.276
2005	343	10052.51	2401	0.271
2006	342	10023.2	2394	0.270
2007	332	9730.123	2324	0.262

注：电力生产碳排放计算中，碳含量、缺省氧化碳因子等系数均采用 IPCC 中煤炭系数的均值。

（2）工业生产过程碳排放

工业生产过程碳排放主要包括水泥、石灰、电石、己二酸、钢铁等生产过程中所产生的 CO_2（生产工艺或化学反应），比如：石灰生产的碳排放除燃料燃烧的碳排放外，还有石灰分解的碳排放，即生产水泥熟料的过程中排放大量的 CO_2，这是由于水泥生料煅烧变成熟料的过程会释放碳，这也是当前工业生产过程的主要碳释放途径。

工业生产过程碳排放情况十分复杂，其碳排放强度涉及各地区的不同生产工艺和地区生产能耗情况。这里由于相关行业的工艺过程数据难以收集，因此暂时

采用国内外相关研究的参数,结合几种工业产品的产量进行推算。计算公式如下:

$$CE_{manu-i} = Q_{prod-i} \times C_{manu-i} \times 12 \div 44 \qquad (4-17)$$

其中,CE_{manu-i}是第i种工业生产过程的碳释放;Q_{prod-i}是第i种工业产品的产量,这里主要考虑了钢铁、水泥、石灰、玻璃和合成氨等的生产;C_{manu-i}是第i种工业生产工艺的CO_2排放因子(表4-13)。

表4-13 主要工业生产过程的碳排放因子

主要产品	钢铁	水泥	石灰	玻璃	合成氨
排放因子(tCO₂/t)	1.06	0.136	0.687	0.21	3.273

注:(1) 水泥排放因子来自于文献(方精云等,1996;ORNL,1990),除水泥排放系数外,其余均来自蔡博峰等(2009);(2) 钢铁生产系数为钢生产专家共识与IISI环境绩效评估标准;(3) 合成氨的排放因子采用最高排放因子(缺省值);(4) 玻璃的系数暂采用浮法玻璃的系数替代,同时计算时扣除掉了碎玻璃的比重(平均典型范围为17.5%)。

(3) 稻田甲烷碳排放

水稻是重要的甲烷排放源,在厌氧条件下产生大量甲烷。唐红侠等(2009)在研究过程中,根据王明星的研究对中国各省区稻田甲烷排放的估计参数进行了汇总整理,这里采用江苏省的计算参数(表4-14)。计算方法如下:

$$CE_{paddy} = Area_{paddy} \times C_{paddy} \times T_{paddy} \times 12 \div 16 \qquad (4-18)$$

CE_{paddy}为稻田甲烷排放量,$Area_{paddy}$是稻田面积,C_{paddy}是甲烷的碳排放率,T_{paddy}为水稻生长期。

表4-14 水稻碳排放与生长周期等相关参数

省 份	播种面积(10³hm²)	早稻和单季稻(gCH₄/m²d)	晚稻(gCH₄/m²d)	单季晚稻、冬水田和麦茬稻(gCH₄/m²d)	区域排放量Tg/a
江苏省(唐红侠等,2009)	2454.5	0.189	0.276	0.510	1~1.368
生产天数(蔡博峰等,2009)		110~120	120~130	120~130	

(4) 畜牧业碳排放

① 动物肠道发酵和粪便碳排放

结合IPCC温室气体清单指南(2006)和中国温室气体清单研究(蔡博峰等,

2009)的参数,采用主要动物的甲烷排放参数,结合历年主要动物的数量可以推算出其甲烷排放量。

$$CE_{animal} = \sum_i Num_{animal-i} \times (C1_{animal-i} + C2_{animal-i}) \tag{4-19}$$

其中,CE_{animal}表示动物的碳排放总量,$Num_{animal-i}$表示第i种动物数量,$C1_{animal-i}$为第i种动物肠道发酵的甲烷排放系数,$C2_{animal-i}$为第i种动物粪便的甲烷排放系数(表4-15)。

表4-15 动物甲烷排放参数表(单位:kgCH₄/头·a)

类别	黄牛	奶牛	水牛	马	驴	骡	骆驼	猪	山羊	绵羊	家禽
肠道发酵	47	61	55	18	10	10	46	1	5	5	无数据
动物粪便	1.785	17.68	1.864	1.09	0.6	0.6	128	0.764	0.142	0.148	0.012

注:(1)肠道发酵参数均来自IPCC,其中黄牛的系数采用IPCC中的"其他牛系数";(2)动物粪便排放系数来于中国温室气体清单研究(2007),选取江苏省的参数;(3)系数的选取中,结合南京市年平均温度为16.4度(2009年),对应IPCC的参数表查阅亚洲区发展中国家对应的温度条件下的参数。

② 动物呼吸碳排放

动物呼吸的碳排放主要考虑猪、牛等大型动物,两者的碳排放系数分别采用0.082 tC/头·a和0.796 tC/头·a(匡耀求等,2010),计算公式略。其他动物中,羊的呼吸作用碳排放假定为猪的一半,其他动物(如鸡鸭兔)等个体小,而且缺乏相应的经验参数,这里暂时忽略不计。

(5) 人类呼吸碳排放

人体呼吸碳排放是人体代谢的结果。根据方精云等(1996)的研究,采用人均年呼吸量参数为0.079 tC/a计,计算方法如下:

$$CE_{hum} = Num_{people} \times 0.079 \tag{4-20}$$

其中,CE_{hum}为人口呼吸碳排放量,Num_{people}为人口数。

(6) 自然过程呼吸作用的碳排放

自然过程呼吸作用的碳排放主要包括植被和土壤呼吸作用的碳排放。其中,植被的呼吸作用碳排放量采用下式计算:

$$CE_{veg} = \sum_i R_{veg-i} \times Area_{veg-i} \tag{4-21}$$

其中,CE_{veg}为植被呼吸作用的碳排放量,R_{veg-i}表示第i种植被单位面积呼吸作用的碳释排放系数(见表4-6),主要包括森林、草地、农作物和城市绿化植被,$Area_{veg-i}$代表第i种植被的面积。

土壤呼吸作用碳排放采用主要植被类型的平均呼吸速率来进行测算,这里采用方精云等(1996)的计算方法:

$$CE_{soil} = \sum_i R_{soil-i} \times Area_{soil-i} \qquad (4-22)$$

其中,CE_{soil}为土壤呼吸作用的碳释放量;R_{soil-i}表示第i种植被类型平均的土壤呼吸速率,主要包括森林、草地、农作物和城市绿化植被(土壤呼吸速率根据各植被类型土壤凋落物来进行推算);$Area_{soil-i}$代表第i种植被类型的土壤面积。考虑到建设地的土壤以封闭形式为主,这里忽略建设用地封闭土壤的呼吸作用碳排放。另外,土壤年度碳通量的变化主要归因于土地利用方式的变化,因此这里实质上已经考虑了土地利用变化的碳释放。

(7) 秸秆焚烧碳排放

采用各种作物的秸秆焚烧量乘以碳排放系数来进行测算。结合南京市"十二五"秸秆利用规划,这里按秸秆焚烧比例为10%进行测算。另外,目前南京市农作物秸秆利用率总体达到60%左右,其中通过机械化还田技术利用15%左右,农业生产利用25%左右,能源化利用20%左右[1]。根据这种比例关系,可以大体推算南京市农作物秸秆主要用途的使用量及其碳排放(流通)量。

(8) 水域碳挥发

水域碳挥发属于水域自然过程的碳释放。根据叶笃正(1992)的研究结果,采用如下计算方法:

$$CE_{water} = Area_{lake} \times CE_{lake} + Area_{river} \times CE_{river} \qquad (4-23)$$

其中,CE_{water}表示水域的碳挥发,$Area_{lake}$和$Area_{river}$分别为湖泊的面积和河流的流域面积,CE_{lake}和CE_{river}分别为湖泊和河流单位面积的碳挥发系数,系数见表4-5。

(9) 固体废弃物碳排放

垃圾的最终处置方式是焚烧和填埋。根据《2006 年 IPCC 温室气体清单指南》,对垃圾焚烧产生的温室气体需要计算焚烧时产生的二氧化碳量,对垃圾填埋

---

〔1〕 南京市发改委.南京市"十二五"秸秆利用报告,2010。

产生的温室气体则需要计算甲烷的排放量。其中,垃圾焚烧碳排放的计算公式如下:

$$CE_{waste-burn} = Q_{waste-burn} \times C_{waste} \times P_{waste} \times EF_{waste} \qquad (4-24)$$

其中,$CE_{waste-burn}$ 表示垃圾焚烧产生的碳排放量,$Q_{waste-burn}$ 表示垃圾焚烧量,C_{waste} 为废弃物的碳含量比例(缺省值为 40%),P_{waste} 为废弃物中的矿物碳比例(缺省值 40%),EF_{waste} 为废弃物焚烧炉的完全燃烧效率(缺省值为 95%)(蔡博峰等,2009)。

垃圾填埋碳排放的计算公式如下:

$$CE_{waste-fill} = Q_{waste-fill} \times 0.167 \times (1 - 71.5\%) \qquad (4-25)$$

其中,$CE_{waste-fill}$ 为垃圾填埋产生的碳排放,$Q_{waste-fill}$ 为垃圾填埋量,垃圾 CH_4 的排放因子采用《2006 年 IPCC 温室气体清单指南》的缺省值 0.167,71.5% 为垃圾的含水率(郭运功,2009)。

(10) 废水碳排放

废水的碳排放可分两部分进行测算,即生活废水和工业废水的甲烷排放量。这里结合 IPCC 的计算方法,生活废水的碳排放量计算公式如下:

$$CE_{liv-water} = Num_{people} \times BOD_{capita} \times SBF \times C_{BOD} \times FTA \times 365 \qquad (4-26)$$

其中,$CE_{liv-water}$ 是生活废水中甲烷的年排放量,Num_{people} 为人口,BOD_{capita} 是指人均 BOD 中有机物含量(60 gBOD/人/天),SBF 为易于沉积的 BOD 比例(0.5),C_{BOD} 是指 BOD 的排放因子(0.6 gCH_4/gBOD),FTA 为在废水中无氧降解的 BOD 的比例(0.8)(IPCC,2006)。

工业废水中甲烷排放量计算方法如下:

$$CE_{ind-water} = Q_{ind-water} \times COD_{ind-water} \times C_{COD} \qquad (4-27)$$

其中,$CE_{ind-water}$ 为工业废水中的甲烷排放量,$Q_{ind-water}$ 为废水量,$COD_{ind-water}$ 为化学需氧量(工业废水中的可降解有机成分)($kgCOD/m^3$),C_{COD} 为最大 CH_4 产生能力(缺省值为 0.25 kg CH_4/kg COD)(IPCC,2006)。

2. 水平碳输出通量

水平碳输出过程主要包括工业产品、能源制成品、食物、植被凋落物、固体废弃物的输出等。其计算方法在前文都有所涉及,主要是采用输出的各种含碳物质的量,结合相应的系数来进行推算。具体方法不再赘述(详见水平碳输入和垂直碳输出的计算方法部分)。

四、城市碳流通的研究方法

城市系统碳流通过程涉及城市能源、食物和木材等的碳流通环节,重点是要了解城市系统内部以及城市与外部系统之间的碳循环和碳流通的主要途径、流通量,具体可参照各项碳通量的计算方法来进行推算,这里不再详述。除了城市能源、食物和木材的直接碳流通之外,城乡之间隐含碳过程也是城市碳流通的重要环节,这里重点探讨城乡隐含碳流通的计算方法。

总体而言,城乡之间的碳流通可以分为两大类:一类是直接碳流通,如能源、食物和木材等含碳物质在城乡之间的流动;另一类是间接碳流通(即隐含碳流通),主要表现为满足农村消费而生产的工业产品带来的碳排放,这部分碳虽然在城市中排放,但却是由于农村消费而引起的,因此对农村而言,可以看做间接碳排放。根据不同行业的产品产量和各行业能源消费的碳排放量,可以得到各行业单位产品的隐含碳,然后根据各行业产品农村和城市的消费量,可以进一步计算出城乡之间隐含碳的比例和流通量。具体计算方法如下:

$$C_{en-rural} = \sum \frac{CE_{ind-i}}{P_{ind-i}} \times Q_{rural-i} \qquad (4-28)$$

其中,$C_{en-rural}$为农村产品消费中的隐含碳,CE_{ind-i}为第 i 个行业的能源消费碳排放,P_{ind-i}为第 i 个行业的产品产量,$Q_{rural-i}$为第 i 个行业产品的农村消费量。

$$C_{en-city} = C_{en-total} \times (1 - P_{ain}) - C_{en-rural} \qquad (4-29)$$

其中,$C_{en-city}$为城市产品消费中的隐含碳,$C_{en-total}$为城市工业生产中总的隐含碳,P_{ain}为工业产品的输出比例。

本书的计算中,由于各行业产品的城乡消费比例数据不易获取,因此,农村与城市的产品消费量主要根据南京市历年农村和城市的消费支出比例来进行推算。另外,工业产品的输出比例按 20% 确定,即假定当地产品的本地消费比例为 80%。

第三节　城市系统碳循环运行评估方法

城市系统碳收支核算侧重于对碳循环过程的静态分析,而要分析城市碳循环过程的运行状态及其效率,并在此基础上确定城市碳循环的土地调控的手段和方法,则需要对城市碳循环效率和压力进行评估。这里重点提出了城市系统碳循环效率、城市碳补偿、城市碳循环压力和城市碳足迹研究、城市碳排放因素分解分析等方法,以从总体上了解城市的碳循环运行状况。

一、城市系统碳循环效率分析

城市碳循环效率是指市碳循环过程中的碳流通量和经济产出之比。本文采用几个表示碳通量与 GDP 关系的相关指标来进行分析。

1. 单位 GDP 的碳输入和输出强度

$$CI_{in} = CI_{hum-total} / GDP \tag{4-30}$$

$$CE_{in} = CE_{hum-total} / GDP \tag{4-31}$$

其中, CI_{in} 和 CE_{in} 分表代表单位 GDP 的碳输入强度和碳输出强度, $CI_{hum-total}$ 和 $CE_{hum-total}$ 分别表示人为碳输入和输出的总量(考虑到自然过程碳输入和输出历年变动不大,而且对社会经济影响更大的主要是人为碳通量,因此这里仅考虑人为碳输入和碳输出通量)。另外,为了使各年份的计算结果更具可比性,这里采用 GDP 的可比价进行计算。

2. 单位 GDP 碳排放强度与碳生产力

单位 GDP 碳排放强度即人为垂直碳输出总量与 GDP 的比值(吨/万元),碳生产力即单位碳排放创造的 GDP(万元/吨)。这两者正好呈负相关关系。碳生产力的提高意味着用更少的物质和能源消耗产生出更多的社会财富,这是衡量城市碳排放经济效率的重要指标。

二、城市碳补偿和碳循环压力研究

人为活动的碳排放量和区域的碳汇水平是衡量区域碳排放压力与区域碳吸收能力的重要指标。本书通过对城市人为碳效应指数、碳补偿率和碳循环压力指

数等的定义,来进一步研究城市人为活动的碳效应。主要指标有:

1. 城市人为碳效应指数

人为碳过程(包括人为碳输入和碳输出)是衡量区域人类活动对碳循环影响程度的指标。但要定量分析人类活动对城市系统碳循环过程的影响,不仅要了解人为碳输入和输出量,更要了解其中人为碳输入和碳输出的比重。本书构建城市人为碳效应指数,用来表征人为活动对城市碳循环的影响程度。

$$C_{hum} = \frac{CI_{hum} + CE_{hum}}{CI_{total} + CE_{total}} \times 100\% \qquad (4-32)$$

其中,C_{hum} 表示人为碳效应指数,CI_{hum} 和 CI_{total} 分别表示人为碳输入量和城市碳输入总量,CE_{hum} 和 CE_{total} 分别代表人为碳输出量和城市碳输出总量。

另外,为了对碳输入和碳输出的人类影响程度进行单独分析,这里分别定义人为碳输入效应指数(C'_{hum})和人为碳输出效应指数(C''_{hum}),各自的计算方法如下:

$$C'_{hum} = \frac{CI_{hum}}{CI_{total}} \times 100\%, C''_{hum} = \frac{CE_{hum}}{CE_{total}} \times 100\% \qquad (4-33)$$

2. 陆地生态系统碳汇

城市生态系统碳汇包括林地、草地、农田和城市绿地等植被光合作用的碳吸收,以及水域固碳和干湿沉降的碳吸收,这反映了城市生态系统的总碳吸收能力。在生态系统中,GPP 是指生态系统单位面积单位时间生成的有机物质的量,NPP(净初级生产力)是 GPP 扣除掉植物自养呼吸(R)作用之后的碳量。而 NEP(净生态系统生产力)是指 NPP 扣除掉植物有机残体分解,即异氧呼吸(RH)后剩下的碳量。用公式表示为(谢鸿宇等,2008):

$$NPP = GPP - R \qquad (4-34)$$

$$NEP = NPP - RH \qquad (4-35)$$

可以看出,R 和 RH 表示呼吸作用释放掉的碳量,而最终剩下的 NEP 才表示每年的碳蓄积量,也即区域的碳汇量。前面碳输入的计算中,各种植被类型的碳吸收(光合作用吸收的碳量)是指 GPP,因此要扣除掉自养呼吸和异氧呼吸(凋落物分解)后得到的碳量才代表区域年度自然生态系统的碳储量,即固定下来并可以被利用的碳量。因此,本书就以 NEP 衡量区域生态系统碳汇能力的大小。根据以上原理,城市生态系统碳汇计算采用下式:

$$C_s = \sum NEP_i \times Area_i + CI_{water} \qquad (4-36)$$

$$NEP_i = CI_{veg-i} - R_{veg-i} - RH_{veg-i} \qquad (4-37)$$

其中，C_s 表示城市的碳汇能力（用碳吸收量来表示）；NEP_i 表示第 i 种植被类型的 NEP，$i=1\sim4$，分别表示林地、草地、城市绿地和农田，前三者的 NEP 可以根据表 4-6 参数计算得到，农田的 NEP 可以用农田年度净碳吸收除以耕地面积得到；CI_{water} 表示水域的年度固碳量；CI_{veg-i} 表示第 i 种植被类型的碳吸收量（光合作用的碳吸收总量）；R_{veg-i} 和 RH_{veg-i} 分别表示第 i 种植被类型的自养呼吸和异氧呼吸释放的碳量（表 4-6）。

3. 人类活动的碳补偿率

人类活动的碳补偿率是指陆地生态系统碳汇与人为活动碳排放的比值，反映了城市系统人类活动碳排放中由区域自身生态系统所吸收的比例。碳补偿率越高，说明本地生态系统的碳汇能力越强。

$$C_p = \frac{C_s}{CE_{hum-ver}} \times 100\% \qquad (4-38)$$

其中，C_p 表示城市人类活动的碳补偿率，$CE_{hum-ver}$ 指人为垂直碳输出。水平碳输出也是人为造成的，但考虑到并不在本地造成碳排放（也即并不是由本地消费引起的碳排放），因此，本书采用人为垂直碳输出来表征人为活动的碳排放。

4. 城市碳循环压力指数

这里将碳循环压力指数（C_m）定义为人为活动碳排放与陆地生态系统碳汇的比值。

$$C_m = \frac{CE_{hum-ver}}{C_s} \qquad (4-39)$$

可以看出，碳循环压力指数与碳补偿率呈反比，碳补偿率越低，区域碳循环压力越大。当 C_m 小于 1 时，表示城市人为碳排放完全能够被自身生态系统所吸收；当 C_m 大于 1 时，表示自身生态系统碳吸收不足以补偿自身的碳排放；该值越大，表示人类活动对环境的影响越大，城市碳循环压力也越大。

三、城市人类活动的碳足迹研究

1. 碳足迹的计算方法

国内外研究对碳足迹有两种理解：一是将其定义为人类活动的碳排放量

(Wiedmann，et al.，2007；BP，2006；Energetics，2007），即以排放量来衡量；二是将碳足迹看做生态足迹的一部分，即吸收化石燃料燃烧排放的 CO_2 所需的生态承载力(Wiedmann et al.，2007；Global Footprint Network)，即以面积来衡量。这里结合第二种理解，将碳足迹定义为消纳碳排放所需要的生产性土地(植被)的面积，即碳排放的生态足迹(赵荣钦等，2010a)。计算公式如下：

$$CF = Ct \times \left(\frac{P_f}{NEP_f} + \frac{p_g}{NEP_g} + \frac{P_a}{NEP_a} + \frac{P_u}{NEP_u} \right) \qquad (4-40)$$

其中，CF 表示人为活动碳排放总量($CE_{hum-ver}$)带来的碳足迹，Ct 即人为垂直碳输出 $CE_{hum-ver}$，P_f、P_g、P_a 和 P_u 分别代表森林、草地、农田和城市绿地碳吸收在总碳汇中的比重，NEP_f、NEP_g、NEP_a 和 NEP_u 分别代表森林、草地、农田和城市绿地的 NEP。

2. 碳足迹产值和碳足迹强度

根据李智等(2007)的研究，可以用两个指标来反映城市碳足迹的经济效益，即能源足迹产值"和"能源足迹强度。本书经过适当调整，将其定义为碳足迹产值和碳足迹强度。

碳足迹产值体现为单位碳足迹产生的经济价值，定义为 GDP 与碳足迹的比值。其值较高时，表明经济发展较良好，单位土地面积产出较高，单位碳足迹创造的经济价值较高。

碳足迹强度即表示碳足迹与 GDP 的比值，表示每增加一个单位 GDP 所需要的碳足迹面积。碳足迹强度越大则能耗越大，单位碳足迹效益越差。该值与碳足迹产值呈负相关关系。

四、碳排放变化的因素分解分析

为分析碳排放变化的因素，本书根据 kaya 恒等式原理，建立碳排放方程：

$$C = \sum_i \frac{C_i}{G_i} \times \frac{G_i}{G} \times \frac{G}{P} \times P \qquad (4-41)$$

其中，C 表示能源消费碳排放总量，C_i 表示第 i 行业的碳排放量，G_i 代表第 i 产业的 GDP，G 代表 GDP 总量，P 代表人口。令：

$$f_i = \frac{C_i}{G_i}, s_i = \frac{G_i}{G}, g = \frac{G}{P} \qquad (4-42)$$

则：
$$C = \sum_i f_i \times s_i \times g \times p \qquad (4-43)$$

这样，碳排放总量可以表示为几种因素的乘积，即产业碳排放强度因素(f_i)、产业结构效应(s_i)、经济发展因素(g)和人口因素(p)。

Ang(2004)对对数平均 Divisia 指数方法(LMDI)与算术平均 Divisia 指数方法(AMDI)的理论基础及应用领域等方面进行了比较。其指出，Laspeyres 指数分解中的残差项不能被忽略，因为较大的残差项会影响分析结果；而 LMDI 方法满足因素可逆，能消除残差项，这就克服了用其他方法分解后存在残差项或对残差项分解不当的缺点，使模型更具说服力(朱勤等，2009)。因此，这里选用 LMDI 方法对碳排放进行因素分析。

设基期碳排放总量为 C^0，T 期排放总量为 C^T，则研究期内碳排放的变化量为：
$$\Delta C = C^T - C^0 = \sum_i f_i^T \times s_i^T \times g^T \times p^T - \sum_i f_i^0 \times s_i^0 \times g^0 \times p^0$$
$$= \Delta C_{fi} + \Delta C_{si} + \Delta C_g + \Delta C_p + \Delta C_{rsd} \qquad (4-44)$$
$$D = \frac{C^T}{C^0} = D_f D_s D_g D_p D_{rsd} \qquad (4-45)$$

式 4-44 中分别为四个因素对碳排放变化的贡献值，式 4-45 中分别为四个因素对碳排放变化的贡献率，ΔC_{rsd} 和 D_{rsd} 为分解余量。

$$D_f = \exp(W\Delta C_{fi}), D_s = \exp(W\Delta C_{si}), D_g = \exp(W\Delta C_g),$$
$$D_p = \exp(W\Delta C_p), D_{rsd} = 1$$

$$W = \frac{\ln D}{\Delta C}, \Delta C_{fi} = \sum_i \frac{C_i^T - C_i^0}{\ln C_i^T - \ln C_i^0} \times \ln \frac{f_i^T}{f_i^0}, \Delta C_{si} = \sum_i \frac{C_i^T - C_i^0}{\ln C_i^T - \ln C_i^0} \times \ln \frac{s_i^T}{s_i^0},$$

$$\Delta C_g = \sum_i \frac{C_i^T - C_i^0}{\ln C_i^T - \ln C_i^0} \times \ln \frac{g^T}{g^0}, \Delta C_p = \sum_i \frac{C_i^T - C_i^0}{\ln C_i^T - \ln C_i^0} \times \ln \frac{p^T}{p^0}, \Delta C_{rsd} = 0$$

$$(4-46)$$

五、经济增长和碳排放的脱钩分析

脱钩指标是基于"驱动力—压力—状态—影响—反映"的框架设计的，主要反映驱动力和压力在同一时期的增长弹性变化情况。可以采用两种常见的脱钩分析方法对经济增长和碳排放进行脱钩分析。一种是脱钩指数法。脱钩指数指在一个时期内，一个具体的压力变量的相对变化和一个相关的经济驱动力变量的相

对变化的比率(庄贵阳,2007),表达式为:

$$DR_{t_0,t_1} = \frac{EP_{t_1}/EP_{t_0}}{DF_{t_1}/DF_{t_0}} \qquad (4-47)$$

其中,DR_{t_0,t_1}为脱钩指数,EP代表环境压力变量,DF代表经济驱动力变量,t_0和t_1分别为考虑时段的起止时间。这里就以GDP代表经济驱动变量,碳排放代表环境压力变量。该值反映了一定时间内环境压力变量与经济变量增长倍数之比。一般而言,脱钩指数越低,说明脱钩程度越大,表明GDP的增长越不依赖于能源消费碳排放的增长。如果DR_{t_0,t_1}小于1,则为相对脱钩;如果DR_{t_0,t_1}小于1同时EP_{t_1}/EP_{t_0}小于1,则为绝对脱钩,即实现了碳排放绝对量的减少。

另外一种是弹性分析法,计算方法如下:

$$碳排放的GDP弹性 = \%\Delta CO_2/\%\Delta GDP \qquad (4-48)$$

其中,$\%\Delta CO_2$和$\%\Delta GDP$分别代表碳排放量变化的百分比和GDP变化的百分比。利用弹性、ΔGDP和ΔCO_2三个变量来确定碳排放与GDP脱钩的程度,其判断准则(Tapio,2005)见图4-2。

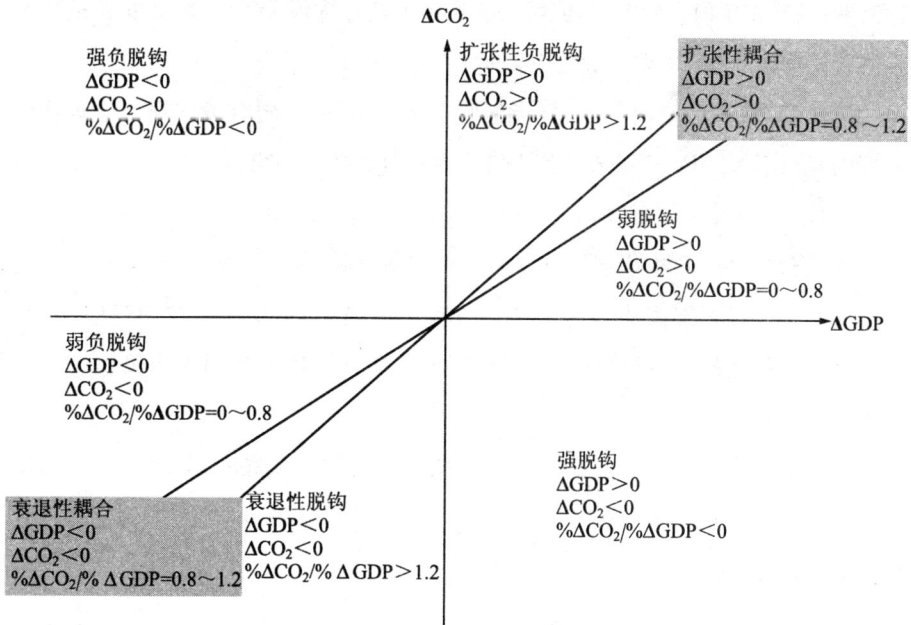

图4-2　经济增长与碳排放的耦合与脱钩

第四节　城市土地利用碳收支核算及碳效应评估方法

要构建城市碳循环的土地利用调控研究方法,需要建立土地利用和城市系统碳循环之间的关系,并分析土地利用变化的碳排放效应。这里一方面提出城市土地利用与碳收支测算项目的对应关系;另一方面,探讨了城市土地利用碳排放强度、碳足迹和土地利用变化的碳排放弹性等的计算方法,为评估土地利用及其变化的碳排放效应提供了方法基础。

一、土地利用类型与城市碳储量/通量的对应关系

为分析不同土地利用方式的碳储量和碳通量状况,本书依据土地利用原分类体系(八大类),建立了土地利用方式与碳储量和碳通量的对应关系(表 4 - 16)。需要说明的是:

(1) 耕地和园地等农业用地的产品大部分属于一年生植物,而且主要用于食物消费,虽然在年内会固定碳,但很快会通过消费释放到大气中,因此农业植被不看做碳储量的一部分,而仅看做当年的垂直碳输入;

(2) 对于交通用地而言,大部分土壤处于封闭状态,同时考虑到土壤碳含量长期内变动不大,因此这里忽略其土壤呼吸和分解的碳输出;

(3) 人为碳输入和碳输出代表城市与外部系统的交换。对于一些地类如交通用地、园地、林地和牧草地等也存在水平碳流通,但考虑到这些地类的水平碳输入输出主要以内部碳流通为主,因此,除能源消耗、生物质能源、秸秆焚烧和稻田甲烷排放之外,这里将外界的主要碳输入和输出项目都归入居民点及工矿用地;

(4) 对未利用地来说,仅对其土壤碳储量进行了对应和核算,实质上未利用地上也存在植被光合作用或呼吸作用带来的碳的输入和输出,但考虑到这部分碳难以核算,因此忽略不计。

表4-16 土地利用方式与碳储量及碳输入输出项目的对应关系

土地利用类型	碳储量	碳 输 入		碳 输 出		
		垂直（自然）	水平（人为）	垂 直		水平（人为）
				自然	人为	
耕地	土壤	光合作用	有机肥*	土壤分解、植被呼吸	化石能源和生物能源消耗、秸秆焚烧、稻田甲烷	农产品**
园地	土壤	光合作用	有机肥*	土壤分解、植被呼吸	能源消耗	农产品**
林地	土壤、植被	光合作用	人为能源*	土壤分解、植被呼吸	能源消耗	木材产品**
牧草地	土壤、植被	光合作用	人为能源*	土壤分解、植被呼吸	能源消耗*	牧业产品**
居民点及工矿用地	土壤、植被、建筑、家具、图书、人体、畜禽动物体等	城市植被光合作用	建材*、木材、食物、牧业产品、图书、家具、能源、混合饲料	土壤分解、绿化植被呼吸	化石能源、生物能源、工业生产、固废、废水、畜禽排放	能源制成品、废弃物碳
交通用地	土壤、建筑材料*	无	建筑材料*	土壤分解	交通能源消耗	无
水域	水体生物、底泥碳储存*	水域固碳与沉降、光合作用	人为养殖碳输入*	水域挥发	能源消耗	水产品**
未利用地	土壤	光合作用*	无	土壤分解、绿化植被呼吸*	无	无

注：* 表示本文中忽略不计的项目；** 表示这些项目在本文中先考虑城市内部的流通和消费，如果这些产品不足以满足本地消费，则认为城市系统从总体上没有这些产品的水平输出。

二、土地利用类型与能源消费项目的对应关系

在人为垂直碳输出中，最重要的项目是化石能源消费带来的碳排放。这里基

于能源平衡表的能源消费项目与土地利用分类体系,参照李璞(2009)的研究,进行合并、分解及适当调整,建立了土地利用类型与能源消费碳排放项目的对应关系(表4-17)。需要说明的是:(1)能源平衡表中,"其他"能源消费可能是某些特殊用地能源活动的结果,这里不易区分,归入居民点及工矿用地;(2)"农林牧渔水利业"的总体能源消耗的碳排放量并不大,但考虑到各业均有碳排放,为尽可能客观地反映实际情况,这里按各业产值的比重进行了分摊,然后归入各种用地类型;(3)考虑到南京市的实际情况,农村畜禽养殖实质上是在农村居民点用地上完成的,即畜牧业与牧草地之间的实质联系并不大,因此,这里将畜牧业的能源消耗归于居民点及工矿用地,而非牧草地。而对于牧草地,本书仅考虑了其自然碳过程。

表4-17 土地利用类型与能源消费碳排放的对应关系

土地利用分类	用地细类	(能源平衡表)能源消费项目		
居民点及工矿用地	城镇用地	建筑业		
		批发、零售业和住宿、餐饮业		
		城镇生活消费		
	农村居民点	农村生活消费		
	独立工矿	工业		
交通用地	交通运输用地	交通运输、仓储和邮政业		
耕地	耕地	耕地	农业	农林牧渔水利业
园地	园地	园地		
林地	林地	林业		
牧草地(归入居民点及工矿用地)	牧草地	牧业		
水域	水域	渔业		
	水利设施用地	水利业		
特殊用地(归入居民点及工矿用地)	特殊用地	其他行业		
未利用地	未利用地	无		

三、土地利用碳源/汇的分析框架

根据土地利用类型和碳输入输出的对应关系,为进一步分析各种土地利用方式碳源和碳汇量及其强度,根据土地利用碳源/碳汇特征的分析(第三章),把各种土地利用方式归为碳源(指人为源,下同)和碳汇两类,可以发现,交通用地只表现为碳源,牧草地和未利用地仅表现为碳汇。其他用地则既是碳源又是碳汇,其中,居民点及工矿用地和交通用地是主要的土地利用碳源途径,而耕地、园地、林地和水域则是主要的土地利用碳汇途径(图4-3)。根据该分析框架,可以进一步对各种土地利用碳源和碳汇的强度进行分析和对比研究。

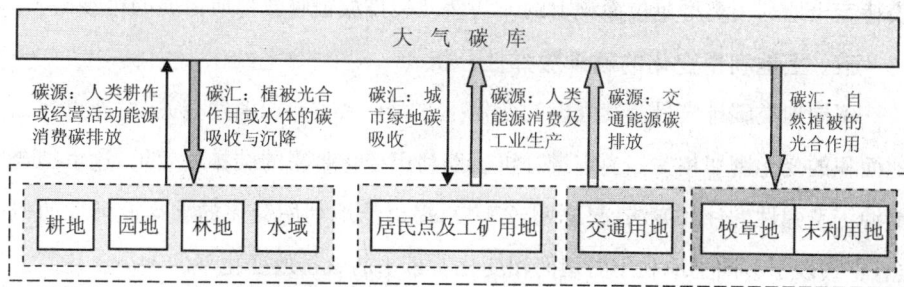

图4-3　南京市土地利用碳源/汇的分析框架

四、土地利用碳排放和碳足迹研究方法

1. 土地利用碳排放强度

土地利用碳排放强度即单位土地面积上的碳排放,用于衡量某种土地利用方式的碳排放密度的大小,反映了该种土地利用方式上人类活动环境影响的程度。计算方法如下:

$$Cp_i = Ct_i/S_i \qquad (4-49)$$

$$Cp = \sum Ct_i/\sum S_i \qquad (4-50)$$

其中,Cp 和 Cp_i 分别代表总的土地利用碳排放强度和各类土地利用方式的碳排放强度(t/hm^2),i 代表不同土地利用类型,S_i 和 Ct_i 分别表示第 i 种土地利用类型的面积及其对应的碳排放量。

2. 土地利用碳足迹分析

不同土地利用方式的碳足迹反映了区域内特定土地利用方式上人类活动碳排放的环境影响。具体的计算方法参见式4-40,实质上是将区域总的碳足迹根据碳排放量的大小分解到不同的土地利用方式上。计算方法如下:

$$CF_{land-i} = Ct_{land-i} \times \left(\frac{P_f}{NEP_f} + \frac{p_g}{NEP_g} + \frac{P_a}{NEP_a} + \frac{P_u}{NEP_u} \right) \qquad (4-51)$$

其中,CF_{land-i}表示第i种土地利用类型的人类活动碳排放(Ct_{land-i})带来的碳足迹,P_f、P_g、P_a和P_u分别代表森林、草地、农田和城市绿地碳吸收在总碳汇中的比重,NEP_f、NEP_g、NEP_a和NEP_u分别代表森林、草地、农田和城市绿地的NEP。

碳足迹总量除以该地类的土地面积可以得到不同地类的单位面积碳足迹,代表特定土地利用类型单位面积上的人为活动碳排放被吸收掉所需要的植被面积。

五、土地利用变化的碳排放弹性分析

不同地类碳排放量及其强度的变化一方面与人类能源消费有关,另外也与土地面积的变化密切相关。为定量分析土地利用变化带来的碳排放效果,这里结合能源消费弹性的计算方法(封志明,2004),提出土地利用变化的碳排放弹性的概念,它代表了不同土地利用类型面积变化所带来的碳排放变化率的大小。计算方法如下:

$$\varepsilon = \frac{\left(\dfrac{CE_t}{CE_0}\right)^{1/t} - 1}{\left(\dfrac{L_t}{L_0}\right)^{1/t} - 1} \qquad (4-52)$$

其中,ε表示土地利用变化的碳排放弹性,CE_0和CE_t分别表示基期年和第t年的能源消费碳排放量,L_0和L_t分别表示基期年和第t年的土地面积,t为计算期的年数。当碳排放量的增长速度大于土地利用变化的幅度时,土地利用的碳排放弹性大于1;反之,如果某种土地利用方式的碳排放量增幅小于土地利用变化程度时,则该值小于1。

六、土地利用碳排放的因素分解分析

前面采用LMDI因素分解分析方法,对碳排放总量的变化进行了因素分解,分析了产业碳排放强度因素、产业结构效应、经济发展因素、人口因素等对碳排放变化的贡献值和贡献率。这里依然采用LMDI的方法,但通过参数调整,加入土地因子来进行分析。这里首先将碳排放总量表示为下式:

$$C = \sum_i \frac{C_i}{L_i} \times \frac{L_i}{L} \times \frac{L}{G} \times \frac{G}{P} \times P \qquad (4-53)$$

其中,C表示能源消费碳排放总量,C_i表示第i种土地利用方式的人为碳排放量，L_i表示第 i 种土地利用类型的面积，L 表示土地总面积，G 代表 GDP 总量，P 代表人口。令：

$$h_i = \frac{C_i}{L_i}, k_i = \frac{L_i}{L}, q = \frac{L}{G}, g = \frac{G}{P} \qquad (4-54)$$

则：
$$C = \sum_i h_i \times k_i \times q \times g \times p \qquad (4-55)$$

这样，碳排放总量可以表示为几个因素的乘积，即单位土地碳排放强度（h_i）、土地利用结构效应（k_i）、单位 GDP 用地强度（q）、经济发展因素（g）和人口因素（p）。然后采用 LMDI 的分解方法，对碳排放总量的变化进行分解，并求得各种因素对碳排放总量的贡献值和贡献率（计算方法原理见第三节第四部分）。

第五节　城市系统碳循环的土地调控研究方法

城市系统碳循环和碳流通效率受土地利用方式、结构、规模、强度等因素的影响。因此，要实现城市系统碳循环的土地调控，重点是通过一定的政府手段和措施（价格、税收、规划、计划等）形成对于土地利用的引导，对土地利用方式、规模、强度、结构等进行重新调整和安排，土地利用的变化进一步改变城市系统的运行效率与物质输入输出的强度和规模，并对城市系统碳储量和碳通量造成影响，最终改变城市系统的碳收支状况。在该过程中，如果城市系统运行效率改变带来了碳输入、输出通量强度的增加和效率的降低，则可以进一步通过土地利用调控来进行优化。具体可按以下思路和步骤来实现对城市系统碳循环的调控（图 4-4）：

（1）采用合理的土地调控手段。比如可采用土地规划、土地价格、土地税收和供地计划、产业用地计划等手段来作为土地调控的引导措施，通过政府行为和手段形成对土地利用方式的引导。

（2）确定调控对象。调控的对象是土地利用方式、规模、结构和强度等。通过政府规划、计划和税收等手段的引导，实现低碳型的土地利用结构与布局，发展环境友好型的城市土地利用模式。

（3）通过土地利用方式变化来改变城市系统的运行方式和效率，比如产业布

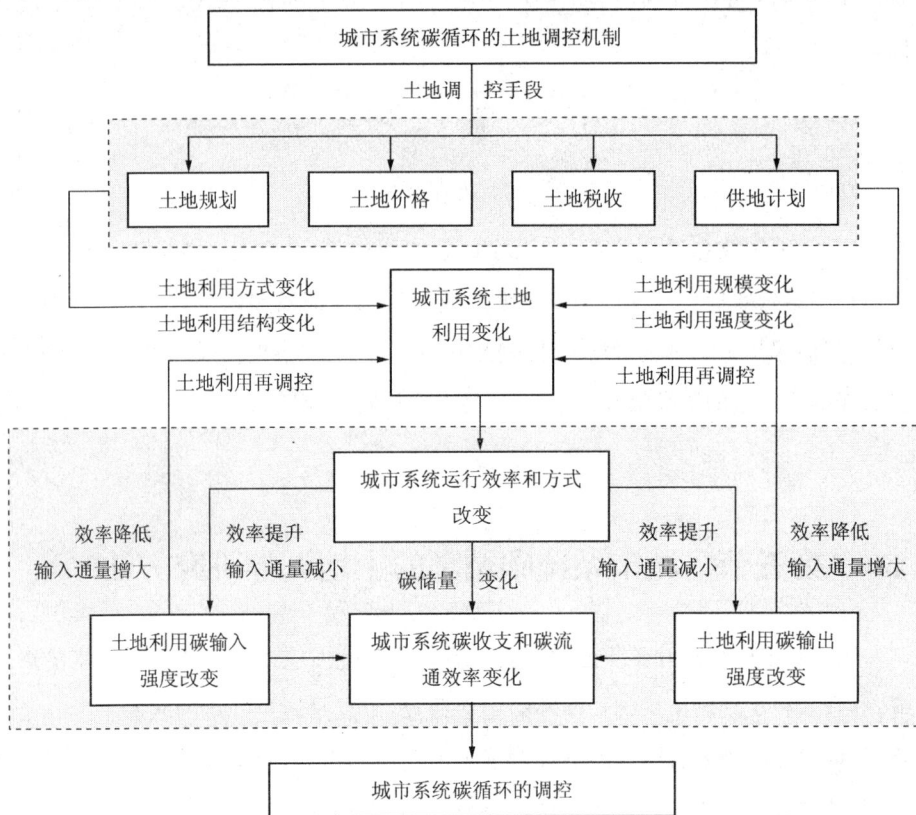

图 4-4 城市系统碳循环的土地调控思路和方法

局的改变、土地利用规模的扩大和土地利用程度的提高等都会改变城市系统的运行状态。

（4）实现城市系统的调控目的。通过系统运行方式和效率的改变，可改变城市碳输入和碳输出通量与效率，进一步改变城市系统的碳收支状况，并最终实现对城市系统碳循环进行土地调控的目标。

本书基于这种调控理念，重点考虑城市土地利用结构布局、城市土地利用强度变化和城市产业用地调控等措施对城市系统碳循环的影响，以探索低碳的土地利用结构、强度和布局方式。其中，对土地利用结构的调整，主要通过采用线性规划的方法构建土地利用结构优化模型来实现，这里重点介绍土地利用结构优化模型的构建思路和方法。

　　基于低碳目标的土地利用结构优化是通过改变土地利用类型、土地管理方式来改变区域的土地布局方式和产业布局,从而进一步改变不同土地利用方式的碳源和碳汇格局,从而提出有利于减排增汇的土地利用布局方式。本书采用线性规划方法建立土地利用结构优化模型,求满足下列约束条件:

$$\begin{cases} \sum_{j=1}^{n} a_{i\,j}X_j = b_j & (i=1,2,3,\cdots,n) \\ X_j \geqslant 0 & (i=1,2,3,\cdots,n) \end{cases}$$

使目标函数:

$$F(x) = \sum_{j=1}^{n} C_j X_j = \max(\text{或 min}) \qquad (4-56)$$

的一组解 X_j 为最优解。X_j 为决策变量,即土地利用类型面积;C_j 为陆地生态系统有机碳密度(碳排放强度或碳汇强度);$F(x)$ 为陆地生态系统碳储量(碳排放或碳汇量)。

　　结合该优化模型,从城市碳减排/增汇的角度来讲,为提高区域的碳蓄积水平、碳汇能力,并尽可能降低城市的碳排放强度,土地利用结构优化模拟可以从三个角度展开:(1)基于碳蓄积最大化的土地利用结构优化方案,主要目标是使目标函数(各地类的碳蓄积之和)最大;(2)基于碳汇最大化的土地利用结构优化方案,主要目标是使目标函数(各地类的碳汇量之和)最大;(3)基于碳排放最小化的土地利用结构优化方案,主要目标是使目标函数(各地类的碳排放量之和)最小。根据土地利用结构优化方案,可以选取一种最适合区域碳增汇/减排的土地利用结构优化方案。

第六节　本章小结

　　在城市系统碳循环及土地利用调控机理分析的基础上,本章构建了城市系统碳收支核算方法、城市系统碳循环运行评估方法、城市土地利用碳收支核算及碳效应评估方法、城市系统碳循环的土地调控研究方法等集成研究方法,为系统开展城市层面碳循环及其土地调控研究提供了方法基础。

　　其中,计算方法和体系的创新主要表现在:(1)构建了较为完整的城市系统碳收支核算的方法体系,特别对城市水平碳通量和垂直碳通量的研究方法进行了集成探讨;(2)基于土地利用与城市碳储量和碳通量的对应关系,构建了土地利用碳排放和碳足迹的研究方法,完善了基于土地利用层面的城市碳循环研究的方法体系。

　　本章的研究不足在于:(1)对于部分碳储量和碳通量测算项目,如自然植被、家具、图书、建材等的核算主要是基于国内外相关研究的经验系数或全国平均值进行的,因此测算结果的精度会受到一定程度的影响;(2)本章主要构建了基于土地结构优化的调控模型,而对于城市碳循环的土地调控的方法体系(特别是与经济手段相结合的土地调控方法)的研究还有待进一步深入。

第五章 南京市城市系统碳循环的实证分析

结合第四章城市系统碳循环及其土地调控的研究方法,本章采用南京市的相关数据资料,开展了对南京市城市系统碳循环的实证研究,对南京市城市系统的碳储量和碳通量进行了较为全面的核算,重点对南京市城市系统碳储量、碳通量、碳平衡状况以及城乡之间隐含碳流通过程等进行了分析,并通过对城市人为碳过程的补偿效率、城市碳循环压力、城市碳足迹等的分析,初步了解了南京市城市系统碳循环、碳流通的效率和压力状况。

第一节 研究区概况

一、研究对象、范围与时段

本书的研究对象是南京市城市系统。需要说明的是:由于我国的城市统计体系和数据调查都是以城市行政区为单元的,因此,本书所指的南京市城市系统不仅仅是指建成区、都市区或规划区,而是包括了南京市所有市辖县在内的整个城市行政区范围,即包括城市系统和农村系统、社会系统和自然系统在内的城市空间地域系统。研究区范围包括整个南京市行政辖区——玄武、白下、秦淮、建邺、鼓楼、下关、浦口、六合、栖霞、雨花台和江宁 11 个区,以及溧水和高淳两个县,土地总面积为 6582.31 km²(图 5 - 1)。

本书的研究时段是 2000—2009 年。由于各类数据的获取周期有所差别,土地利用数据的时段是 1996—2009 年,能源消费数据的时段为 2000—2009 年,人口、经济等统计数据的时段大多为 1990—2009 年,因此本书在碳储量研究部分,分析了 1996—2009 年的变化特征;而在碳通量和土地利用碳效应研究中,则主要以 2000—2009 年为研究时段进行分析。

二、南京市自然条件

1. 地理位置

南京市是江苏省省会,位于江苏省西南部,地处长江中下游平原东部苏皖两省交界处,东经 118°22′—119°14′、北纬 31°14′—32°37′之间,与扬州市、镇江市、常州市及安徽省滁州市、马鞍山市、芜湖市相邻。

图 5-1　南京市行政区划图

2. 气候条件[1]

南京市地处北亚热带向暖温带过渡的地区,气候类型属海洋性湿润气候,季风明显,四级分明。南京市年平均气温为 15.3℃,盛行风向冬季以东北风为主,1月份平均最低温度为 −1.6℃,夏季以东南风为主,7月份平均温度30.6℃。南京市年均降水量为 1106.5 毫米,相对湿度为 76%,无霜期为 237 天,每年 6 月下旬到 7 月中旬为梅雨季节。

3. 地形条件

就区域地貌特征而言,南京市属江苏省宁镇扬丘陵地区,全市地貌以丘陵岗地为主,其中低山占土地总面积的 3.5%,丘陵占土地总面积的 4.3%,岗地占土地总面积的 53%,平原、洼地及河流湖泊占土地总面积的 39.2%。地貌类型的多

---

[1] 南京市自然条件(如气候、地形、水文、土壤等)主要来自于对 2009 年《南京年鉴》的整理。

样决定了全市土地利用类型的多样性、多宜性。

4. 水文条件

南京境内的主要河流有长江、秦淮河和滁河。长江自西南至东北流经南京市中部,长江南京段长度约 95 km;江南有秦淮河,江北有滁河,为南京市境内两条主要的长江支流,其河谷平原为重要农业区。南京市水面占全市总面积 11.4%,平原、洼地占 24.08%。全市湖泊众多、水系发达。

5. 植被与土壤条件

南京市在植被区划中属于北亚热带常绿阔叶与落叶阔叶混交林地带,植被类型属常绿阔叶与落叶阔叶混交林类型,全市森林覆盖率为 22%。南京市的土壤在北、中部广大地区为黄棕壤(棕色森林土),是在暖温带湿润半湿润的落叶阔叶林下形成的地带性土壤,南部与安徽省接壤处有小面积的红壤。目前,黄棕壤绝大部分已经开垦为农田,土壤肥力较好,保水保肥能力中等,但因地形起伏,地块小而不平,受侵蚀威胁,且灌溉条件差,作物产量受到一定的限制。同时南京的土质偏粘性,容易造成板结。

三、南京市社会经济条件

1. 人口状况

南京市 2009 年全市户籍人口为 629.77 万人,常住人口为 771.31 万人,其中非农业人口为 545.98 万人,人口自然增长率为 2.57‰。随着人口的自然增长和城市化的发展,南京市人口从 1990 的 502 万人增长到 2009 年的约 630 万人(图 5-2)。

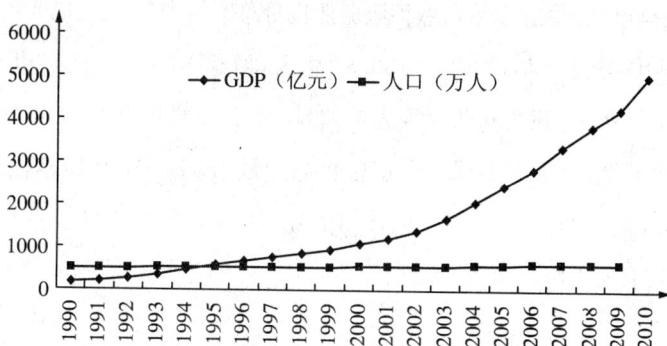

图 5-2　南京市历年地区生产总值和人口的变化趋势

2. 经济发展概况

南京市经济发达,交通便利,是我国长江中下游地区的重要中心城市。南京是中国重要的综合性工业生产基地,华东地区重要的交通、通讯枢纽。南京地处辽阔的长江下游平原,濒江近海,"黄金水道"穿城而过,目前已成为中国东部地区以电子、汽车、化工为主导产业的综合性工业基地。南京市 2010 年地区生产总值为 5010.36 亿元,比上年增长 13.1%。南京市经济发展水平呈稳步增长趋势,从 1991 年以来,南京市 GDP 年平均增速达到 18.4%(现价);随着经济的发展,人均 GDP 也出现较大幅度的提高,2009 年达到 67455 万元。

3. 产业结构

2010 年,在南京市地区生产总值中,第一产业增加值为 142.02 亿元,增长 4.1%;第二产业增加值为 2327.76 亿元,增长 13.6%,其中工业增加值为 2005.26 亿元,增长 14.5%;第三产业增加值为 2540.57 亿元,增长 13.0%。三次产业增加值比例调整为 2.8:46.5:50.7[1]。随着经济发展,南京市第三产业的比重明显提高,第二产业的比重有所下降,但近年来降幅并不明显。从产业结构来看,南京市工业总产值排在前五位的分别是:化学原料及化学制品制造业,通信设备、计算机及其他电子设备制造业,交通运输设备制造业,黑色金属冶炼及压延加工业,石油加工、炼焦及核燃料加工业[2]。这说明南京市的产业结构是以化学工业、石油加工、钢铁生产,设备制造等重工业为主。

4. 农业生产

2010 年,全市农林牧渔及农林牧渔服务业现价总产值为 244.75 亿元,比上年增长 9.4%。其中,农业产值最大,为 139.44 亿元,增长 13.5%。南京市农作物种植以水稻、油菜、小麦、蔬菜和茶叶等为主,2010 年全市耕地总面积为 24 万 hm^2,农作物播种面积为 43.2 万 hm^2。全年粮食总产量为 110.64 万吨,其中小麦、水稻、油料和油菜籽产量分别为 21.09、79.14、11.77 和 10.92 万吨。除小麦外,其余作物产量均有所下降。蔬菜总产量为 266.32 万吨,增长 0.4%。

---

[1] 南京市 2010 年国民经济和社会发展统计公报.

[2] 南京市统计局.南京市统计年鉴,2010.

5. 能源利用状况

南京市 2008 年单位 GDP 能耗为 1.178 吨标准煤/万元,单位工业增加值能耗为 2.105 吨标准煤/万元,两者均高于全省平均水平,仅次于徐州,居全省第二位。单位 GDP 电耗为 851.77 千瓦时/万元,低于全省平均水平[1]。从规模以上工业能耗来看,化学工业、石油加工、黑色金属冶炼及电力生产等的能耗占工业总能耗的 95% 以上,是南京市重点用能行业,也是节能减排的重点。

四、南京市土地利用状况

1. 南京市土地利用概况

在土地利用结构方面,南京市 2009 年耕地面积为 241226 hm²,占土地总面积的 36.65%;建设用地合计面积为 163155 hm²,占土地总面积的 24.79%,其中居民点及工矿用地的比重为 21.73%;水域面积较大,占土地总面积的 23%;林地面积为 73312 hm²,占土地总面积的 11.14%(表 5 - 1)。另外,南京市建成区面积 2008 年为 592 km²,城市绿化覆盖率 44.3%。

就土地利用变化而言,由于建设用地的占用,耕地、园地的面积明显减少;由于"绿色南京"的实施和生态保护的加强,南京市林地面积不断增加,从 1996 年的 60934 hm² 增长到 2009 年的 73312 hm²;随着经济发展和城市化进程,建设用地面积持续增长,南京市居民点及工矿用地面积 1996 年以来增加了 47%,交通用地面积增加了 60%;水域面积基本持平,略有一定的上升;随着开发强度的增加,未利用地面积呈减少趋势。另外,牧草地面积很少,仅占 0.01%。

2. 南京市土地利用特点

总体而言,南京市土地利用具有如下特点[2]:(1) 土地类型复杂,丘陵岗地与平原圩区在农用地内部结构、建设用地比重、耕地后备资源数量等方面存在显著差异;(2) 岗地、丘陵地区耕地面积大,中低产田比例较高;(3) 城镇与产业用地沿江集聚,建设用地总体效益较高,区域差异明显,2005 年全市单位建设用地二三产业增加值为 148.3 万元/hm²,高于江苏省平均水平;(4) 农村居民点用地总

---

〔1〕 江苏省统计局.2008 年全省及各省辖市单位 GDP 能耗等指标公报,2008.

〔2〕 南京市土地利用总体规划(2006—2020).

表 5－1　南京市 1996—2009 年土地利用结构表（单位：hm²）

年份	耕地	园地	林地	牧草地	居民点及工矿用地	交通用地	水域	未利用地	总面积
1996	309366.74	10825.75	60934.35	1670.09	97206.73	12596.47	144758.23	20872.96	658231.33
1997	304163.72	11352.71	60872.67	1869.19	99161.85	13611.11	146046.25	21153.83	658231.33
1998	303496.47	11390.89	60588.83	1861.27	99674.44	13886.41	146197.56	21135.45	658231.33
1999	302185.74	11250.91	60458.93	1847.57	101081.27	14209.37	145989.01	21208.53	658231.33
2000	301020.09	11258.40	60671.04	1862.44	101941.47	14472.26	145760.09	21245.54	658231.33
2001	294863.75	10350.15	62521.81	1789.99	104790.85	14930.88	147416.77	21567.12	658231.33
2002	261608.66	10068.55	71842.75	738.76	120698.94	14868.40	150641.80	22763.47	658231.33
2003	250511.00	9561.85	72476.78	49.59	125377.98	16740.27	154665.73	22848.13	658231.33
2004	245574.30	9487.81	74165.83	50.87	129575.51	16908.33	154058.67	22410.00	658231.33
2005	245593.11	9404.15	73927.91	50.75	131411.55	17293.60	153465.16	22085.07	658231.30
2006	243686.34	9496.81	73953.02	47.97	133448.42	17883.45	153015.85	22699.47	658231.33
2007	242809.23	9775.29	73771.37	47.00	136635.79	18637.21	152465.88	22089.56	658231.33
2008	242095.27	9732.24	73482.93	46.84	139823.17	19390.97	151915.95	21743.96	658231.33
2009	241225.52	9793.35	73312.21	46.73	143010.54	20144.73	151366.02	19332.24	658231.33
比重	36.65%	1.49%	11.14%	0.01%	21.73%	3.06%	23.00%	2.94%	100%

注：数据来自于江苏省国土厅历年年的土地利用变更调查数据。需要说明的是：(1) 由于统计口径的原因，在公布的数据中，牧草地和未利用地在 2003 年前后具有一定的出入；(2) 2007—2008 年的数据是在第二次土地变更调查数据的基础上按照新旧土地利用分类体系的对照关系进行了合并，归入了原八大类用地分类体系中；(3) 由于 2009 年数据暂未公布，本表中 2009 年数据是根据 2004—2008 年的数据进行推算的结果。

量大,城乡统筹潜力大;(5)区域中心城市功能提升,建设用地供需矛盾更加突出。经济全球化纵深推进,国际资本和制造业加快向长三角地区转移,人口与生产要素集聚加速,工业化与城市化进程加快,区域性交通枢纽功能提升,使得建设用地刚性需求大,土地供需矛盾突出;(6)区域和城乡发展差距大,统筹土地利用任务更加艰巨。统筹城乡和区域土地利用需要克服城乡人口流动与管理、农村土地产权流转等政策难题和跨江通道建设等资金难题,区域土地利用整体效率提升任务重、难度大。

五、南京市城市系统的特征

结合以上自然和社会经济概况,可以看出,南京市城市系统具有如下特点。

(1)南京市自然生态系统较为脆弱,人地矛盾突出。南京市具有较高的人为活动强度,对自然环境的占用导致环境压力不断增加。从自然地理条件来看,南京市属于低山丘陵区,土地过度开发会导致水土流失加剧和生态退化,特别是长江沿岸开发建设强度大,协调土地利用与生态环境保护更加紧迫,局部地区土地过度开发和不合理利用导致环境污染、生态退化。因此,如何协调人地矛盾,转变经济增长方式、促进经济社会可持续发展是南京市面临的重要问题。

(2)南京市城市系统的外部依赖性很强。作为东部地区的重要区域性中心城市,南京市本地的能源生产量很少,主要依赖于外部的输入,南京市能源、资源的自给率很低。这一特点决定了南京市经济系统要接受大量的外部含碳物质的输入,这与中西部地区的城市具有较大的差别。另外,南京市在东部发达地区城市中又较具代表性。

(3)南京市城市系统的产业结构特征决定了能源消费以及碳输入和输出的类型及性质。南京市属于重工业城市,化学工业、石油加工、黑色金属冶炼及电力生产等行业是能源碳输入的重点领域,同时加工后也会产生大量的能源制成品输出到系统之外,产业结构特征决定了南京市城市系统碳循环的主要环节和流通效率。

(4)南京市城市系统具有较大的时空变化特征。随着快速城市化和工业化发展,南京市土地利用/覆被变化强烈,由此导致城市系统的功能、运行强度和效率也发生了较大改变。因此,对南京市城市系统碳循环的研究,还要从动态的角度来研究城市系统及土地利用变化对碳循环的影响。

第二节 南京市城市系统碳储量与碳通量分析

按照第四章城市系统碳收支核算方法,这里对南京市城市系统的碳储量和碳通量进行了测算、分析。其中碳通量又分为输入通量和输出通量;按照输入和输出的路径不同,又分为水平和垂直碳通量。

一、南京市城市系统碳储量分析

南京市城市系统碳储存总量从 1996 年以来呈缓慢上升趋势,从 1996 年的 6241 万吨上升到 2009 年的 6937 万吨(本书所有计算的碳储量和碳通量数值均代表折算后的碳量,既不表示 CO_2 量,也不代表各种具体含碳产品的物质量,下同),增加了 11%,这表明南京市城市系统的总碳蓄积能力有所提升(需要说明的是,表 5-2 中城市绿化和牧草地的碳储量分别在 2001 年和 2003 年有一个量的突变,这主要是由城市绿化用地统计数据和土地利用变更数据的统计口径的改变造成的,本书暂以公开的数据为准进行了测算)。

从碳储量的构成来看,城市碳库可以分为两大部分——自然碳库(主要包括土壤、森林、草地、水域和动物体等)和人为碳库(主要有建筑木材、图书、家具、城市绿地和人体等),其中自然碳库占总碳储量的 88%,人为碳库相对比重较少,仅占 12%(图 5-3)。但自然碳库大体上保持稳定,1996 年以来保持在 6000 万吨左右,而人为碳库却呈大幅增长趋势,从 1996 年的 274 万吨上升到 846 万吨,上涨了两倍。其中,人为碳库在 2000 年以前基本上保持稳定,而在 2000—2002 年间出现了大幅度的上涨,之后则呈缓慢增长态势(图 5-4)。同时,其占全部碳库的比重也由 4% 提高到 12%。这说明人为碳库虽然总量并不大,但随着城市化的发展,大量的含碳物质的输入,特别是建筑和城市绿化的碳储存能力逐步提高,使得人为碳储量不断提高。结果表明,除了自然意义的碳库之外,人为过程的碳蓄积也是城市系统重要的碳储存方式,人为作用带来的碳储存一方面补偿了自身能源活动的碳排放,另一方面也为缓解全球变暖作出了一定的贡献。

表 5-2　南京市历年城市主要碳库及碳储量变化(单位:10^4 tC)

年份	住宅建筑	商业建筑	图书	家具	人体	动物体	林地	牧草地	城市绿化	土壤	水域	合计
1996	99.14	104.25	19.72	14.71	4.73	2.86	263.18	0.72	31.91	5694.38	5.83	6241.42
1997	104.24	108.97	20.21	15.07	4.77	2.31	262.91	0.81	32.04	5687.77	5.83	6244.92
1998	109.88	115.96	20.64	15.39	4.79	2.18	261.68	0.81	32.48	5688.10	5.83	6257.74
1999	116.14	119.12	21.19	15.81	4.84	2.16	261.12	0.80	35.14	5692.18	5.83	6274.32
2000	120.38	121.10	21.85	16.30	4.90	2.23	262.04	0.81	35.69	5693.47	3.67	6282.43
2001	184.17	195.04	22.55	16.82	4.98	2.47	270.03	0.78	120.25	5692.87	2.30	6512.25
2002	194.39	181.56	23.35	17.42	5.07	2.53	310.29	0.32	225.86	5685.16	4.44	6650.39
2003	211.97	177.82	24.12	17.99	5.15	2.53	313.03	0.02	228.05	5688.76	9.51	6678.96
2004	230.58	181.29	25.01	18.65	5.25	2.45	320.32	0.02	235.73	5704.06	3.52	6726.88
2005	250.58	213.91	25.94	19.35	5.36	2.25	319.29	0.02	241.48	5713.49	5.35	6797.02
2006	276.83	215.79	26.86	20.04	5.47	1.82	319.40	0.02	253.33	5721.77	4.61	6845.94
2007	323.56	194.97	27.73	20.68	5.55	1.43	318.62	0.02	260.91	5736.23	4.73	6894.43
2008	310.56	183.15	28.49	21.25	5.62	1.44	318.13	0.02	264.12	5750.74	4.19	6887.71
2009	334.23	188.01	29.16	21.75	5.67	1.35	318.13	0.02	267.07	5765.20	6.20	6936.79
增幅	237.14%	80.34%	47.90%	47.90%	19.86%	-52.90%	20.88%	-97.05%	737.00%	1.24%	6.25%	11.14%

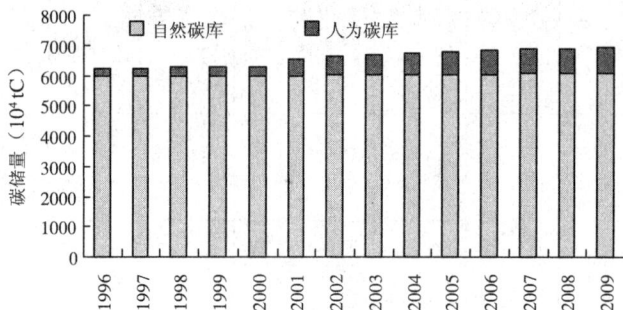

图 5-3　南京市城市系统总碳储量变化趋势图

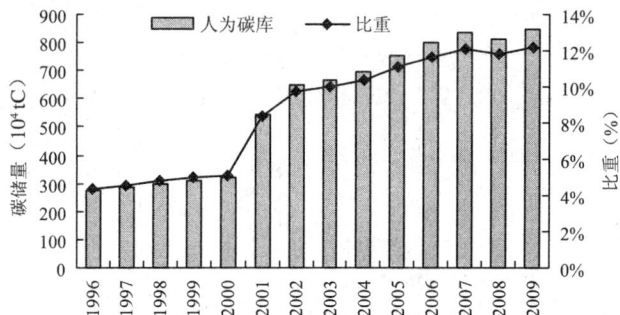

图 5-4　南京市历年人为碳库及其比重变化图

人为碳库中变化最大的是城市绿化的碳储量,1992 年以来上涨了 7 倍多,到 2009 年达到 267 万吨,在人为碳库中居第二位。另外,建筑碳储量也有较大幅度 的上涨,并构成了人为碳排放的主体。其他人为碳库如图书和家具等,随着房地 产业的发展和市场需求的增加,其碳储存也出现了一定程度的增长,这是因为木 材类产品的碳周转周期较长,一旦进入城市系统,会成为比较稳定的碳库,除非出 现燃烧或产品回收处理,一般很难再把碳释放出去。人体碳储存也是比较稳定的 碳库,这主要取决于人口数量,一般不发生较大变化,且占系统总体的比重较低 (图 5-5)。

在南京市城市碳库的构成中,按照从小到大排序可以看出(图 5-6),2009 年 南京市土壤碳库占近 83%,可见土壤碳库是陆地上最重要的碳库,这与国内外相 关研究的结论是一致的。除土壤碳库之外,住宅建筑碳库约占 5%;其次为森林 碳库和城市绿地碳库,分别占 4.6% 和 3.8%;再次为商业建筑碳库,为 2.7%;其

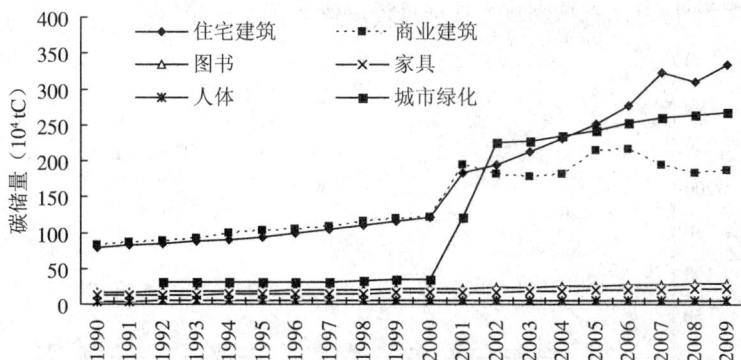

图 5-5　人为碳库的构成及其变化特征

他碳库比重很少,图书和家具碳库比重都在 1% 以下,而水域、人体、动物体和牧草地碳储存则更低,几乎可以忽略不计(图 5-6)。

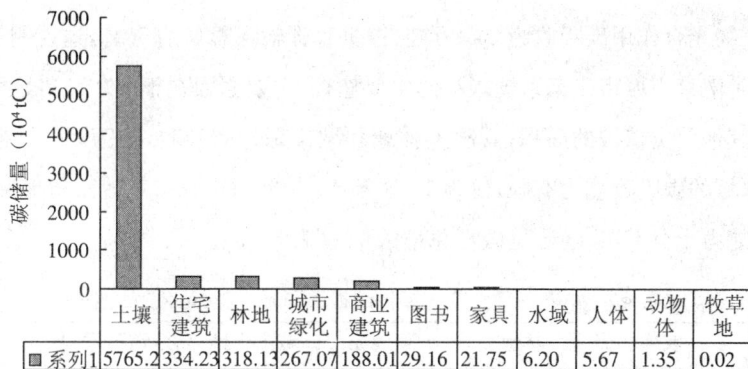

	土壤	住宅建筑	林地	城市绿化	商业建筑	图书	家具	水域	人体	动物体	牧草地
■ 系列1	5765.2	334.23	318.13	267.07	188.01	29.16	21.75	6.20	5.67	1.35	0.02

图 5-6　南京市 2009 年城市碳库的构成分析

二、南京市城市系统碳通量分析

如前文所述,这里将城市系统的碳通量分为碳输入和碳输出通量分别进行计算,而两者各自又分为垂直通量和水平通量两部分。

1. 碳输入通量分析

(1)垂直碳输入通量分析

垂直碳输入通量完全是自然过程,以绿色植物的光合作用为主,另外也有水域的碳沉降和吸收。计算结果发现,南京市城市系统垂直碳输入通量从 1996 年以来基本上保持不变,维持在 400 万吨左右。其中,除城市绿地光合作用碳吸收呈明显增长外,其余各项碳输入均保持稳定或略有下降(图5-7)。

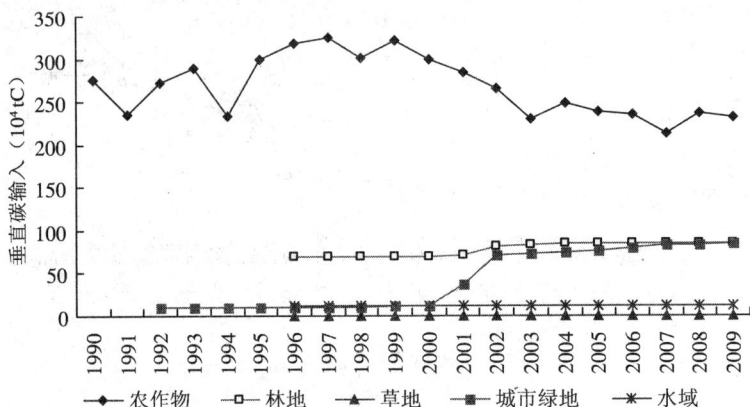

图5-7 南京市城市系统垂直碳输入通量变化分析

农作物是南京市生态系统碳汇的主体。2009年,在南京市垂直碳输入通量中,农作物光合作用碳吸收为231万吨,占垂直碳输入总量的56%,这说明农作物碳吸收是南京市城市生态系统碳汇的主要途径,主要原因在于南京市耕地面积明显大于其他几类植被的面积;其次为林地和城市绿地碳吸收,均为84万吨,各占20%;水域的碳吸收能力有限,仅为12.3万吨,占3%;南京市草地面积很少,因此其碳汇能力十分有限,还不足碳汇总量的1%(表5-3)。

表5-3 南京市城市系统垂直碳输入通量汇总(单位:10⁴tC)

年份	农作物光合作用	林地光合作用	草地光合作用	城市绿地光合作用	水域碳吸收及沉降	合计
1996	317.06	69.54	0.2640	10.06	11.10	408.02
1997	323.80	69.47	0.2954	10.10	11.17	414.83
1998	301.14	69.14	0.2942	10.24	11.18	392.00
1999	321.41	69.00	0.2920	11.08	11.16	412.94
2000	299.45	69.24	0.2944	11.25	11.11	391.34
2001	284.75	71.35	0.2829	37.91	11.34	405.63
2002	265.59	81.99	0.1168	71.21	12.39	431.29
2003	229.23	82.71	0.0078	71.90	12.34	396.18
2004	248.65	84.64	0.0080	74.32	12.30	419.92
2005	239.14	84.37	0.0080	76.13	12.25	411.90

续 表

年份	农作物光合作用	林地光合作用	草地光合作用	城市绿地光合作用	水域碳吸收及沉降	合计
2006	234.93	84.39	0.0076	79.87	12.24	411.43
2007	213.64	84.19	0.0074	82.25	12.30	392.39
2008	237.38	84.06	0.0078	83.27	12.30	417.02
2009	231.20	84.06	0.0078	84.20	12.30	411.77

不同碳汇途径的历年变化特征有所差异。结果发现,1996 年以来南京市垂直碳输入通量能够保持稳定,主要得益于南京市城市绿化水平的不断提高,这为提高城市碳汇起到了重要作用;农作物虽然碳汇比重最大,但由于耕地面积的逐年减少而导致碳吸收水平波动下降,林地和水域的碳吸收能力有所增长,但增幅有限。

(2) 水平碳输入通量分析

水平碳输入通量与垂直碳通量相反,是完全的人为过程。计算结果发现,南京市城市系统水平碳输入通量明显大于垂直碳输入通量,而且增幅明显,从 2000 年的 1611 万吨增长到 2009 年的 3043 万吨,增长了近 90%(表 5-4)。这说明随着城市扩展和人口增加,南京市城市碳输入需求持续增加,特别是对化石能源的需求呈急剧增加趋势。

表 5-4 南京市城市系统水平碳输入通量汇总(单位:10^4 tC)

年份	住宅建筑木材	非住宅建筑木材	工业木材	粮食和蔬菜	牧业产品	图书和家具	化石能源	混合饲料	合计
2000	12.46	8.18	2.43	24.40	4.07	11.14	1535.81	12.51	1611.00
2001	11.45	8.50	2.93	24.11	2.39	12.59	1464.27	19.55	1545.81
2002	12.16	7.28	4.65	29.68	4.40	12.40	1712.32	24.54	1807.45
2003	9.89	8.81	3.62	26.21	5.20	11.09	1943.40	27.92	2036.12
2004	13.96	13.51	1.16	19.08	4.71	5.34	2181.80	28.51	2268.07
2005	14.04	19.70	1.82	16.90	5.65	7.29	2667.41	28.12	2760.92
2006	13.72	23.69	0.19	17.72	6.08	3.17	2798.39	18.59	2881.54
2007	12.65	30.09	1.53	18.11	6.19	5.58	2928.80	12.54	3015.50
2008	17.24	29.14	0.85	11.40	7.20	3.94	2770.80	10.72	2851.30
2009	22.30	39.18	2.09	10.66	7.95	8.34	2943.58	8.65	3042.75

— 123 —

在水平碳输入方面,化石能源占绝对比重,2009年为2944万吨,占97%。化石能源的输入中,以原煤和原油为主,主要用于南京市工业能源加工和转换,这是城市碳消费的主要类型。其余的碳输入类型可以归为食物和木材产品两大类。总体而言,2000—2006年,食物碳输入明显大于木材碳输入;2006年之后,木材碳输入反而超过了食物碳输入,2009年总的木材碳输入为72万吨,约为食物碳输入的2.6倍(27万吨)(图5-8)。这说明,一方面,随着城市化进程和城市建设的加快以及居民生活水平的提高,建筑、装修和工业等用途的木材需求在加大;另一方面,随着人们消费水平的提高和人均粮食消费的下降,食物碳消费总体上呈下降趋势,因此食物碳输入比重逐渐降低。

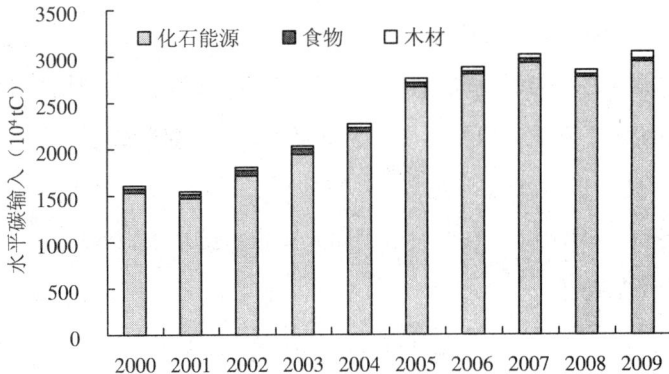

图5-8 南京市城市水平碳输入的构成分析

水平碳输入中,化石能源和食物都属于消费性碳输入,也即输入系统之后通过消费会迅速释放到大气中,并不能直接增加城市的碳储量。相对而言,木材产品则属于累积性碳输入,即能增加城市碳库,起到固碳效果。从南京市水平碳输入的构成可见,累积性碳输入的比重仅占2.4%,其余绝大部分都属于消费性碳输入,在经过生产和生活消费后,水平碳输入绝大部分会转换为垂直碳输出而以CO_2的形式释放掉。

2. 碳输出通量分析

(1)垂直碳输出通量分析

由计算结果可见,南京市垂直碳输出通量呈急剧增长趋势,从2000年的1430

万吨增长到 2009 年的 3295 万吨,涨幅为 130％。这说明近年来随着经济快速发展和城市扩展,带来了大量的碳排放需求,垂直碳通量成为南京市的主要碳排放源。

在垂直碳输出通量的构成中,化石能源消费碳排放是碳排放的主体。以 2009 年为例,化石能源碳排放占垂直碳输出总量的近 80％,而且从 2000 年以来,化石能源碳排放所占比重不断提高(2000 年比重为 69％)。工业生产碳排放占 11％,植被呼吸作用和土壤凋落物分解排放占 6％,人类呼吸和生物质能源燃烧碳排放各占 1％。其余各项碳排放很少,均小于 10 万吨/年,合计碳排放仅占垂直碳输入总量的 1％,几乎可以忽略不计(表 5-5)。可以看出,垂直碳输出中,能源消费和工业生产的碳排放占了绝大多数,比重超过了 90％;从自然和人为垂直碳输出的角度来看,人为活动碳排放占垂直碳输出通量的 93％。这充分说明,人类活动的碳排放构成了城市垂直碳输出的主体。

不同行业化石能源碳排放具有较大差异。2009 年,南京市化石能源碳排放中,工业能源碳排放为 2133 万吨,占 81％,其次为城市生活能源消费碳排放和交通行业碳排放。相对而言,农业、农村生活、建筑业和商业等行业的碳排放所占比重较低。除农业能源消费碳排放有所下降外,其余行业的能源消费碳排放都呈上升趋势,平均涨幅都在 1 倍以上,其中涨幅最大的是建筑业,从 2000 年的不足 5 万吨增长到 2009 年的约 28 万吨(表 5 6)。

农村生物质能源主要包括沼气、薪柴和秸秆三种。1990 年以来,南京市三种生物质能源的碳排放均呈下降趋势,这主要与生物能源的消费量减少有关(图 5-9)。其中,秸秆的碳排放量为 16.6 万吨,占的比重最大(93％);其次为薪柴的碳排放,为 1.15 万吨;沼气的碳排放极少。这说明南京市农村生物质能源还是以秸秆的使用为主。另外,近年来,农村生活能源的碳排放量(30 万吨)明显超过了生物质能源的碳排放量(17.81 万吨)。这表明随着社会经济的发展,农村也越来越多地使用商品能源,而农村生物质能源的使用比例不断降低,这也是今后农村能源使用的发展趋势。

(2) 水平碳输出通量分析

与城市垂直碳输出相比,水平碳输出通量则要少得多。南京市水平碳输出主要为水产品、能源制品和含碳废弃物等,其总量从 2000 年以来呈明显下降趋势,从 607 万吨下降到 2009 年的 363 万吨,降幅为 40％(表 5-7)。

表5-5 南京市城市系统垂直碳输出通量汇总(单位:10⁴ tC)

年份	化石能源	生物质能源	秸秆焚烧	工业生产	稻田甲烷	动物	人类呼吸	植被呼吸作用	土壤凋落物分解	水域挥发	固体废弃物	废水	合计
2000	990.15	24.75	10.71	123.53	5.54	22.50	44.94	160.14	40.33	0.0202	4.33	2.82	1429.78
2001	991.65	23.76	10.26	152.44	4.85	25.26	42.18	168.64	43.98	0.0203	4.68	2.82	1470.55
2002	1054.34	22.22	9.54	221.96	4.29	25.97	45.08	182.88	49.37	0.0208	4.85	2.80	1623.32
2003	1262.69	19.08	8.26	244.17	3.74	26.69	40.29	169.00	46.35	0.0209	5.57	2.84	1828.70
2004	1528.17	20.47	9.01	276.86	4.37	25.64	38.17	178.94	48.94	0.0209	6.28	2.85	2139.72
2005	1939.38	19.80	8.72	319.45	4.52	24.56	36.62	175.91	48.49	0.0208	7.04	2.92	2587.44
2006	2086.41	19.16	8.51	349.27	4.16	17.62	37.34	176.10	48.58	0.0208	7.27	2.93	2757.38
2007	2303.80	17.06	7.67	363.39	3.86	13.06	36.51	168.68	46.84	0.0209	7.47	2.94	2971.30
2008	2378.50	18.58	8.53	326.96	4.28	13.49	35.55	178.62	49.14	0.0209	7.71	2.94	3024.31
2009	2625.21	17.81	8.32	355.38	4.10	12.91	34.81	176.61	48.75	0.0209	7.95	2.90	3294.78

表 5-6　南京市城市化石能源碳排放分行业汇总(单位:10^4 tC)

年份	农、林、牧、渔、水利业	工业	建筑业	交通运输、仓储及邮电通讯业	批发和零售贸易餐饮业	其他	城市生活	农村生活	合计
2000	46.03	775.34	4.75	41.22	19.54	24.07	62.89	16.31	990.15
2001	46.85	773.04	4.84	41.95	19.88	24.50	68.45	12.15	991.65
2002	50.60	818.21	5.22	45.31	21.48	26.46	74.58	12.48	1054.34
2003	41.54	993.25	8.81	82.14	18.05	27.15	78.07	13.70	1262.69
2004	41.39	1235.69	10.45	98.37	21.47	28.67	78.95	13.17	1528.17
2005	36.33	1583.86	23.12	101.61	28.23	42.16	105.34	18.73	1939.38
2006	36.51	1714.50	24.27	106.53	28.97	46.33	108.76	20.53	2086.41
2007	36.31	1903.39	25.05	116.43	32.28	52.41	115.21	22.72	2303.80
2008	35.40	1940.00	24.92	128.56	36.50	57.62	129.44	26.06	2378.50
2009	39.97	2132.59	27.58	138.86	40.61	69.56	145.97	30.07	2625.21

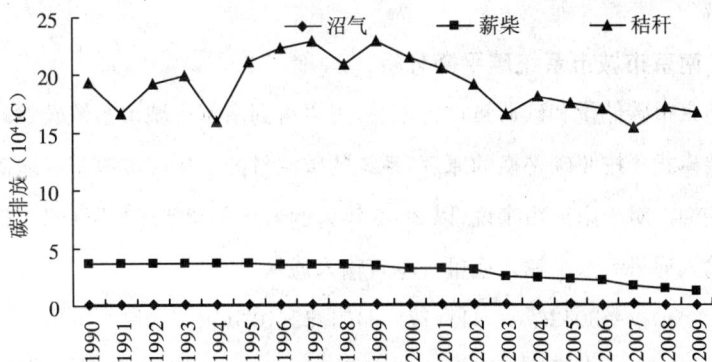

图 5-9　南京市生物质能源碳排放的构成分析

表 5-7　南京市城市系统水平碳输出通量汇总(单位:10^4 tC)

年　份	水产品	能源制品输出	含碳有机废弃物	合　计
2000	5.88	545.66	55.21	606.75
2001	5.79	472.62	53.81	532.22
2002	4.62	657.98	57.02	719.63
2003	3.34	680.70	52.67	736.72

年　份	水产品	能源制品输出	含碳有机废弃物	合　计
2004	3.92	653.63	50.17	707.72
2005	3.65	728.03	48.17	779.85
2006	3.55	711.97	46.08	761.60
2007	3.07	625.01	43.23	671.31
2008	3.73	392.30	42.20	438.23
2009	3.47	318.37	41.13	362.96

其中,能源制成品输出所占比重最大,2000 年以来,其比重保持在 90% 左右;其次为含碳有机废弃物;水产品所占比重最小。能源制品的碳输出从 2000 年以来呈下降趋势,这说明,随着南京市自身能源需求的增加,能源加工产品的输出量在不断减少,说明南京市能源加工的产品主要是用于自身工业生产和社会生活消费。同时,随着本地对于水产品需求量的增加,南京市自身水产品的外部供应量也不断减少。

三、南京市城市系统碳平衡分析

将南京市碳储量和碳通量进行汇总,可以得到南京市城市系统碳循环和碳代谢的完整模式。按照碳平衡的原理,系统的碳储量的变化应该等于区域碳输入和输出的差额。对于南京市来说(以 2009 年为例),碳平衡状况如下(图 5 - 10):

碳输入通量＝水平输入通量＋垂直输入通量

$$=3042.75+411.77=3454.52(10^4\,tC)$$

碳输出通量＝水平输出通量＋人为垂直输出通量＋自然垂直输出通量

$$=362.96+3069.39+225.38=3657.73(10^4\,tC)$$

碳储量变化量(增量 1)＝总碳输入－总碳输出＝3454.52－3657.73

$$=-203.21(10^4\,tC)$$

由此可见,2009 年南京市的总碳输出大于总碳输入,因此造成了南京市碳储量减少量为 203.21 万吨。

但根据本书历年碳储量的计算结果,可得到下式:

碳储量变化量(增量 2)＝C_{2009}－C_{2008}＝6936.79－6887.71＝49.08($10^4\,tC$)。

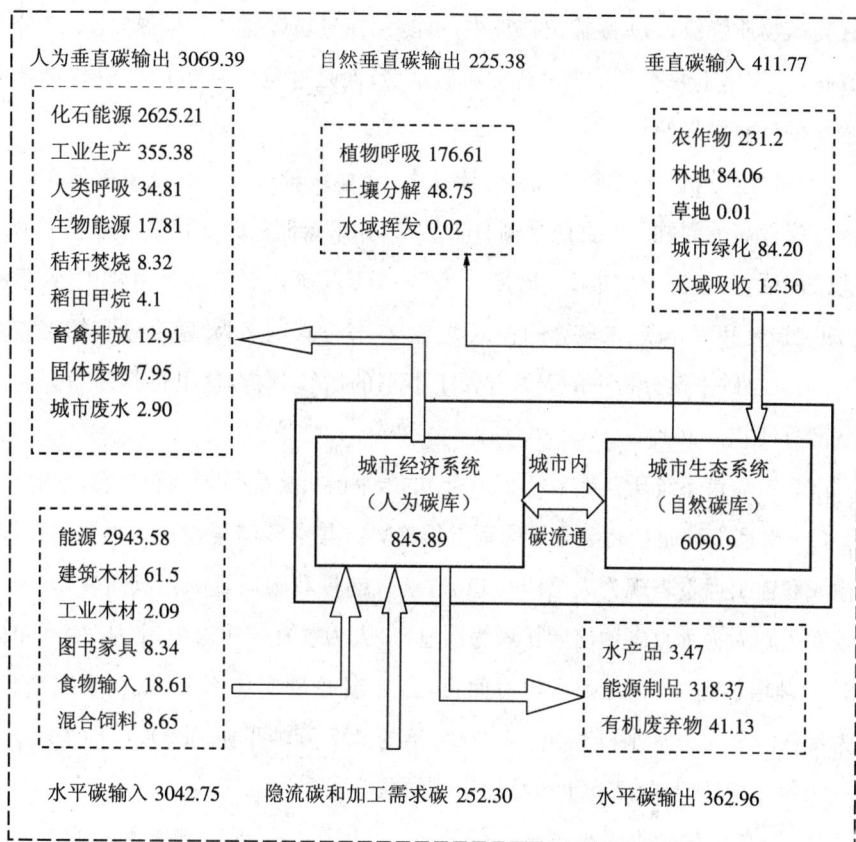

人为垂直碳输出 3069.39　　　自然垂直碳输出 225.38　　　垂直碳输入 411.77

化石能源 2625.21
工业生产 355.38
人类呼吸 34.81
生物能源 17.81
秸秆焚烧 8.32
稻田甲烷 4.1
畜禽排放 12.91
固体废物 7.95
城市废水 2.90

植物呼吸 176.61
土壤分解 48.75
水域挥发 0.02

农作物 231.2
林地 84.06
草地 0.01
城市绿化 84.20
水域吸收 12.30

城市经济系统
（人为碳库）
845.89

城市内
碳流通

城市生态系统
（自然碳库）
6090.9

能源 2943.58
建筑木材 61.5
工业木材 2.09
图书家具 8.34
食物输入 18.61
混合饲料 8.65

水产品 3.47
能源制品 318.37
有机废弃物 41.13

水平碳输入 3042.75　　　隐流碳和加工需求碳 252.30　　　水平碳输出 362.96

图 5-10　南京市 2009 年城市系统碳平衡分析（单位：10^4 tC）

即南京市 2009 年碳储量与 2008 年相比，增加了 49.08 万吨碳。

以上两种计算结果得出的南京市碳储量变化量并不相同。实质上，南京市历年碳储量的测算基本上是按照区域自然和人为过程逐项测算与加和的结果，总体上符合南京市城市系统的碳库概况。

考虑到南京市碳输入和输出计算中，由于数据精度问题和核算项目的划分，还存在一些不确定因素，会影响碳核算的结果。主要存在的可能误差有：（1）碳输入中可能会有进口能源或含碳物品的输入，这里未进行核算；（2）本书碳输入计算中，主要是基于消费端来进行统计的，而实质上，由于产品生产加工过程中会有部分损耗或废弃，于是按常理来讲，输入产品的碳含量总是应该大于消费端或制成品的碳含量，因此本书的碳输入计算结果可能会偏低；（3）城市内部碳流通存在含碳物质隐流;(4) 碳输出核算中,可能存在过境碳排放的问题,比如部分交通碳排放,实质上并不属于本地排放和碳消费,而是过境交通产生的,这样会造成碳输出的计算结果偏高。

根据以上分析,在碳输入和输出计算中,会存在碳输入计算结果偏低而输出计算结果偏高的问题。根据碳平衡分析结果,如果碳储量的变化量以增量2的核算为准的话,其差额=增量2-增量1=252.3万吨碳。误差部分主要包括:隐流碳、加工损耗和废弃碳、未核算的输入碳等,本书将其定义为"隐流碳和加工需求碳"。为弥补碳平衡分析中的误差并便于本书的后续分析,这里将其列为碳输入的一部分(图5-10)。

南京市城市系统历年(2000—2009年)的碳平衡状况具有以下特点(表5-8):

(1) 南京市碳储量和碳通量均呈增长趋势。其中碳储量表现为小幅增长,而碳输入和输出通量表现为大幅增长趋势;就碳储量和碳通量的构成而言,人为水平碳输入和人为垂直碳输出增长最为明显,以人为垂直碳输出为例,从2000年的1229万吨增长到3069万吨。相对而言,自然碳通量变化不大,仅有小幅增长。较为特殊的是人为水平碳输出,从2000年的607万吨下降到2009年的363万吨,主要归因于能源制品和水产品输出量的减少。

(2) 历年的碳输出均小幅高于碳输入,这表现在增量1(碳输入和输出的差额)的数值上。可以看出增量1表现为负增长趋势,2000年为-34万吨,2009年为-203万吨,其中2007年差额最大,为-235万吨。

(3) 就碳储量的变化而言,2001—2009年碳储量的年度增加量呈波动下降趋势。2001年碳储量增加值为230万吨,而2009年则降为49万吨,其中,2008年碳储量甚至比2007年下降了6.7万吨。

(4) 就"隐流碳和加工需求碳"而言,2001—2009年呈波动变化特征,2003和2008年相对处于低值,分别为162万吨和188万吨,其余年份均保持在200万吨以上。为弥补分析误差,本书将其作为碳输入的一部分来进行分析。可以发现,"隐流碳和加工需求碳"占总碳输入的比重从14%下降到7%(图5-11),这表明,碳输入过程中的隐流和加工损耗的碳的比重在下降,说明碳的利用率有一定程度的提高。

表 5 - 8　南京市 2000—2009 年城市系统碳平衡分析（单位：10^4 tC）

年　份	2000	2001	2002	2003	2004	2005	2006	2007	2008	2009
自然碳储量	5962.22	5968.45	6002.74	6013.86	6030.37	6040.41	6047.63	6061.02	6074.52	6090.90
人为碳储量	320.21	543.81	647.66	665.11	696.51	756.61	798.31	833.41	813.19	845.89
碳储量汇总	6282.43	6512.25	6650.39	6678.96	6726.88	6797.02	6845.94	6894.43	6887.71	6936.79
木材碳输入	34.21	35.48	36.50	33.40	33.97	42.85	40.77	49.85	51.16	71.92
食物碳输入	40.98	46.06	58.62	59.32	52.30	50.67	42.39	36.84	29.33	27.26
能源碳输入	1535.81	1464.27	1712.32	1943.40	2181.80	2667.41	2798.39	2928.80	2770.80	2943.58
水平碳输入合计	1611.00	1545.81	1807.45	2036.12	2268.07	2760.92	2881.54	3015.50	2851.30	3042.75
垂直碳输入合计	391.34	405.63	431.29	396.18	419.92	411.90	411.43	392.39	417.02	411.77
碳输入汇总	2002.33	1951.44	2238.74	2432.31	2687.98	3172.82	3292.98	3407.89	3268.32	3454.52
水平碳输出合计	606.75	532.22	719.63	736.72	707.72	779.85	761.60	671.31	438.23	362.96
人为垂直碳输出	1229.28	1257.91	1391.06	1613.33	1911.82	2363.02	2532.67	2755.75	2796.54	3069.39
自然垂直碳输出	200.49	212.64	232.27	215.37	227.90	224.42	224.71	215.54	227.77	225.38
垂直碳输出汇总	1429.78	1470.55	1623.32	1828.70	2139.72	2587.44	2757.38	2971.30	3024.31	3294.78
碳输出汇总	2036.52	2002.77	2342.95	2565.41	2847.45	3367.28	3518.98	3642.61	3462.54	3657.74
增量 1	-34.19	-51.33	-104.21	-133.11	-159.46	-194.47	-226.00	-234.73	-194.23	-203.22
增量 2		229.83	138.14	28.57	47.92	70.13	48.92	48.50	-6.72	49.08
隐流碳和加工需求碳		281.16	242.35	161.68	207.38	264.60	274.92	283.22	187.51	252.30

注：增量 1 和增量 2 均表示南京市城市系统碳储量变化量，但计算方法不同，前者表示碳储量变化量，后者表示碳输入与碳输出的差额。后者表示储量的年度变化量。

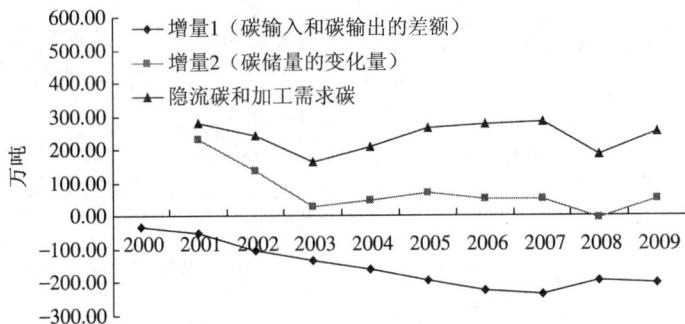

图 5-11 南京市 2000—2009 年城市碳增量及碳平衡的变化分析

另外,除碳储量和碳通量之外,南京市城市系统内部也存在着复杂的碳流通过程,这也是研究城市碳循环的重要环节。特别是能源、木材和食物等含碳产品的流通,这构成了城市碳流通的主体。该内容将在下面进行单独分析。

第三节　南京市城市系统碳流通分析

一、城市内部碳流通过程分析

为进一步分析城市内部碳流通的方向和规模,本章对城市内部的碳消费途径进行细化,绘制出南京市城市系统内部的碳流通图(图 5-12)。这里将城市分为城市系统和农村系统两大块,各自又分为几个子系统。城市系统分为工业生产与加工系统、城市居住、商业和生活系统,农村系统又分为农田、林地、牧草地、水域、农村生活系统和畜牧养殖系统等。由前面分析可知,能源、食物和木材是城市内部碳流通的主要载体,因此这里主要考虑这三种含碳产品的碳流通过程,而未考虑自然过程(如土壤部分)的碳吸收和碳释放。

关于城市碳流通过程,需要说明如下:(1)本书的碳流通模式只是基于地区生产和消费关系建立的,仅代表各子系统之间的碳输入和输出量,而中间加工过程(如农副产品加工、林产品加工等)造成的碳损失和碳转移这里未考虑;(2)对于食物碳消费,这里是基于农村生产量先满足农村碳消费的假设来进行分析的,因此碳的流通仅考虑了农村向城市的单向流通;(3)工业隐含碳是指工业产品生产的间接碳释放,代表了由农村和城市消费需求引起的工业生产碳释放;(4)农村向城市的木材产品的碳转移由于不易再进行细分,因此只列出了木材碳流通总量;(5)家具和图书缺乏相应的输入数据,考虑到目前外部输入的产品较多,这里按自给率30%推算;(6)至于食物废弃和排泄物的去处这里未进行详细探讨,可能用于畜牧食物、生产沼气和垃圾处理等,由于缺乏相应的研究,这里未对其进行进一步研究和跟踪;(7)图5-12中的能源碳流通部分包含有电力的碳输送,但电力部分并不代表碳的输送,而实质上是在发电过程中已经释放出去的碳(即电力隐含碳)。

由图5-12可以看出,南京市工业加工系统、城市生活系统、农业生产系统和农村生活系统共同构成了城市内部碳流通的主体。工业加工系统以碳的内部输出为主,合计向其他系统的碳流通量为499.11万吨,其中主要流向城市生活系统,为426万吨,主要为城市能源消费,以及少量的图书和家具碳;流向农业系统的比例相对较少,主要以化石能源和电力为主。城市生活系统以碳的内部输入为主,合计为463.78万吨,主要为来自工业系统的能源制成品的输入,其他子系统的碳输入主要以食物为主。

不同含碳物质的流通途径有所差别,具体如下(图5-12):(1)化石能源和电力主要从工业系统输往城市生活系统、农村生活系统、农业生产子系统。(2)农村生产的食物除满足农村生活消费外(12.96万吨),其余主要用于城市生活消费,合计为37.59万吨。除此之外,城市食物的碳消费也有部分来自于外部输入,为18.6万吨。另外,农村水产品的产量较大,除满足南京市消费外,还有3.47万吨的碳输出到系统之外。(3)木材产品的碳流通主要包括建筑木材和家具、图书用材,主要用于城市和农村生活消费。本地木材产量很少,仅有1.48万吨碳,远远不能满足用材的需要,因此南京市还需要61.5万吨的建筑木材碳输入和2.1万吨的工业木材碳输入,才能满足本地的生产和建设需要。(4)除以上三大类物质的碳流通之外,子系统之间还有一些局部碳流通过程,如林地生产中有1.15万吨的薪柴碳消费用于农村生物质能源,另外生活能源中有17.81万吨的秸秆碳消费来自于农田生产系统。此外,农村秸秆中12.47万吨碳用于畜禽饲料;工业生产的混合饲料2.9万吨碳用于畜禽业生产,同时也有8.65万吨的外部饲料的碳输入(表5-9)。

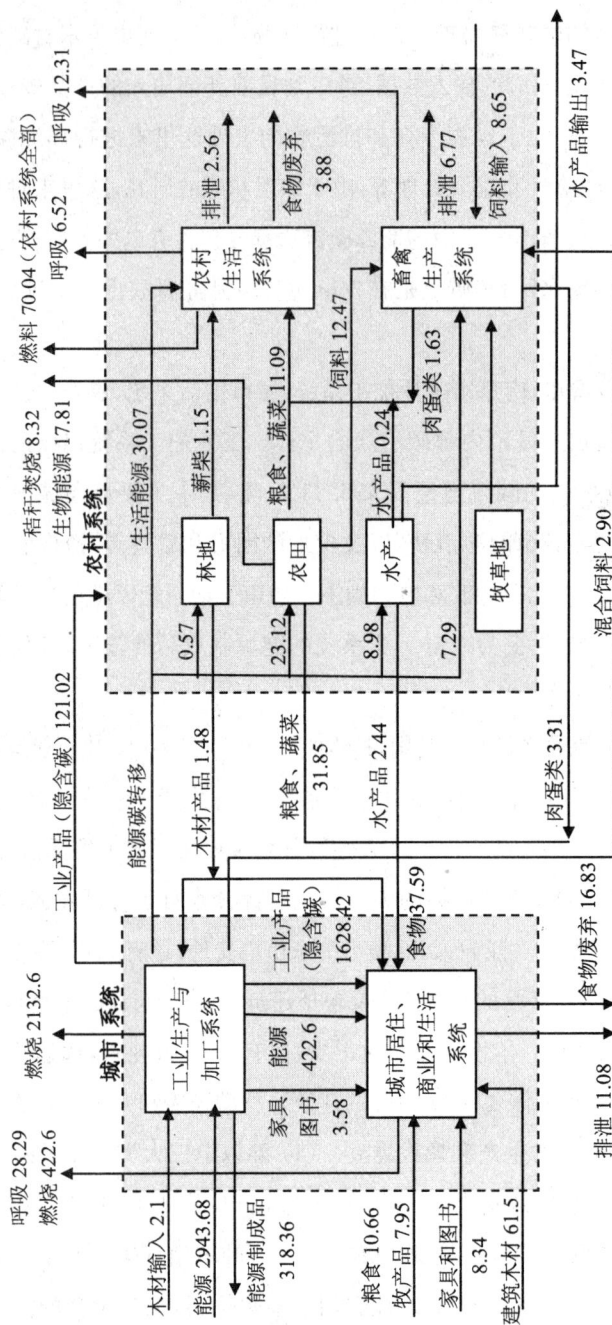

图 5-12 南京市城市系统碳流流通图

注：单位：$10^4 tC \cdot a^{-1}$，本图代表 2009 年的碳流流通状况。

表5-9　2009年南京市城市系统碳流通转移矩阵(单位:10^4tC)

子系统	工业加工系统	城市生活系统	林地	农田	水产养殖	畜牧生产系统	农村生活系统	内部碳流通(一)	水平碳输出	垂直碳输出
工业加工系统		426.18	0.57	23.12	8.98	10.19	30.07	499.11	318.36	2132.6
城市生活系统									27.92	450.89
林地	1.48						1.15	2.63		1.72
农田		31.85				12.47	11.09	55.41		31.44
水产养殖		2.44					0.24	2.68	3.47	8.98
畜牧生产系统		3.31					1.63	4.94	6.77	19.6
农村生活系统									6.44	54.41
内部碳流通(十)	1.48	463.78	0.57	23.12	8.98	22.66	44.18			
水平碳输入	2945.78	88.43				8.65				

注:(1) 内部碳流通(十)和内部碳流通(一)分别表示该城市子系统的碳的流入和流出量;(2) 由于未考虑自然过程的碳流通,因此不存在垂直碳输入。

　　将城市系统和农村系统分别看做一个整体,可以发现,农村向城市的直接碳输入主要是木材和食物等含碳产品,而城市向农村的直接碳输出则以能源为主,而且前者要明显少于后者。例如,2009年农村向城市的直接碳输入为39.08万吨,而城市向农村的直接能源碳输出为70.04万吨(表5-10、5-11)。

表5-10　南京市农村系统向城市系统的直接碳输入汇总(单位:10^4tC)

年份	粮食	牧业产品	水产品	木材产品	合计
2000	2.40	2.21	1.31	2.34	8.26
2001	3.49	3.36	0.85	2.46	10.16
2002	0.26	3.51	1.58	0.66	6.01
2003	6.17	3.83	1.75	1.13	12.88
2004	14.66	4.53	1.78	1.13	22.10
2005	16.78	4.12	1.77	1.30	23.97
2006	19.16	4.08	1.92	1.16	26.33
2007	20.01	3.51	2.18	0.86	26.57
2008	29.29	3.33	2.26	0.84	35.72
2009	31.85	3.31	2.44	1.48	39.08

表5-11 南京市城市系统向农村系统的直接能源碳输出汇总(单位:10⁴tC)

年份	农业	林业	牧业	渔业	农村生活消费	能源合计
2000	26.69	1.04	10.96	7.34	16.31	62.34
2001	26.10	0.88	11.37	8.50	12.15	59.00
2002	27.64	0.82	12.35	9.78	12.48	63.08
2003	22.63	0.62	10.09	8.20	13.70	55.24
2004	23.22	0.57	9.77	7.82	13.17	54.55
2005	20.61	0.47	8.17	7.08	18.73	55.06
2006	20.58	0.47	7.64	7.81	20.53	57.04
2007	20.28	0.49	7.54	8.01	22.72	59.03
2008	19.82	0.46	7.55	7.57	26.06	61.46
2009	23.12	0.57	7.29	8.98	30.07	70.04

　　另外,从年际变化来看,农村向城市的直接碳输入呈急剧增长趋势,从2000年的8.26万吨增长到2009年的39.08万吨,这主要归因于快速城市化与城市人口增长从而导致食物需求量的增加。相对而言,城市向农村的直接碳输出则表现为波动态势,2000年以来仅有小幅上涨(图5-13),这说明农村能源消费量历年的增幅并不大,除农村生活消费能源明显增长之外,其余的农林牧渔业的能源消费基本上保持稳定或略有下降。按照这种趋势,随着南京市城市化发展、城市人口的增加和农村人口的减少,未来农村向城市的直接碳输入可能会超过城市向农村的能源碳输出,食物和能源等碳消费不断向城市集中是未来的发展趋势。

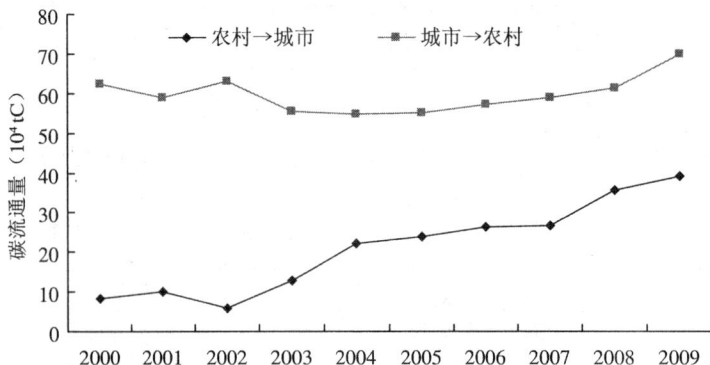

图5-13 南京市历年城乡之间直接碳流通的对比分析

南京市城市系统与外部系统的碳输入和输出中,水平碳输出主要是能源制品、水产品和有机废弃物,其中以能源制成品的输出为主,为318.36万吨;水平碳输入主要以能源的输入为主,为2943.68万吨碳,其次为城市食物的输入和畜牧业饲料的输入。垂直碳输出主要来自各子系统的化石能源消费、农村生物质能源消费、呼吸作用和秸秆焚烧等,其中以化石能源消费的垂直碳输出为主,这与前文的碳通量分析相同,不再赘述。

二、城乡之间隐含碳流通分析

根据前文隐含碳的计算方法,对工业生产中的能源消费进行分解,按照农村与城市的消费分解得出农村和城市产品消费的隐含碳。可以看出,由于城市消费量较大,南京市城市消费的隐含碳远远大于农村,两者分别为1628万吨和121万吨(表5-12)。

表5-12　南京市工业生产过程能源消费的隐含碳及其构成(单位:10^4tC)

年份	城市产品消费隐含碳(化石能源)	农村产品消费隐含碳(化石能源)	城市产品消费隐含碳(电力)	农村产品消费隐含碳(用电)	城市隐含碳合计	农村隐含碳合计
2000	428.54	115.49	71.18	24.12	499.72	139.61
2001	431.91	105.06	80.21	21.62	512.12	126.67
2002	457.78	106.85	90.43	22.00	548.21	128.84
2003	584.10	109.92	101.93	23.79	686.03	133.71
2004	746.36	127.75	120.40	22.66	866.76	150.41
2005	984.42	148.13	143.60	24.58	1128.02	172.71
2006	1070.08	156.51	157.56	23.71	1227.64	180.22
2007	1204.01	158.13	175.11	25.61	1379.12	183.74
2008	1268.71	122.26	177.93	23.37	1446.64	145.62
2009	1430.63	101.96	197.79	19.06	1628.42	121.02

从两者的构成来看,南京市工业生产中隐含的化石能源碳排放远远大于电力消费的隐含碳。以农村为例,工业产品消费中化石能源隐含碳和电力隐含碳分别为101.96万吨和19.06万吨;而对于城市消费来说,两者分别为1430.63万吨和197.79万吨,这表明工业生产过程是以化石能源的消费为主,电力次之。另外,从两者的时间变化来看,城市消费中隐含碳的增长幅度明显超过了农村消费的隐

含碳的增幅。城市隐含碳从 2000 年的 499.72 万吨上涨到 2009 年的 1628 万吨，增涨了 2.6 倍。而同时期,农村隐含碳消费反而呈下降趋势,从 2000 年的 139.61 万吨下降到 2009 年的 121 万吨(图 5 - 14),这主要归因于农村人口减少而导致的农村工业产品消费量的降低。这表明:南京市城市工业系统产品生产中隐含碳排放的主要流通方向是从工业生产系统输往城市生活系统,其次是输往农村生活系统。

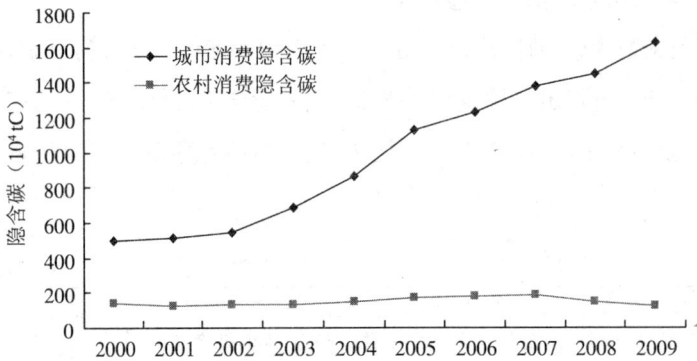

图 5 - 14　南京市城市和农村消费隐含碳及其变化趋势

　　将南京市城乡之间的直接、间接碳(隐含碳)流通进行汇总和对比分析,结果发现,南京市城乡之间的碳虽然呈双向流动,但城市系统输往农村系统的碳要明显要大于农村向城市的碳输入。2009 年城市向农村的碳输出达到 191.06 万吨,而农村向城市的碳输入仅为 39.08 万吨,前后是后者的近 5 倍,由此带来的城市向农村的净碳输送达 152 万吨。结果表明,表面上看大部分的产品、食物和含碳原料是从农村输向城市的,但就碳的输送载体而言,由于农村向城市的输送主要是食物和木材碳,而城市向农村输送的主要是能源、电力和工业隐含碳,因此城市向农村的碳输送还是远远大于农村向城市的碳输入。

　　就历年变化而言,由于农村向城市的直接碳输送快速上涨,导致城市向农村的净碳输送呈下降趋势,从 2000 年的 193.69 万吨下降到 2009 年的 152 万吨(表 5 - 13)。可以预见,随着城市化的进一步发展,农村人口的减少会进一步降低农村消费的比例,可能会进一步降低城市向农村的净碳输送量。

表 5-13　南京市城乡之间碳流通的对比分析(单位:10⁴tC)

年份	农村向城市的直接碳输送	城市向农村直接能源碳输送	城市产品向农村的隐含碳输送	城市向农村碳输送合计	城市向农村的净碳输送
2000	8.26	62.34	139.61	201.95	193.69
2001	10.16	59.00	126.67	185.67	175.51
2002	6.01	63.08	128.84	191.92	185.91
2003	12.88	55.24	133.71	188.95	176.06
2004	22.10	54.55	150.41	204.96	182.86
2005	23.97	55.06	172.71	227.77	203.79
2006	26.33	57.04	180.22	237.26	210.93
2007	26.57	59.03	183.74	242.77	216.20
2008	35.72	61.46	145.62	207.08	171.36
2009	39.08	70.04	121.02	191.06	151.99

三、城市碳流通效率分析

根据前文的计算结果,这里对南京市碳流通的经济效益进行评价,主要采用单位 GDP 的碳输入和输出强度、碳排放强度和碳生产力等指标来进行分析。

计算结果可见,由于南京市总的人为碳输出大于人为碳输入,因此南京市单位 GDP 的人为碳输入强度要略低于碳输出强度。以 2009 年为例,两者分别为 0.88 吨/万元和 0.99 吨/万元。但总体来讲,随着南京市经济的快速发展,GDP 的增长速度很明显超过了碳输入和碳输出的增速,因此,2000 年以来,南京市单位 GDP 人为碳输入和碳输出强度均呈下降趋势,这表明南京市能源利用效率在不断提高(表 5-14、图 5-15)。

表 5-14　南京市历年碳排放强度与碳生产力的变化分析

年份	GDP(万元)	人口(万人)	水平碳输入(10⁴tC)	人为垂直输出(10⁴tC)	水平碳输出(10⁴tC)	单位GDP人为碳输入强度(tC/万元)	单位GDP人为碳输出强度(tC/万元)	单位GDP碳排放强度(tC/万元)	碳生产力(万元/tC)	人均碳排放(tC/人)
2000	1073.54	544.89	1611.00	1229.28	606.75	1.50	1.71	1.15	0.87	2.26
2001	1192.70	553.04	1545.81	1257.91	532.22	1.30	1.50	1.05	0.95	2.27
2002	1345.37	563.28	1807.45	1391.06	719.63	1.34	1.57	1.03	0.97	2.47
2003	1547.17	572.23	2036.12	1613.33	736.72	1.32	1.52	1.04	0.96	2.82

续　表

年份	GDP（万元）	人口（万人）	水平碳输入（10^4 tC）	人为垂直输出（10^4 tC）	水平碳输出（10^4 tC）	单位GDP人为碳输入强度(tC/万元)	单位GDP人为碳输出强度(tC/万元)	单位GDP碳排放强度(tC/万元)	碳生产力（万元/tC）	人均碳排放（tC/人）
2004	1814.84	583.60	2268.07	1911.82	707.72	1.25	1.44	1.05	0.95	3.28
2005	2088.88	595.80	2760.92	2363.02	779.85	1.32	1.50	1.13	0.88	3.97
2006	2404.30	607.23	2881.54	2532.67	761.60	1.20	1.37	1.05	0.95	4.17
2007	2781.77	617.17	3015.50	2755.75	671.31	1.08	1.23	0.99	1.01	4.47
2008	3118.36	624.46	2851.30	2796.54	438.23	0.91	1.04	0.90	1.12	4.48
2009	3476.98	629.77	3042.75	3069.39	362.96	0.88	0.99	0.88	1.13	4.87

注：(1) GDP是以2000年的可比价进行计算；(2) 碳输入和输出量、碳输入和输出强度均代表人为过程的碳输入和输出，不包括自然过程；(3) 单位GDP碳排放强度、碳生产力和人均碳排放等指标的计算中，仅考虑了人为垂直碳输出。

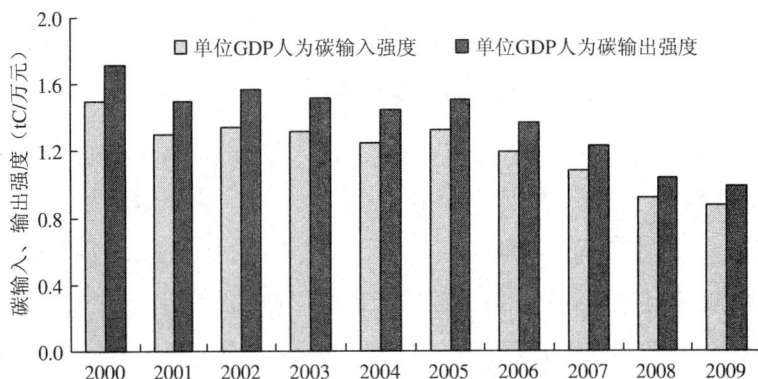

图 5-15　南京市历年单位 GDP 人为碳输入和碳输入强度

对南京市人为垂直碳排放强度进行测算分析，也发现同样的变化趋势。2000年以来南京市单位 GDP 的碳排放强度呈下降趋势，同时碳生产力在不断提升（图5-16）。这表明，南京市碳流通的经济效率在不断提高，即单位碳排放创造的经济产值是不断提升的，这也表明南京市近年来的节能减排取得了一定效果，能源使用效率有所提高。

但从人均碳排放来看，2000 以来却呈增长态势，从 2.26 tC/人增长到4.87 tC/人，10 年来增长了一倍多。这表明，随着南京市碳排放总量的急剧增加，人均碳消费明显增长，即人均碳流通强度是不断增加的，这也是一个值得关注的现象。

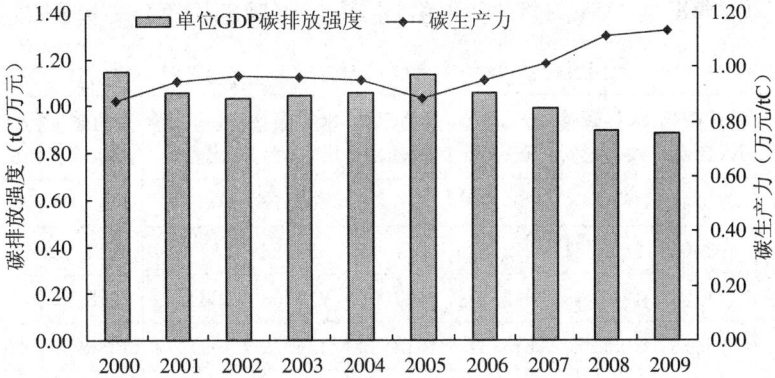

图 5-16 南京市历年单位 GDP 碳排放强度与碳生产力

第四节 南京市城市系统碳补偿和碳循环压力分析

一、城市人为碳过程的构成分析

将南京市碳输入和碳输出通量按照自然与人为过程进行分别汇总,可以发现,在总碳输入和输出中,人为碳输入和碳输出均占有较大比重。在碳输入总量中,垂直碳输入全部是自然碳输入,而水平碳输入则全部由人为碳输入构成;碳输出则不同,垂直碳输出既包括自然过程也包括人为过程,而水平碳输出则完全是人为过程。总体而言,以 2009 年为例,南京市城市系统碳输入、输出总量为 7112.26 万吨,其中人为碳输入和碳输出合计为 6475.10 万吨(两者分别为 3042.75 万吨和 3432.35 万吨)。而且,人为碳输入、输出总量呈急剧增长趋势,从 2000 年的 3447 万吨增长到 2009 年的 6475 万吨,增长了近一倍(表 5-15)。这说明随着社会经济的发展,南京市人类活动对城市系统碳过程的影响在不断增强;相反,自然碳过程基本上维持不变,仅有少量增加。

南京市城市系统人为碳效应指数从 2000 年的 85% 增长到 2009 年的 91%(图 5-17),说明人类活动的碳影响不断提高,这也是城市化发展的必然结果。实质上,随着城市扩展,以及人口、能源消耗和工业产品的增加,人为碳过程比重不断提高是正常现象,因为城市人为活动呈不断增强的态势。而城市自然生态系统在不发生大的扰动情况下,自然碳过程速率(植被生产力和呼吸速率)不会发生较大改变。

表5-15　南京市历年碳输入/输出构成及人为碳效应指数分析(单位:10⁴tC、%)

年份	垂直碳输入(自然)	水平碳输入(人为)	自然垂直碳输出	人为垂直碳输出	水平碳输出(人为)	碳输入输出合计	人为碳输入和输出	人为碳效应指数
2000	391.34	1611.00	200.49	1229.28	606.75	4038.86	3447.03	85.35%
2001	405.63	1545.81	212.64	1257.91	532.22	3954.20	3335.93	84.36%
2002	431.29	1807.45	232.27	1391.06	719.63	4581.69	3918.13	85.52%
2003	396.18	2036.12	215.37	1613.33	736.72	4997.72	4386.17	87.76%
2004	419.92	2268.07	227.90	1911.82	707.72	5535.43	4887.61	88.30%
2005	411.90	2760.92	224.42	2363.02	779.85	6540.10	5903.79	90.27%
2006	411.43	2881.54	224.71	2532.67	761.60	6811.96	6175.82	90.66%
2007	392.39	3015.50	215.54	2755.75	671.31	7050.50	6442.56	91.38%
2008	417.02	2851.30	227.77	2796.54	438.23	6730.86	6086.07	90.42%
2009	411.77	3042.75	225.38	3069.39	362.96	7112.26	6475.10	91.04%

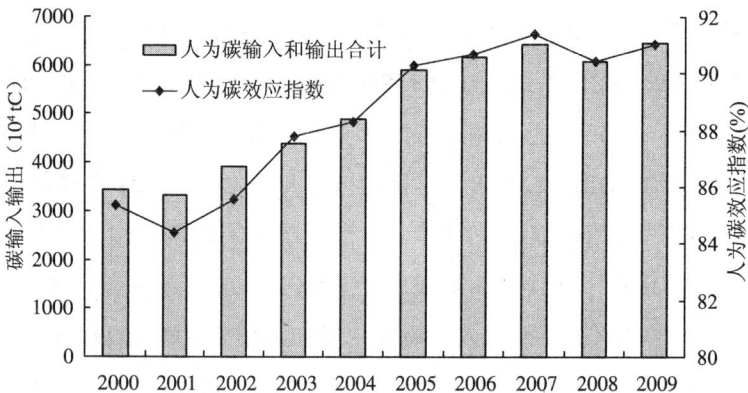

图5-17　南京市人为碳效应指数变化趋势

因此,随着城市化的不断发展,人为碳效应指数不断提高符合城市发展的一般规律。尽管人为碳输入和输出总量的增长在短期内不可避免,但如何通过各种措施尽可能降低人为活动的碳排放强度,提升城市系统的碳循环效率是应该着重解决的问题。

就碳输入和输出过程分别来讲,计算结果发现,南京市人为碳输入和碳输出效应指数均呈明显的增长趋势,而人为碳输入效应指数的增长速度超过了人为碳输出效应指数,2009 年人为碳输入和输出效应指数分别为 88％和 94％(图 5－18),主要原因在于:在碳输入总量中,自然光合作用的碳吸收也占有一定的比例,并且通过垂直碳输入形成了城市生态系统的碳汇;而对于碳输出总量的构成而言,垂直碳输出主要是自然过程的呼吸作用,这部分碳释放量相对于光合作用的碳吸收而言要小得多,因此,人为碳输出在总碳输出中的比重大于人为碳输入在总碳输入中的比重。

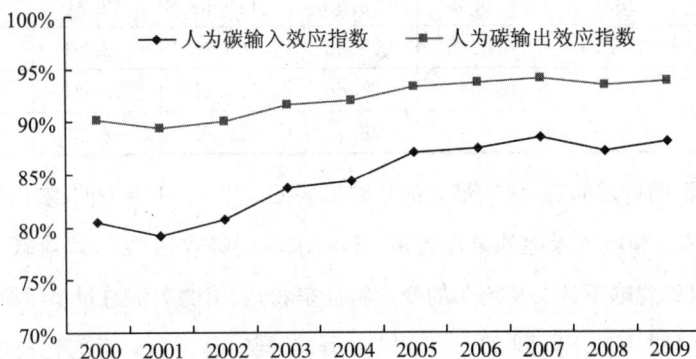

图 5－18　南京市人为碳输入和输出效应指数的变化

总体而言,南京市人类活动碳过程在总碳输入和输出通量中占有绝对比重,且有不断提高的趋势,这突出反映了城市人为活动能源消耗的不断加强。

二、南京市城市生态系统碳汇及其变化特征

将南京市林地、草地、城市绿地、农田和水域等的年度碳汇能力进行汇总,可以得到南京市城市生态系统的碳汇总量,即南京市陆地生态系统的年度固碳量。可以看出,碳汇总量从 1996 年的 200 万吨下降到 2009 年的 186 万吨,下降了 7％(表 5－16)。

表 5－16　南京市历年城市生态系统碳汇变化(单位:10^4 tC)

年份	林地	草地	城市绿化	农田	水域	合计
1996	23.21	0.1584	3.36	162.36	11.10	200.19
1997	23.19	0.1773	3.37	165.74	11.17	203.65
1998	23.08	0.1765	3.42	154.56	11.18	192.41
1999	23.03	0.1752	3.70	164.32	11.16	202.39
2000	23.11	0.1766	3.76	152.89	11.11	191.04

年份	林地	草地	城市绿化	农田	水域	合计
2001	23.82	0.1697	12.66	145.19	11.34	193.17
2002	27.37	0.0701	23.77	135.52	12.39	199.12
2003	27.61	0.0047	24.00	116.89	12.34	180.84
2004	28.25	0.0048	24.81	126.67	12.30	192.04
2005	28.16	0.0048	25.41	121.67	12.25	187.51
2006	28.17	0.0045	26.66	119.68	12.24	186.75
2007	28.10	0.0045	27.46	109.00	12.30	176.87
2008	27.99	0.0044	27.80	121.10	12.30	189.20
2009	27.93	0.0044	28.11	117.93	12.30	186.28

就碳汇的构成而言,比重最大的是农田碳汇。以 2009 年为例,农田碳汇比重为 63%,林地和城市绿地的碳汇各占 15%,水域碳吸收占 7%,草地碳吸收量很少,基本可以忽略不计。从历年的变化特征来看,农田的碳汇总量呈下降趋势,从1996 年的 162 万吨下降到 2009 年的 118 万吨,同时其占总碳汇的比重也由 81%下降到 63%。农田碳汇能力的下降主要归因于耕地面积的减少和农业总产量的下降。其他各项碳汇大体呈增长态势,这主要归因于其他各类植被(或水域)面积的增加,比如林地、城市绿地和水域面积等均有一定的增加,其中城市绿地的碳汇水平增幅最为明显,从 1996 年的 3.36 万吨增长到 2009 年的 28.11 万吨,其在总碳汇中的比重也由不足 2%增长到 15%,这说明南京市人工造林和绿化也起到了较好的碳汇效果(图 5-19)。

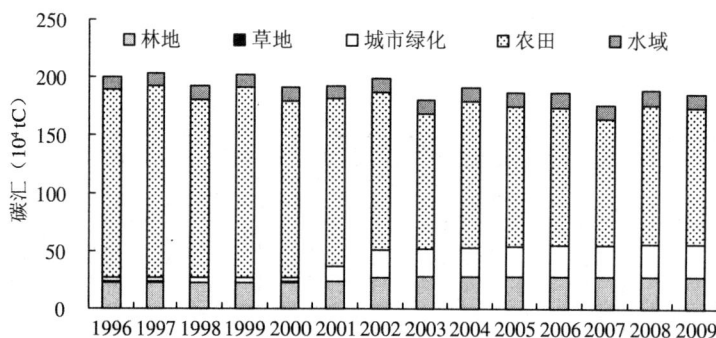

图 5-19　南京市历年生态系统碳汇水平及其变化特征

但总体而言,随着城市化的发展,南京市生产性土地面积的减少导致了总碳汇水平的下降。随着南京市碳排放量的不断增加,生态系统碳汇能力的下降会进一步加大区域碳循环的压力,这是值得重视的现象。

三、南京市人为活动的碳补偿率及碳循环压力

通过对南京市人为垂直碳输出和碳汇的对比分析,可以发现南京市年度人为碳排放量远远超过了碳汇总量。由于碳排放量的急剧增长,导致南京市碳补偿率从 2000 年的 15.54% 下降到 6.07%(表 5-17)。这表明南京市自身生态系统碳吸收能力远远不足以补偿人为活动的碳排放需求,并且随着碳汇水平的进一步降低和碳排放的快速增长,碳循环压力也在不断增加,2000 年城市碳循环压力指数为 6.43,2009 年增长到 16.48,即城市人为碳排放是碳吸收的 16.48 倍(图 5-20),随着城市化的发展,今后这种趋势将会进一步加剧。

表 5-17 南京市碳补偿率和碳循环压力指数的变化分析

年 份	合计碳汇 (10^4 tC)	人为垂直碳输出 (10^4 tC)	碳补偿率 (%)	碳循环压力 指数
2000	191.04	1229.28	15.54%	6.43
2001	193.17	1257.91	15.36%	6.51
2002	199.12	1391.06	14.31%	6.99
2003	180.84	1613.33	11.21%	8.92
2004	192.04	1911.82	10.04%	9.96
2005	187.51	2363.02	7.94%	12.60
2006	186.75	2532.67	7.37%	13.56
2007	176.87	2755.75	6.42%	15.58
2008	189.20	2796.54	6.77%	14.78
2009	186.28	3069.39	6.07%	16.48

四、南京市人类活动的碳足迹分析

南京市生产性土地面积相对有限。从历年的植被面积可以看出,耕地面积逐年减少,林地大体保持不变,草地有所减少,城市绿地面积呈大幅增长趋势。总体而言,南京市历年生产性土地的总面积基本上保持不变,年均保持在 40 万 hm² 左右。其中,农田面积为 25 万 hm²(2009 年),占生产性土地总面积的 60% 左右(表 5-18)。

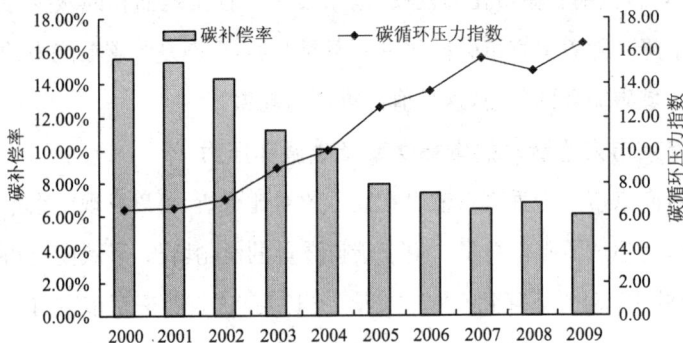

图 5-20　南京市碳补偿率和碳循环压力指数的变化

表 5-18　南京市各类生态性土地面积（单位：hm²）

年份	林地	草地	城市绿地	农田	合计
2000	6.07	0.1862	1.11	31.23	38.59
2001	6.25	0.1790	3.75	30.52	40.70
2002	7.18	0.0739	7.04	27.17	41.46
2003	7.25	0.0050	7.10	26.01	40.36
2004	7.42	0.0051	7.34	25.51	40.27
2005	7.39	0.0051	7.52	25.50	40.42
2006	7.40	0.0048	7.89	25.32	40.61
2007	7.38	0.0047	8.13	25.26	40.77
2008	7.35	0.0047	8.23	25.18	40.76
2009	7.33	0.0047	8.32	25.10	40.76

　　林地、草地和城市绿化用地的 NEP 可以根据前文参数（表 4-6）中获得，本文采用平均值进行计算（未考虑历年的变化）。农田的 NEP 用历年的农田净碳吸收除以耕地面积可以计算得到。可以看出，南京市历年农田的 NEP 表现出小幅下降趋势，这说明单位面积耕地的碳吸收量逐渐减少，这可能与近年来部分农田的撂荒有关。但总体而言，农田的 NEP 还是超过了其他植被类型（2009 年为 4.6981 t/hm²），这反映了南京市农田生态系统具有较高的系统生产力（表 5-19）。根据各种植被类型的 NEP，可以进一步计算出吸收 1 吨碳所需的各类植被的面积。由于草地的 NEP 最低，因此，吸收一吨碳所需的面积最大，其他各类植被所需的面积均在 0.3 hm² 以下。

表 5 - 19　南京市历年主要植被类型的 NEP

年份	NEP（t/hm²）				消纳 1 吨碳的用地（hm²）			
	林地	草地	绿化	农田	林地	草地	绿化	农田
2000	3.8096	0.9483	3.3783	4.8959	0.2625	1.0545	0.2960	0.2043
2001	3.8096	0.9483	3.3783	4.7571	0.2625	1.0545	0.2960	0.2102
2002	3.8096	0.9483	3.3783	4.9881	0.2625	1.0545	0.2960	0.2005
2003	3.8096	0.9483	3.3783	4.4946	0.2625	1.0545	0.2960	0.2225
2004	3.8096	0.9483	3.3783	4.9662	0.2625	1.0545	0.2960	0.2014
2005	3.8096	0.9483	3.3783	4.7716	0.2625	1.0545	0.2960	0.2096
2006	3.8096	0.9483	3.3783	4.7269	0.2625	1.0545	0.2960	0.2116
2007	3.8096	0.9483	3.3783	4.3154	0.2625	1.0545	0.2960	0.2317
2008	3.8096	0.9483	3.3783	4.8090	0.2625	1.0545	0.2960	0.2079
2009	3.8096	0.9483	3.3783	4.6981	0.2625	1.0545	0.2960	0.2128

　　根据各类植被的碳汇总量，可以计算出南京市各种植被类型碳吸收所占的比重。可以看出，农田碳汇明显占有较大比重，2009 年为 68%，但随着耕地面积的减少和农田碳汇量的下降，其比重从 2000 年以来有较大幅度的减少。

　　根据人为碳排放总量和以上计算的相关参数，可以得到历年人为活动的碳足迹总量。结果发现，随着碳排放量的急剧增长，南京市人为活动碳足迹总量从 2000 年的 264 万 hm² 增长到 2009 年的 719 万 hm²（表 5 - 20）。

表 5 - 20　南京市人类活动的碳足迹测算

年份	各类植被碳吸收的比重				吸收 1 吨碳需要的用地（hm²）				人为垂直碳输出（10⁴ tC）	碳足迹（10⁴ hm²）
	林地	草地	绿化	农田	林地	草地	绿化	农田		
2000	0.1285	9.82×10⁻⁴	0.0209	0.8497	0.0337	1.04×10⁻³	0.0062	0.1736	1229.28	263.66
2001	0.1310	9.34×10⁻⁴	0.0696	0.7985	0.0344	9.84×10⁻⁴	0.0206	0.1679	1257.91	281.55
2002	0.1466	3.75×10⁻⁴	0.1273	0.7257	0.0385	3.96×10⁻⁴	0.0377	0.1455	1391.06	308.88
2003	0.1639	2.79×10⁻⁵	0.1424	0.6937	0.0430	2.94×10⁻⁵	0.0422	0.1543	1613.33	386.46

续　表

年份	各类植被碳吸收的比重				吸收 1 吨碳需要的用地（hm²）				人为垂直碳输出（10⁴tC）	碳足迹（10⁴ hm²）
	林地	草地	绿化	农田	林地	草地	绿化	农田		
2004	0.1572	2.68×10^{-5}	0.1380	0.7047	0.0413	2.83×10^{-5}	0.0409	0.1419	1911.82	428.36
2005	0.1607	2.75×10^{-5}	0.1450	0.6943	0.0422	2.90×10^{-5}	0.0429	0.1455	2363.02	544.99
2006	0.1614	2.61×10^{-5}	0.1528	0.6858	0.0424	2.75×10^{-5}	0.0452	0.1451	2532.67	589.36
2007	0.1708	2.71×10^{-5}	0.1669	0.6623	0.0448	2.86×10^{-5}	0.0494	0.1535	2755.75	682.68
2008	0.1582	2.51×10^{-5}	0.1571	0.6846	0.0415	2.65×10^{-5}	0.0465	0.1424	2796.54	644.42
2009	0.1605	2.55×10^{-5}	0.1616	0.6779	0.0421	2.69×10^{-5}	0.0478	0.1443	3069.39	719.08

　　与人为活动的碳足迹相比,南京市生产性土地面积则要少得多,2000 年占总碳足迹的 15%左右,到 2009 年,生产性土地面积占碳足迹的比重还不足 6%。用南京市碳足迹总量减去生产性土地面积,可以得到人为活动的碳生态赤字,2009 年南京市碳赤字为 678 万 hm²,该面积 10 倍于南京市土地总面积（65.82 万 hm²）,这说明南京市面临着较大的碳排放压力,自身土地面积的碳吸收远远不足以补偿人为活动的碳排放。而且随着碳排放量的增加,碳足迹和碳生态赤字呈逐年增加趋势(图 5-21)。

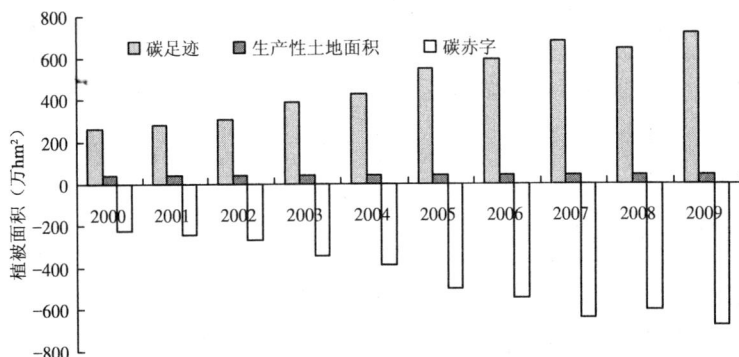

图 5-21　南京市历年人为活动的碳足迹与碳生态赤字

　　另外,计算结果发现,虽然南京市碳足迹和碳赤字不断扩大,但碳足迹产值却呈波动增长趋势增加。2000—2002 年间逐年增长,并于 2002 年达到波段高值(4.36 万元/hm²);之后 2003—2007 年处于相对低值,约 4 万元/hm² 左右;碳足迹产值于 2008—2009 年却大幅增长,达到 4.84 万元/hm²(图 5 - 22)。总体而言,南京市单位面积人为碳足迹所创造的产值处于增长状态,说明碳生产力不断提高。

　　与此同时,南京市碳足迹强度却呈下降趋势,从 2000 年的 0.25 hm²/万元下降到 0.21 hm²/万元(图 5 - 22),与碳足迹正好相反。这表明,吸纳单位 GDP 碳排放所需要的生产性土地面积有所减少,这也表明南京市节能减排有所成效,经济发展的环境影响逐渐降低。但尽管如此,南京市碳排放总量依然较大,由此造成较高的碳赤字的现状难以在短期内改观,南京市城市系统依然面临着较大的碳循环压力。

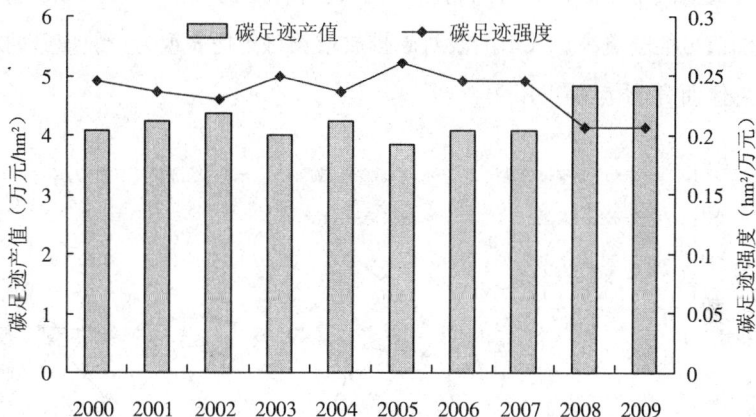

图 5 - 22　南京市历年碳足迹产值和碳足迹强度变化趋势

第五节　南京市城市系统碳循环的影响因素分析

　　为分析南京市城市系统碳循环的影响因素,这里采用 LMDI 因素分解分析方法和多元线性回归分析方法探讨了各因素对南京市碳排放变化的影响。

一、基于 LMDI 的碳排放变化的因素分解分析

　　结合 LMDI 因素分解分析方法(第四章第三节),将南京市碳排放变化的因素

分解为产业碳排放强度因素、产业结构效应、经济发展因素（其中各产业GDP采用2000年的可比价计算）和人口因素等，并对各种因素对逐年碳排放变化的贡献值和贡献率进行了计算、分析（表5-21）。需要说明的是，这里只是对南京市化石能源的碳排放进行分解，主要考虑到两个因素：（1）化石能源消费碳排放构成了南京市人为碳排放的主体（80%以上）；（2）其余碳排放项目不易与产业结构对应，无法进行产业碳排放强度因素的分解。因此仅考虑了化石能源的碳排放。

计算结果可见，南京市2000—2009年碳排放量大幅增加的主要正效应因素是经济发展因素和人口因素，其中经济发展因素即人均GDP对碳排放增长的拉动作用最大，除2003—2005年经济发展因素对碳排放总量的贡献值低于整体碳排放量的增加值之外，其余年份均高于碳排放的整体变化值（图5-23）。这说明，如果没有其他因素对碳排放的抑制作用，在经济发展的拉动下，南京市碳排放总量的增加值可能会更高。人口因素对碳排放增长每年均表现为正效应（即拉动作用），但总体而言，贡献值并不大。

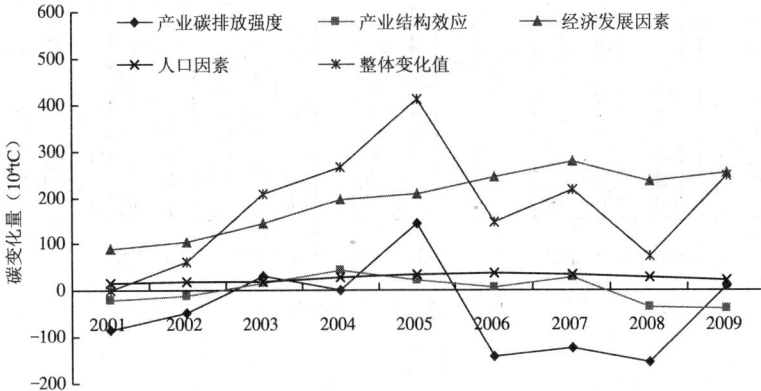

注：横轴2001年的数值代表2000—2001年的各因素贡献值，其他年份以此类推

图5-23 南京市历年碳排放变化的各因素贡献值

南京市碳排放增长的主要抑制因素是产业碳排放强度和产业结构效应因素。其中产业碳排放强度对碳排放增长的抑制效应最大，但从2000年以来，其抑制作用表现为波动变化特征。2005年以前，碳排放强度的抑制作用有所下降，甚至表现为对碳排放的贡献；2005年之后，碳排放强度的抑制作用明显增强。产业结构

表5-21　南京市碳排放总量变化的因素分解分析

年份	各因素贡献值（10⁴ tC）					各因素贡献率				
	产业碳排放强度因素 ΔC_{fi}	产业结构效应 ΔC_{si}	经济发展因素 ΔC_g	人口因素 ΔC_p	整体 ΔC	产业碳排放强度因素 D_f	产业结构效应 D_s	经济发展因素 D_g	人口因素 D_p	整体 D
2000—2001	−84.0893	−19.2878	90.1607	14.7112	1.4949	0.9186	0.9807	1.0953	1.0150	1.0015
2001—2002	−48.4841	−11.7697	104.1834	18.7625	62.6914	0.9537	0.9886	1.1072	1.0185	1.0632
2002—2003	31.9487	15.0845	143.3679	18.2137	208.3510	1.0280	1.0131	1.1321	1.0159	1.1976
2003—2004	1.0069	42.6717	194.5056	27.3718	265.4747	1.0007	1.0311	1.1501	1.0199	1.2102
2004—2005	145.0324	21.9408	208.7238	35.7016	411.2157	1.0877	1.0128	1.1286	1.0209	1.2691
2005—2006	−141.5548	7.4836	242.8742	38.2332	147.0312	0.9321	1.0037	1.1283	1.0192	1.0758
2006—2007	−124.1107	28.5130	277.3754	35.6125	217.3825	0.9450	1.0131	1.1348	1.0164	1.1042
2007—2008	−153.7064	−35.1472	236.0946	27.4892	74.7055	0.9364	0.9851	1.1061	1.0118	1.0324
2008—2009	9.3066	−37.3334	253.5738	21.1670	246.7090	1.0037	0.9852	1.1068	1.0085	1.1037
2000—2009	−346.6959	23.6227	1716.2427	241.8864	1635.0559	0.8132	1.0142	2.7828	1.1552	2.6513

因素对碳排放变化也主要表现为抑制作用,但在各年份有所波动。在 2003—2007 年间表现为正效应,而在其他年份则表现为抑制作用,尤其以 2008—2009 年的抑制作用最为明显。

总体而言,可以将南京市碳排放量变化的因素归结为拉动因素和抑制因素两种,前者主要是经济发展、人口因素和产业结构因素,后者是指产业碳排放强度。对 2000—2009 年南京市碳排放变化量的各因素贡献值进行汇总和排名发现:南京市 10 年来化石能源消费碳排放增加总量为 1635.06 万吨,其中各因素的贡献值排序为:经济发展因素(1716.24 万吨)>人口因素(241.89 万吨)>产业结构效应(23.62 万吨)>产业碳排放强度(-346.7 万吨)(表 5-21)。该结果表明,除产业碳排放强度外,其余因素均表现为拉动因素。

对于碳排放总量的年度变化率来说,经济发展因素对碳排放的变化率的贡献最大。以 2000—2009 年的总体变化幅度而言,南京市化石能源碳排放的整体变化率(D)为 2.63,其中,各因素的贡献率大小为:经济发展因素(2.78)>人口因素(1.16)>产业结构效应(1.01)>产业碳排放强度(0.81)(图 5-24)。由于 D 表现为各因素贡献率的乘积,因此各因素贡献率大于 1,表明对碳排放增长起拉动作用;贡献率小于 1,则为抑制因素。可以看出,经济发展因素对碳排放增长的拉动作用最强,其贡献率甚至大于碳排放的整体变化率。

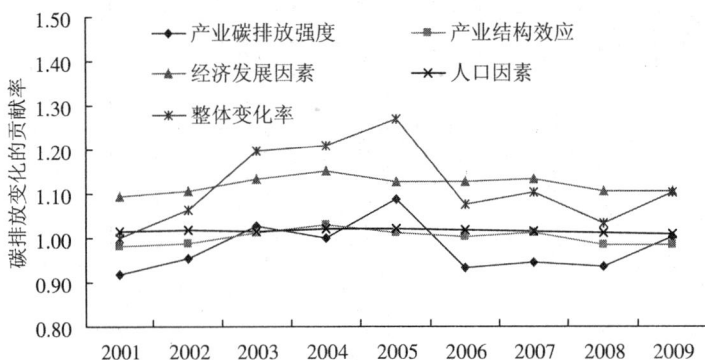

注:横轴 2001 年的数值代表 2000—2001 年的各因素贡献率,其他年份以此类推。

图 5-24 南京市历年碳排放变化的各因素贡献率

从以上分析,可以得出以下结论:总体上,南京市产业碳排放强度的下降是降低碳排放总量的主要抑制因素,因此,发展低碳经济应主要从降低行业碳排放强度入手。另外,从南京市各行业碳排放强度的变化来看,碳排放强度的下降主要归因于农业、工业和部分服务业碳排放强度的下降,而建筑业和交通运输业的碳排放强度甚至有一定程度的增长,并成为碳排放总量增长的贡献因素。因此,以后应进一步降低工业、建筑业和交通运输业的碳排放强度,以进一步加大对碳排放增长的抑制作用。

另外,从本质上来说,产业结构的调整也会带来碳减排效果,但南京市目前产业结构因素在总体上仍表现为拉动因素,这主要是由工业增加值占 GDP 的比重较高所造成的。如果能进一步优化产业结构,大力发展第三产业,降低第二产业的比重,则从长远来看,也会起到较好的碳减排效果,产业结构因素也可能会随之转变为重要的抑制因素。

二、南京市碳排放影响因素的回归分析

城市碳排放的影响因素较多。其中,化石能源消费是导致碳排放的最主要的直接原因,而化石能源消费是由人口增长、经济发展、工业生产和城市扩展等因素决定的。因此,要了解城市碳排放的影响因素和变化规律,应该从社会经济发展的角度入手,选取拉动能源消费增长的主要因素进行分析。本书选取南京市 GDP、人口和建成区面积作为影响南京市人为活动碳排放(因变量 Y)的主要因素,分别表示为 X_1、X_2 和 X_3 等三个自变量,并建立碳排放与这些自变量之间的线性回归模拟方程(计算结果见表 5-22)。公式如下:

$Y = -15506.7 - 0.143X_1 + 31.183X_2 - 1.02X_3$($R^2 = 0.9876$,通过 1% 的显著性检验)。

表 5-22　南京市碳排放影响因子数据表

年份	Y:人为碳排放(10^4 tC)	X_1:GDP(亿元)	X_2:人口(万人)	X_3:建成区面积(km^2)
2000	1229.28	1073.54	544.89	201
2001	1257.91	1192.70	553.04	212
2002	1391.06	1345.37	563.28	439
2003	1613.33	1547.17	572.23	447

年份	Y：人为碳排放（10^4 tC）	X_1：GDP（亿元）	X_2：人口（万人）	X_3：建成区面积（km^2）
2004	1911.82	1814.84	583.60	484
2005	2363.02	2088.88	595.80	512.6
2006	2532.67	2404.30	607.23	574.94
2007	2755.75	2781.77	617.17	577.44
2008	2796.54	3118.36	624.46	592.07
2009	3069.39	3476.98	629.77	607

注：南京市 2009 年建成区面积暂缺，因此根据 2007—2008 年数据推算。

结果表明，该方程较好地拟合了碳排放与影响因素之间的关系。影响碳排放的主要决定因素是经济规模的增加、人口增长和建设用地的扩展。从根本上来讲，经济增长主要带动了工业生产和化石能源消费，并成为碳排放增长的主要因素；人口增长促进了食物碳消费、家庭能源需求和个人交通工具的能耗需求；而建设用地的扩展则拉动了建筑业的能源需求和碳排放。这些因素成为南京市城市碳排放增长的主要驱动因素。另外，该方程也可用于对南京市碳排放总量的预测，以分析经济发展和城市扩展对碳排放的未来影响。

第六节　南京市碳排放与经济增长的脱钩分析

采用前文的脱钩分析方法，对南京市碳排放与经济增长的脱钩指数和碳排放量的 GDP 弹性两个指标进行测算，并对南京市历年的脱钩状态进行综合分析。结果发现，南京市逐年的脱钩状态差别很大。2005 年以前，由于碳排放的增长速度很快，接近甚至超过了 GDP 的增速，因此，脱钩状态大多表现为扩张性耦合或扩张性负脱钩；2005 年之后，主要表现为弱脱钩状态。这表明南京市节能减排效果 2005 年之后要明显好于 2005 年之前。从碳排放的角度而言，经济发展的环境影响程度有所减轻，这是一个较好的现象。

总体而言，2000—2009 年，南京市碳排放与 GDP 的脱钩指数为 0.77，而碳排放量的 GDP 弹性为 0.67,处于弱脱钩状态。这说明总体上南京市碳排放增速低于经济发展的速度(表 5-23,图 5-25)。当然,由于目前碳排放还是呈增长趋势,因此目前的脱钩只能称为"相对脱钩",即随着碳排放增速的放缓,单位 GDP 的碳排放强度会逐渐下降。只有当未来碳排放总量达到峰值并开始下降时,才会出现碳排放与经济发展的绝对脱钩或强脱钩,这是未来城市低碳经济发展的目标,也即实现由相对脱钩向绝对脱钩的转变。

表 5-23　南京市碳排放与经济增长的脱钩分析

年份	GDP 可比价 (亿元)	碳排放量 (10^4t)	EP_{t_i}/EP_{t_0}	DF_{t_i}/DF_{t_0}	DR_{t_0,t_i}	%ΔCO₂	%ΔGDP	碳排放的GDP弹性	脱钩状态
2000	1073.54	1229.28							
2001	1192.70	1257.91	1.02	1.11	0.92	0.02	0.11	0.21	弱脱钩
2002	1345.37	1391.06	1.11	1.13	0.98	0.11	0.13	0.83	扩张性耦合
2003	1547.17	1613.33	1.16	1.15	1.01	0.16	0.15	1.07	扩张性耦合
2004	1814.84	1911.82	1.19	1.17	1.01	0.19	0.17	1.07	扩张性耦合
2005	2088.88	2363.02	1.24	1.15	1.07	0.24	0.15	1.56	扩张性负脱钩
2006	2404.30	2532.67	1.07	1.15	0.93	0.07	0.15	0.48	弱脱钩
2007	2781.77	2755.75	1.09	1.16	0.94	0.09	0.16	0.56	弱脱钩
2008	3118.36	2796.54	1.01	1.12	0.91	0.01	0.12	0.12	弱脱钩
2009	3476.98	3069.39	1.10	1.12	0.98	0.10	0.12	0.85	扩张性耦合
2000—2009			2.50	3.24	0.77	1.50	2.24	0.67	弱脱钩

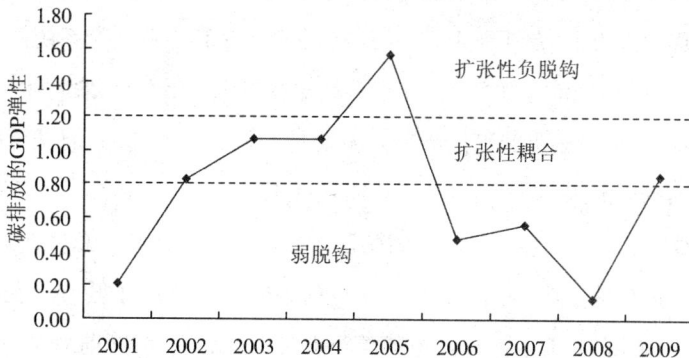

图 5-25　南京市历年碳排放的 GDP 弹性的变化特征

因此,对南京市而言,应该在保证经济发展和稳定增长的同时,尽可能通过低碳技术革新和能源结构调整,降低化石能源消耗量和单位 GDP 的碳排放强度,降低脱钩指数,并最终实现碳排放与经济增长的绝对脱钩。

第七节　本章小结

本章结合城市系统碳循环研究的理论框架和研究方法,对南京市城市系统的碳储量、碳通量进行了较为全面的核算,并重点对南京市城乡之间隐含碳流通过程、城市人为碳补偿效率、城市碳循环压力、城市碳足迹、城市碳排放的影响因素等进行了分析。主要结论如下:

(1) 南京市 2009 年碳储量为 6937 万吨,其中自然碳库占 88%,人为碳库仅占 12%。但人为碳库呈大幅增长趋势,从 1996 年的 4% 上涨到 2009 年的 12%,这主要归因于建筑木材和城市绿地等碳储量的大幅增加。2009 年南京市碳输入通量中,垂直碳输入为 412 万吨,水平碳输入为 3043 万吨,其中,化石能源输入占绝对比重,2009 年为 2944 万吨,占 97%。2009 年南京市碳输出通量中,垂直碳输出为 3295 万吨,其中化石能源碳排放占近 80%,水平碳输出为 363 万吨,且呈逐年下降趋势。

(2) 就南京市城市系统碳流通而言,工业加工系统、城市生活系统、农村生活系统和农业生产系统共同构成了城市内部碳流通的主体,其中工业加工系统以碳的内部输出为主,合计向其他系统的碳流通量为 499.11 万吨;城市生活系统以接受碳的内部输入为主,合计为 463.78 万吨,主要为来自工业生产系统的能源制成品的输入;化石能源和电力主要从工业系统输往城市生活系统、农村生活系统、农业生产系统;农村向城市的直接碳输入主要是木材和食物产品,而城市向农村的直接碳输出则以能源为主,而且前者要明显低于后者。

(3) 城市工业产品生产输往农村的隐含碳高达 121 万吨。总体而言,南京市城市向农村的碳输出明显大于农村向城市的碳输入。2009 年城市向农村的碳输出高达 191.06 万吨,而农村向城市的碳输入仅为 39.08 万吨,前后是后者的近 5 倍,由此带来的城市向农村的净碳输送为 152 万吨。另外,2009 年南京市单位

GDP 的人为碳输入和碳输出强度分别为 0.88 吨/万元和 0.99 吨/万元,且均呈下降趋势,这表明南京市能源利用效率在不断提高。

(4) 南京市碳汇总量从 1996 年的 200 万吨下降到 2009 年的 186 万吨,下降了 7%。以 2009 年为例,农田碳汇比重为 63%,林地和城市绿地的碳汇各占 15%,水域碳吸收占 7%。南京市人为碳排放量远远大于碳汇总量,碳补偿率从 2000 年的 15.34% 下降到 2009 年的 6.07%,这表明南京市自身生态系统碳吸收能力远远不足以补偿自身人为活动的碳排放需求,并且随着碳汇水平的进一步降低和碳排放的快速增长,碳循环压力也不断增加,2009 年碳循环压力指数达到 16.48,随着城市化的发展,今后这种趋势或将进一步加剧。

(5) 南京市人为活动碳足迹总量从 2000 年的 264 万 hm^2 增长到 2009 年的 719 万 hm^2。2009 年南京市的碳赤字为 678 万 hm^2,该面积 10 倍于南京市土地总面积,这表明南京市自身的生产性土地的碳吸收远远不足以补偿人为活动的碳排放,而且随着碳排放量的增加,碳足迹和碳赤字呈逐年增加趋势。

(6) 因素分解分析结果表明,经济发展因素对碳排放增长的贡献最大,以 2000—2009 年的总体变化幅度而言,各因素的贡献率大小为:经济发展因素 (2.78)＞人口因素(1.16)＞产业结构效应(1.01)＞产业碳排放强度(0.81)。可以看出,除产业碳排放强度外,其余各因素均表现为拉动因素,其中经济发展因素对碳排放增长的拉动作用最强,其贡献率甚至大于碳排放的整体变化率。脱钩分析结果表明:南京市碳排放与 GDP 的脱钩指数为 0.77,而碳排放量的 GDP 弹性为 0.67,这表明南京市碳排放与经济发展处于弱脱钩状态。

本章研究的不足之处:(1) 理论上来讲,南京市城市系统碳循环应该分三个层次展开——南京市与外部环境(包括国外)的碳循环、南京市内部子系统之间的碳循环以及子系统内部的碳流通,但由于缺乏产品出口及详细的物资流通数据,本章对南京市对外贸易中产生的碳转移和相应的隐含碳没有进行核算、分析;(2) 在南京市与外部环境的碳流通核算中,对详细能源类型及其去向未进行分析,另外碳流通模式只是基于地区生产和消费关系建立的,仅代表系统各部分之间的碳输入和输出量,而中间加工过程(如农副产品加工、林产品加工等)造成的碳损失和碳转移本书未予考虑。

第六章　土地利用变化对南京市城市系统碳循环的影响分析

结合第五章对南京市城市系统碳储量、碳通量和碳流通过程的分析,本章通过土地利用方式与碳循环的对应关系,对南京市不同土地利用方式的碳储量和碳通量进行测算、分析,并进一步分析不同土地利用方式的碳输入和输出强度、土地利用碳排放与碳足迹以及土地利用变化对南京市城市系统碳循环的影响。

第一节　南京市不同土地利用方式的碳储量和碳通量

根据土地利用和碳储量、碳通量以及能源消费项目的对应关系,可以将南京市碳收支核算项目进行对应、分解并落实到不同的地类上。需要说明的是,(1) 除未利用地之外,其他各地类都或多或少地受到人为碳过程的影响,因此,本书所指的土地利用碳通量不仅包括自然过程的碳通量,还包含了人类活动的碳输入和碳输出;(2) 由于土地只起到空间承载的作用,而不是碳排放的来源,因此这里的碳排放并不代表土地本身的排放,而是代表以土地为载体的人类活动的碳排放。

一、南京市土地利用变化分析

要了解并分析不同土地利用方式的碳储量和碳通量状况,并在此基础上探讨土地利用变化的碳排放效应及其对南京市城市系统碳循环的影响,首先需要了解南京市的土地利用及其变化情况。

对 1996—2009 年南京市土地利用变更调查数据进行分析,结果发现,南京市各地类中,居民点及工矿用地、交通用地、水域、林地等面积在 1996—2009 年间呈增长趋势,其中涨幅最大的为交通用地,面积增加了约 60%;其次为居民点及工矿用地,增幅为 47%;林地面积也有较大的增加,增幅为 20%。这一方面表明南京市城市扩展带来了建设用地的增加,另一方面也说明南京市的生态保护取得了积极成效。另外,水域面积也有少量的增加,但变化不大。其他地类的面积均呈下降趋势,其中牧草地降幅最大(这可能与统计口径的变化有关);其次是耕地,下降了 22%;再次为园地,下降了近 10%。这表明 10 几年来南京市城市扩展占用了一定数量的耕地,同时,随着土地开发,未利用地也出现了一定程度的下降,降幅为 7.38%,未利用地作为后备土地资源,有一定程度的开发也在情理之中(表 6-1)。

总体而言,南京市土地利用变化的主要趋势表现为建设用地的增加、耕地的减少和林地的增加,土地利用变化会影响城市系统的运行状态和效率,并进一步影响城市系统碳循环和碳流通的强度、效率、格局。

二、南京市不同土地利用方式的碳储量

2009 年南京市八大类用地中,居民点及工矿用地的碳储量所占比重最大,且升幅最大。居民点及工矿用地的碳储量从 1996 年的 1490 万吨增长到 2009 年的 2631 万吨,占总碳储量的比重也从 24% 增长到 38%(表 6-2)。其他各类用地的碳储量增减不一,耕地、园地、牧草地和未利用地的碳储量有所下降,林地、交通用地和水域等的碳储量则有所增长,这主要跟 1996 年以来这些地类的面积增减密切相关。因为除居民点用及工矿用地之外,其他地类的碳储量以土壤和植被为主,而自然过程的碳储量相对稳定(表 6-3),主要取决于土地面积的变化。

表 6-2　南京市历年不同土地利用方式的碳储量(单位:10^4 tC)

年份	耕地	园地	林地	牧草地	居民点及工矿用地	交通用地	水域	未利用地	合计
1996	3118.29	97.27	869.61	14.58	1490.07	138.53	326.48	186.60	6241.42
1997	3065.85	102.00	868.73	16.31	1524.75	149.68	328.49	189.11	6244.92
1998	3059.12	102.34	864.68	16.25	1544.86	152.71	328.83	188.95	6257.74

表 6-1 南京市 1996—2009 年的土地利用结构变化表

年份	耕地	园地	林地	牧草地	居民点及工矿用地	交通用地	水域	未利用地	土地总面积
1996(hm²)	309366.74	10825.75	60934.35	1670.09	97206.73	12596.47	144758.23	20872.96	658231.33
1996(%)	47.00%	1.64%	9.26%	0.25%	14.77%	1.91%	21.99%	3.17%	100%
2009(hm²)	241225.52	9793.35	73312.21	46.73	143010.54	20144.73	151366.02	19332.24	658231.33
2009(%)	36.65%	1.49%	11.14%	0.01%	21.73%	3.06%	23.00%	2.94%	100%
1996~2009 年变化率(%)	−22.03%	−9.54%	20.31%	−97.20%	47.12%	59.92%	4.56%	−7.38%	

续　表

年份	耕地	园地	林地	牧草地	居民点及工矿用地	交通用地	水域	未利用地	合计
1999	3045.91	101.09	862.82	16.13	1575.48	156.26	327.03	189.60	6274.32
2000	3034.16	101.15	865.85	16.26	1594.26	159.15	321.66	189.93	6282.43
2001	2972.11	92.99	892.26	15.62	1853.65	164.20	328.61	192.81	6512.25
2002	2636.91	90.46	1025.28	6.45	2156.03	163.51	323.54	248.20	6650.39
2003	2525.05	85.91	1034.33	0.43	2231.86	184.10	359.39	257.90	6678.96
2004	2475.29	85.25	1058.44	0.44	2315.54	185.94	352.00	253.98	6726.88
2005	2475.48	84.49	1055.04	0.44	2398.35	190.18	350.89	242.14	6797.02
2006	2456.26	85.33	1055.40	0.42	2465.03	196.67	348.14	238.69	6845.94
2007	2447.42	87.83	1052.81	0.41	2539.51	204.96	346.14	215.36	6894.43
2008	2440.22	87.44	1049.45	0.41	2559.06	213.25	343.49	194.39	6887.71
2009	2431.46	87.99	1047.75	0.41	2631.44	221.53	343.38	172.83	6936.79

表 6-3　南京市 2009 年各种土地利用方式的碳储量构成(单位:10^4 tC)

土地利用类型	土壤	植被或水体碳储存	人为碳库	合计
耕地	2431.46			2431.46
园地	87.99			87.99
林地	729.62	318.13		1047.75
牧草地	0.39	0.02		0.41
居民点及工矿用地	1784.20	267.07	580.17	2631.44
交通用地	221.53			221.53
水域	337.18	6.20		343.38
未利用地	172.83			172.83
总计	5765.20	591.42	580.17	6936.79

就各地类的总碳储量而言,以 2009 年为例,其大小顺序为:居民点及工矿用地＞耕地＞林地＞水域＞交通用地＞未利用地＞园地＞牧草地。各地类碳储量的构成中,居民点及工矿用地同时包括了自然碳库和人为碳库两部分,其中土壤

碳库为 1784 万吨,城市绿化碳库为 267 万吨,其他人为碳库(建筑木材、图书、家具、人体等)总量为 580 万吨。这表明,随着城市的扩展,建筑木材、家具等大量输入城市,使城市建设区的碳储存总量也呈明显增长趋势。早在 1996 年,由于居民点及工矿用地面积有限,其碳储存总量还远远低于耕地的碳储量,但随着耕地的减少和建设用地的扩展,南京市居民点及工矿用地的碳储存总量于 2006 年超过耕地成为碳储量最大的土地利用方式。

就各地类的单位面积碳储量来说,2009 年居民点及工矿用地最大,为 184 t/hm²,其次为林地(142.71 t/hm²),再次为交通用地(109.97 t/hm²)和耕地(100.80 t/hm²),其余地类相对较低,均在 100 t/hm² 以下(图 6-1)。各地类的单位面积碳储量中,除居民点及工矿用地和水域之外,其余各地类的碳储量主要是根据土壤及植被的单位面积碳密度进行测算的,因此就不存在年际的变化。居民点及工矿用地单位碳储量有较大的变化,从 1996 年的 153 t/hm² 增长到 2009 年的 184 t/hm²,增长了 20%。这主要归因于城市住宅建筑木材碳储量和城市绿化碳储量的大幅增加,以及建筑容积率提高带来的单位城市建设面积上碳蓄积量的增加。水域的单位面积碳储存也有少量增加,但变化不大。

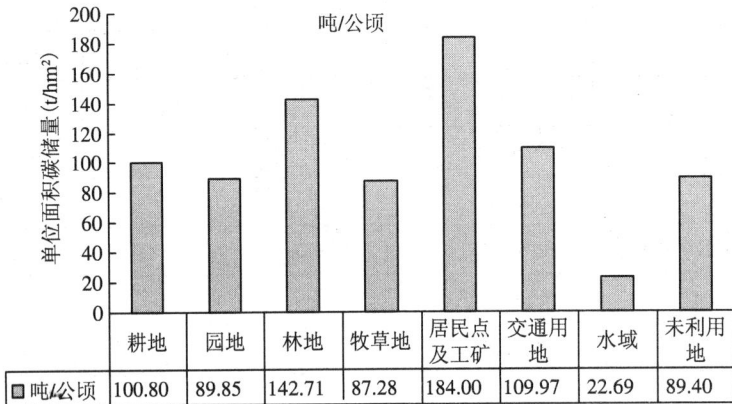

	耕地	园地	林地	牧草地	居民点及工矿	交通用地	水域	未利用地
吨/公顷	100.80	89.85	142.71	87.28	184.00	109.97	22.69	89.40

图 6-1 南京市 2009 年各地类单位面积碳储量

南京市历年土地单位面积碳储量呈增长趋势,从 1996 年的 95 t/hm² 增长到 2009 年的 105 t/hm²,增长了 11%(图 6-2)。这主要有两个原因:一是居民点及工矿用地的人为碳储量的大幅增加,二是林地、城市绿地等的面积扩大带来的植

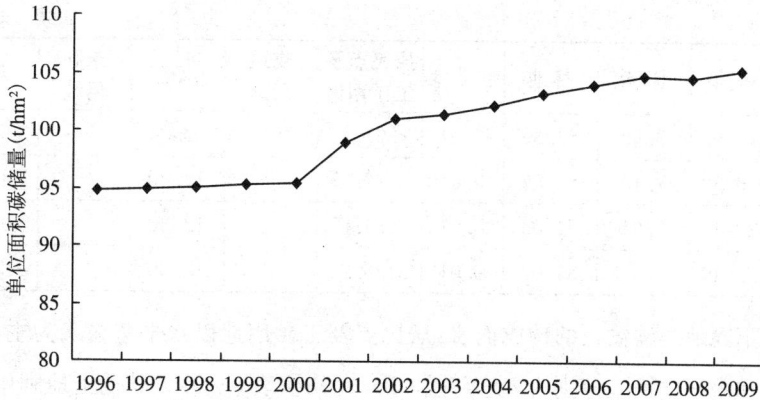

图 6-2　南京市单位土地面积碳储量变化趋势

被碳蓄积的增加。总体而言,南京市单位面积碳储量在 1996—2000 年间变动不大,之后迅速增长,到 2006 年之后又呈缓慢增长趋势。

三、南京市不同土地利用方式的碳通量

1. 南京市不同土地利用方式的碳输入

将南京市历年各项碳输入通量分解到各地类(本书暂时忽略交通用地和未利用地的外界碳输入),可以发现,年度碳输入总量最大的是居民点及工矿用地,其碳输入总量从 2000 年的 1622 万吨增长到 2009 年的 3127 万吨(表 6-4),这主要是由于化石能源、木材、食物、混合饲料等的大量输入所致。其他各地类的碳输入主要是自然植被的光合作用和水域固碳,因此总体变动不大,少量的变动主要取决于地类面积的增减。

表 6-4　南京市历年不同土地利用方式的碳输入(单位:10^4 tC)

年份	耕地	园地	林地	牧草地	居民点及工矿用地	交通用地	水域	未利用地	合计
2000	289.47	9.98	69.24	0.29	1622.25		11.11		2002.33
2001	275.25	9.49	71.35	0.28	1583.72		11.34		1951.44
2002	256.74	8.85	81.99	0.12	1878.65		12.39		2238.74
2003	221.59	7.64	82.71	0.01	2108.02		12.34		2432.31
2004	240.36	8.29	84.64	0.01	2342.38		12.30		2687.98
2005	231.17	7.97	84.37	0.01	2837.05		12.25		3172.82

续　表

年份	耕地	园地	林地	牧草地	居民点及工矿用地	交通用地	水域	未利用地	合计
2006	227.10	7.83	84.39	0.01	2961.41		12.24		3292.98
2007	206.52	7.12	84.19	0.01	3097.75		12.30		3407.89
2008	229.47	7.91	84.06	0.01	2934.57		12.30		3268.32
2009	223.49	7.71	84.06	0.01	3126.95		12.30		3454.52

就不同地类碳输入的构成而言,居民点及工矿用地以水平碳输入为主,垂直碳输入和水平碳输入分别为 84 万吨和 3043 万吨(表 6-5)。其他土地利用方式的碳输入均为垂直碳输入。各类用地碳输入强度具有较大的差异(图 6-3),以 2009 年为例,居民点及工矿用地的碳输入强度最高,且增幅最大,从 2000 年的 159 t/hm² 增长到 2009 年的 218.65 t/hm²;其次为林地(11.47 t/hm²),再次为耕地(9.26 t/hm²),然后是园地(7.87 t/hm²),牧草地和水域的碳输入强度较低,分别为 1.58 t/hm² 和 0.81 t/hm²。除居民点用地外,其他用地的碳输入强度基本上保持不变或略有下降。这表明,作为人类经济活动和能源消费强烈集中的地类,居民点与工矿用地接受的外界碳输入远远高于其他用地方式。

表 6-5　南京市 2009 年各种土地利用方式的碳输入构成(单位:10⁴ tC)

土地利用类型	垂直碳输入	水平碳输入	合　计
耕地	223.49		223.49
园地	7.71		7.71
林地	84.06		84.06
牧草地	0.01		0.01
居民点及工矿用地	84.20	3042.75	3126.95
交通用地			
水域	12.30		12.30
未利用地			
总计	411.77	3042.75	3454.52

2. 南京市不同土地利用方式的碳输出

就南京市不同土地利用方式的碳输出(其中,未利用地的碳输出忽略不计)而言,居民点及工矿用地依然是碳输出总量最高的区域,从 2000 年的 1720 万吨增

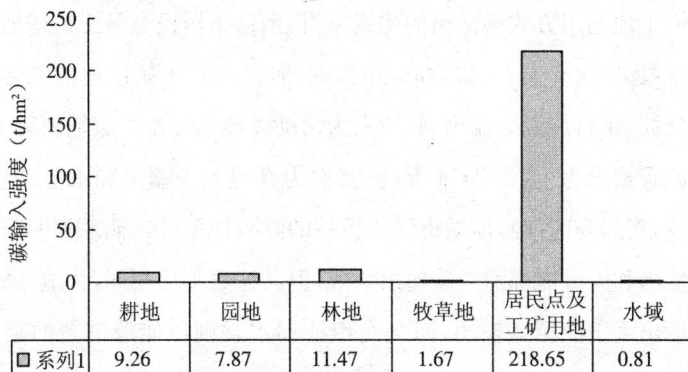

	耕地	园地	林地	牧草地	居民点及工矿用地	水域
系列1	9.26	7.87	11.47	1.67	218.65	0.81

注:交通用地和水域不存在外界碳输入,因此本图中只列出了其他六类用地。

图 6-3　南京市 2009 年各种土地利用方式的碳输入强度

长到 2009 年的 3283 万吨(表 6-6),增长了近一倍。这主要与工业能源消耗和人类生活碳排放的大幅增长有关。相对而言,其他地类的碳输出总量要少得多,耕地碳输出为 162 万吨,以植被自身呼吸作用的碳释放为主,同时也有农业能源使用、秸秆焚烧等的碳释放;交通用地碳输出为 139 万吨,以交通能源消耗为主。其他地类如林地、园地、牧草地和水域等由于面积较少,而且以自然过程的碳释放为主,因此碳输出总量不大,最少的为牧草地,仅为 0.01 万吨。

表 6-6　南京市历年不同土地利用方式的碳输出(单位:10^4 tC)

年份	耕地	园地	林地	牧草地	居民点及工矿用地	交通用地	水域	未利用地	合计
2000	208.47	5.77	47.16	0.29	1720.35	41.22	13.25		2036.52
2001	199.01	5.52	48.41	0.28	1693.29	41.95	14.3		2002.77
2002	188.5	5.26	55.44	0.12	2033.91	45.31	14.42		2342.95
2003	161.55	4.5	55.72	0.01	2249.94	82.14	11.56		2565.41
2004	174.21	4.84	56.96	0.01	2501.30	98.37	11.76		2847.45
2005	166.53	4.6	56.68	0.01	3027.12	101.61	10.74		3367.28
2006	163.14	4.53	56.69	0.01	3176.69	106.53	11.38		3518.98
2007	149.34	4.16	56.57	0.01	3305.00	116.43	11.1		3642.61
2008	162.94	4.54	56.46	0.01	3098.72	128.56	11.31		3462.54
2009	162.08	4.55	56.57	0.01	3283.20	138.86	12.47		3657.74

就不同土地利用方式碳输出的构成来讲,南京市居民点及工矿用地的碳输出包括的项目最多(表6-7)。以2009年为例,居民点及工矿用地的碳输出包括自然过程碳释放、化石能源碳输出、其他人为活动碳输出和水平碳输出等方式,其中以化石能源碳输出为主,为2454万吨;其次为其他人为输出和水平碳输出;自然碳输出最少,仅为56万吨,即城市绿化植被的呼吸作用。其他地类的碳输出主要由自然碳输出和少量能源消费碳输出构成,但其比重不尽相同,耕地、园地和林地的自然碳输出大于能源碳输出,而交通用地和水域则以能源消费的碳输出为主(表6-7)。

表6-7 南京市2009年各地类的碳输出构成(单位:10^4tC)

土地利用类型	自然垂直碳输出	化石能源碳输出	其他人为碳输出	水平碳输出	合计
耕地	109.49	22.35	30.23		162.08
园地	3.78	0.77			4.55
林地	56.00	0.57			56.57
牧草地	0.01				0.01
居民点工矿用地	56.09	2453.67	413.95	359.49	3283.20
交通用地		138.86			138.86
水域	0.02	8.98		3.47	12.47
未利用地					
合计	225.38	2625.21	444.18	362.96	3657.74

在各地类的碳输出强度中,最大的为居民点及工矿用地,为230 t/hm²,且从2000年以来呈不断增长趋势,碳输出强度从169 t/hm²增长到约230 t/hm²;交通用地的碳输出强度从28 t/hm²增长到69 t/hm²,增长了近两倍。其他各地类的碳输出强度较低,而且基本上维持在一定水平,大都在10 t/hm²以下,最低的为水域,仅有0.82 t/hm²(表6-8)。

尽管大部分地类的碳输入和输出强度历年变化不大,但受居民点及工矿用地单位面积碳输入和碳输出强度大幅增长的影响,南京市历年单位土地面积的碳输入和输出强度仍然呈明显的增长态势。结果发现,2000年南京市单位土地面积的碳输入和碳输出强度大约为 30 t/hm²,到 2009 年,两者分别达到了 52.5 t/hm² 和 55.6 t/hm²(图 6-4)。这说明,随着城市化的发展,南京市城市碳代谢强度明显提高,而且这一趋势还将进一步加剧,南京市依然面临着较大的碳循环压力。

表 6-8 南京市不同土地利用方式的碳输出强度(单位:t/hm²)

年份	耕地	园地	林地	牧草地	居民点及工矿用地	交通用地	水域	合计
2000	6.93	5.13	7.77	1.58	168.76	28.48	0.91	30.94
2001	6.75	5.33	7.74	1.58	161.59	28.09	0.97	30.43
2002	7.21	5.22	7.72	1.58	168.51	30.47	0.96	35.59
2003	6.45	4.71	7.69	1.58	179.45	49.06	0.75	38.97
2004	7.09	5.10	7.68	1.58	193.04	58.18	0.76	43.26
2005	6.78	4.89	7.67	1.58	230.35	58.76	0.70	51.16
2006	6.69	4.77	7.67	1.58	238.05	59.57	0.74	53.46
2007	6.15	4.26	7.67	1.58	241.88	62.47	0.73	55.34
2008	6.73	4.66	7.68	1.58	221.62	66.30	0.74	52.60
2009	6.72	4.64	7.72	1.58	229.58	68.93	0.82	55.57

注:未利用地忽略不计,所以未列出。

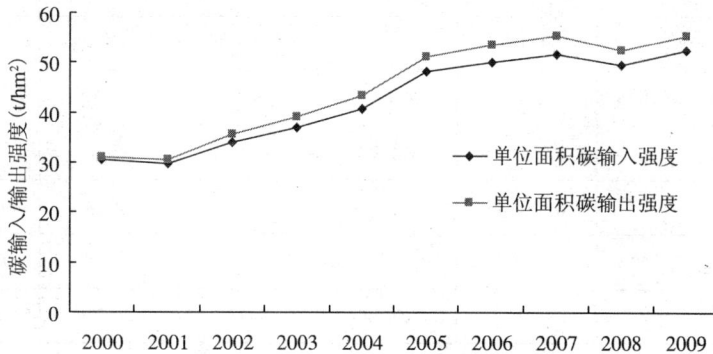

注:碳输入和碳输出强度是把所有自然与人为过程的碳过程全部计算在内。

图 6-4 南京市单位土地面积的碳输入/输出强度的变化趋势

第二节　南京市土地利用碳排放强度与碳足迹分析

前面主要对南京市不同土地利用方式的碳储量和碳通量进行了分析,而实质上,人为活动的环境影响集中体现为不同土地利用方式上人为活动碳排放及其强度的差异。因此,这里重点对南京市人为活动碳排放与土地利用之间的关系进行分析,探讨不同土地利用方式的人为碳排放强度、碳足迹效应。

一、南京市不同土地利用方式的碳排放强度

各地类碳输出强度的构成主要分为四部分:自然碳释放强度、化石能源碳排放强度、其他人为碳排放强度和水平碳输出强度(表6-9、图6-5)。

表6-9　南京市2009年各地类碳输出强度及其构成(单位:t/hm^2)

土地利用类型	自然碳排放强度	化石能源碳排放强度	其他人为碳排放强度	水平碳输出强度	合计
耕地	4.54	0.93	1.25		6.72
园地	3.86	0.79			4.64
林地	7.64	0.08			7.72
牧草地	1.67				1.67
居民点及工矿用地	3.92	171.57	28.95	25.14	229.58
交通用地		68.93			68.93
水域	0.00138	0.59		0.23	0.82410
未利用地					0.00
合计	3.42	39.88	6.75	5.51	55.57

在各地类碳输出强度的构成中,自然过程的碳释放(包括植被呼吸和土壤分解等)也是较为重要的一部分,但总体而言,除城市绿化用地的单位面积自然碳释放明显增加外,其余基本变动不大;水平碳输出实质上不能算作区域碳释放的一部分。因此这里重点把人为活动的碳排放(即人为垂直碳输出通量)剥离出来进

行单独分析,这构成了不同土地利用方式碳过程的主体,其碳排放强度合计为
46.6 t/hm²,占总碳输出强度的84%。

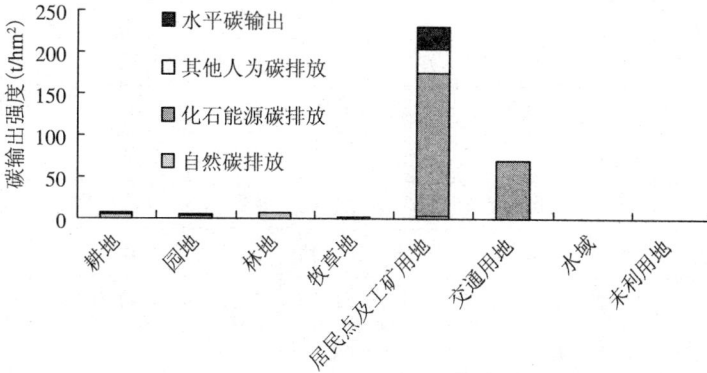

图6-5　南京市2009年各地类碳输出强度及其构成

　　计算结果发现,就不同地类碳排放强度的差异来看,南京市居民点及工矿用
地的碳排放强度遥遥领先,其次为交通用地。南京市各地类人为碳排放强度的排
序为:居民点及工矿用地(200.52 t/hm²)>交通用地(68.93 t/hm²)>耕地(2.18
t/hm²)>园地(0.79 t/hm²)>水域(0.59 t/hm²)>林地(0.08 t/hm²)。牧草地和
未利用地的人为碳排放忽略不计。总体而言,南京市单位土地面积的人为碳排放
强度为46.63 t/hm²(表6-10)。

　　就不同地类碳排放强度的时间变化特征来看,增幅最大的为交通用地,
2000—2009年碳排放强度增长了142%;其次为居民点及工矿用地,增幅为84%;
再次为水域,增幅为17.8%(图6-6)。这说明南京市社会生产、生活和交通等领
域的能源消费强度不断增加,同时用于水产养殖的能源消耗量也呈增加趋势。相
对而言,耕地、园地和林地的碳排放强度则呈下降趋势,这一方面归因于农、林等用地
面积减少导致的总的生产活动的减少,同时也和农业生产中能源使用效率提高有关。
其中林地的人为碳排放强度的降幅最大(54%),从0.17 t/hm²下降到0.08 t/hm²。
总体而言,南京市单位面积的碳排放强度从18.68 t/hm²增长到46.63 t/hm²,增
长了约1.5倍。

表 6-10   南京市各种土地利用方式的人为碳排放强度(单位:t/hm²)

年份	耕地	园地	林地	牧草地	居民点及工矿用地	交通用地	水域	未利用地	合计
2000	2.22	0.79	0.17		109.08	28.48	0.50		18.68
2001	2.17	0.84	0.14		108.94	28.09	0.58		19.11
2002	2.40	0.91	0.11		105.34	30.47	0.65		21.13
2003	2.11	0.79	0.09		117.14	49.06	0.53		24.51
2004	2.29	0.82	0.08		134.90	58.18	0.51		29.04
2005	2.16	0.73	0.06		167.43	58.76	0.46		35.90
2006	2.12	0.72	0.06		177.25	59.57	0.51		38.48
2007	1.98	0.69	0.07		188.97	62.47	0.53		41.87
2008	2.09	0.68	0.06		186.57	66.30	0.50		42.49
2009	2.18	0.79	0.08		200.52	68.93	0.59		46.63

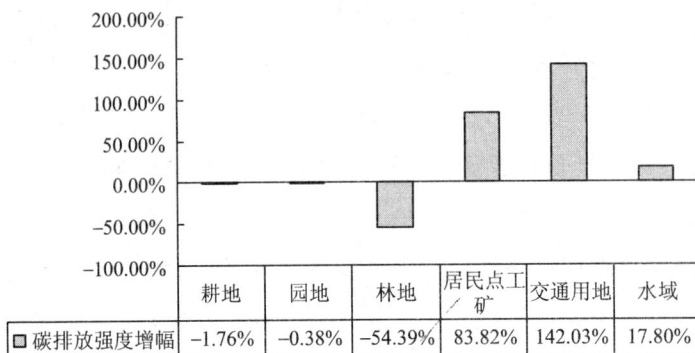

	耕地	园地	林地	居民点工/矿	交通用地	水域
碳排放强度增幅	−1.76%	−0.38%	−54.39%	83.82%	142.03%	17.80%

图 6-6   2000—2009 年南京市各地类人为碳排放强度的增幅

二、南京市不同土地利用方式的碳足迹分析

按照第四章中碳足迹的测算方法,对各种地类的人为活动的碳足迹进行测算。结果发现,居民点及工矿用地的碳足迹总量最大。以 2009 年为例,居民点及工矿用地的碳足迹为 672 万 hm²,占总碳足迹总量的 93%;其次为交通用地的碳足迹,为 32.53 万 hm²;其余地类的碳足迹相对不大。就碳足迹的变化特征来看,与碳排放强度的变化相似,交通用地和居民点用地的涨幅最大,其中交通用地的碳足迹总量从 2000 年的 8.84 万 hm² 增长到 2009 年的 32.53 万 hm²(表 6-11)。

表 6-11　南京市不同土地利用方式的碳足迹总量(单位:$10^4 hm^2$)

年份	耕地	园地	林地	牧草地	居民点及工矿用地	交通用地	水域	未利用地	合计
2000	14.33	0.19	0.22		238.50	8.84	1.58		263.66
2001	14.35	0.19	0.20		255.52	9.39	1.90		281.55
2002	13.94	0.20	0.18		282.33	10.06	2.17		308.88
2003	12.68	0.18	0.15		351.81	19.67	1.96		386.46
2004	12.61	0.17	0.13		391.65	22.04	1.75		428.36
2005	12.22	0.16	0.11		507.44	23.43	1.63		544.99
2006	12.04	0.16	0.11		550.44	24.79	1.82		589.36
2007	11.94	0.17	0.12		639.63	28.84	1.98		682.68
2008	11.65	0.15	0.11		601.15	29.63	1.74		644.42
2009	12.32	0.18	0.13		671.81	32.53	2.10		719.08

　　不同地类的单位面积碳足迹也具有较大差别。居民点及工矿用地和交通用地具有较高的单位面积碳足迹。居民点用地单位面积碳足迹高达 47 hm^2/hm^2(表 6-12),而且 2000 年以来呈明显的增长态势,这表明虽然建设用地面积在不断增长,但碳排放的增速还是远远超过了居民点及工矿用地的扩展速度,造成居民点用地的人类活动碳密度在不断提升。其余地类的单位面积碳足迹都在 1 hm^2/hm^2 以下,而且历年变化幅度不大(表 6-12)。相对来说,农业耕作活动带来了一些额外的碳排放,使耕地的单位面积碳足迹明显高于林地和水域用地。

　　另外,可以看出,耕地、园地、林地的碳足迹总量均呈下降趋势,而且林地的单位面积碳足迹也出现了下降,这主要与这几种地类单位面积上人为能源活动碳排放强度减少有关,主要原因是农业活动的能源效率的提升,这是一个较好的现象。其中,林地的碳足迹降幅最大,从 2000 年的 0.22 万 hm^2 下降到 2009 年的 0.13 万 hm^2(表 6-11)。这表明了林地人类活动能源消费碳排放的减少。耕地和园地碳足迹总量减少而单位面积碳足迹则呈上升趋势,这说明尽管耕地面积在减少,而实质上单位面积能源投入在不断增加。

表 6-12　南京市不同土地利用方式单位面积碳足迹(单位:hm²/hm²)

年份	耕地	园地	林地	牧草地	居民点及工矿用地	交通用地	水域	未利用地	单位面积碳足迹
2000	0.48	0.17	0.04		23.40	6.11	0.11		4.01
2001	0.49	0.19	0.03		24.38	6.29	0.13		4.28
2002	0.53	0.20	0.03		23.39	6.77	0.14		4.69
2003	0.51	0.19	0.02		28.06	11.75	0.13		5.87
2004	0.51	0.18	0.02		30.23	13.04	0.11		6.51
2005	0.50	0.17	0.01		38.61	13.55	0.11		8.28
2006	0.49	0.17	0.01		41.25	13.86	0.12		8.95
2007	0.49	0.17	0.02		46.81	15.48	0.13		10.37
2008	0.48	0.16	0.01		42.99	15.28	0.11		9.79
2009	0.51	0.18	0.02		46.98	16.15	0.14		10.92

就南京市全市而言,单位土地面积碳足迹也呈增长趋势,2000年以来涨幅超过了150%,从4.01 hm²/hm²增长到10.92 hm²/hm²(图6-7)。这也说明人为碳排放强度在不断提升。实质上,年度各类土地面积的变化会改变单位面积碳足迹的强度,因此,对不同土地利用方式而言,单位面积碳足迹一方面取决于碳排放量的大小,同时也与该地类的面积有关。而对于南京市整体而言,由于土地面积总量是保持不变的,因此随着能源消耗强度的提升和碳排放量的增长,只要不出现碳排放总量的峰值,单位面积的碳足迹总是倾向于不断增加。

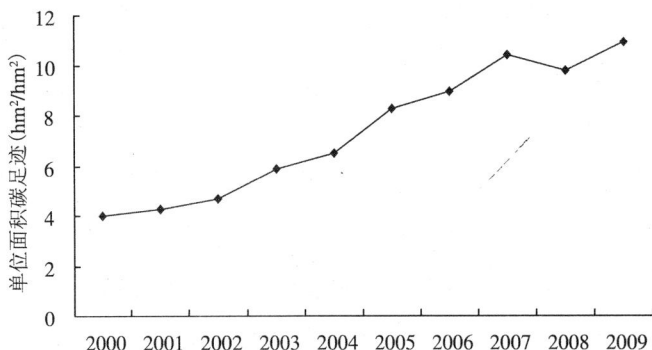

图 6-7　南京市历年单位面积碳足迹的变化特征

三、南京市土地利用碳源/汇特征分析

对南京市各种土地利用方式碳源和碳汇进行对比分析发现,不同土地利用方式的碳源和碳汇强度差异明显,而且自 2000 年以来的变化幅度也各不相同。总体而言,除居民点及工矿用地、林地和水域外,其余地类的单位面积碳汇强度均有小幅下降,造成南京市总的碳汇强度水平从 2.9 t/hm² 下降到 2.83 t/hm²;与之相反的是,南京市碳源强度却大幅增长,2009 年达到近 47 t/hm²,是碳汇强度的 16 倍(图 6-8)。

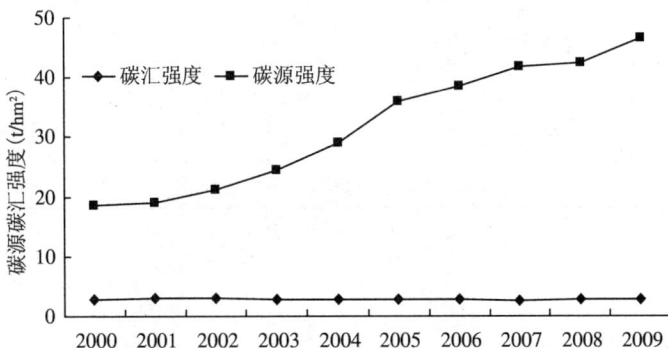

图 6-8　南京市单位面积碳源/汇强度的变化

就不同土地利用方式而言,碳汇强度最大的是耕地,为 4.73 t/hm⁰,其次为园地和林地,再次为居民点及工矿用地,牧草地和水域的碳汇强度极低。碳源强度最大的是居民点及工矿用地,高达 200 t/hm²;其次为交通用地,约为 69 t/hm²;其余地类的碳源强度较小。就各地类碳源和碳汇强度的变化来说,居民点及工矿用地的碳源和碳汇强度均呈大幅增长趋势,交通用地的碳源强度也不断增长,其余地类的碳源和碳汇强度基本保持不变(表 6-13)。

总体而言,除居民点及工矿用地和交通用地之外,其余地类的碳汇足以补偿自身的能源消耗的碳排放。这也说明,建设用地上人为活动的碳排放是造成南京市碳赤字不断扩大的主要原因,因此要降低城市碳排放强度和构建低碳城市发展策略,应着重控制建设用地的过快增长,降低建设用地的碳排放强度。

表 6-13　南京市不同土地利用方式的碳源/汇特征分析

土地利用类型	2000				2009			
	碳汇 (10^4 tC)	碳汇强度 (t/hm²)	碳源 (10^4 tC)	碳源强度 (t/hm²)	碳汇 (10^4 tC)	碳汇强度 (t/hm²)	碳源 (10^4 tC)	碳源强度 (t/hm²)
耕地	147.79	4.91	66.80	2.22	114.00	4.73	52.59	2.18
园地	5.10	4.53	0.89	0.79	3.93	4.01	0.77	0.79
林地	23.11	3.81	1.04	0.17	27.93	3.81	0.57	0.08
牧草地	0.18	0.95	0.00	0.00	0.001	0.95	0.00	0.00
居民点及工矿用地	3.76	0.37	1111.99	109.08	28.11	1.97	2867.62	200.52
交通用地	0.00	0.00	41.22	28.48	0.00	0.00	138.86	68.93
水域	11.11	0.76	7.34	0.50	12.30	0.81	8.98	0.59
未利用地	0.00	0.00	0.00	0.00	0.00	0.00	0.00	0.00
合计	191.04	2.90	1229.28	18.68	186.28	2.83	3069.39	46.63

第三节　南京市土地利用变化的碳排放效应分析

一、南京市土地利用的碳排放弹性及其变化分析

土地利用的碳排放弹性实质上表示土地利用面积每增加一个百分点时碳排放总量增加的幅度。这里对南京市各种土地利用方式变化的碳排放弹性进行测算分析发现,各地类的碳排放弹性呈波动变化趋势,其中波动幅度最大的为林地,2005 年碳排放弹性高达 54,而 2009 年又低至-104。另外,水域的碳排放弹性波动也较大。其余地类相对来说波动幅度并不大。耕地、园地、林地等地类的历年碳排放弹性中,不少年份小于零,其中个别年份是由这些地类的面积减少造成的,但总体来说,这几种地类碳排放总量的逐年下降是造成其具有较低弹性值的主要原因。相对来讲,居民点及工矿用地、交通用地等由于碳排放量的持续增长和土地面积的增加,各年份的碳排放弹性几乎都大于 0,大部分年份的弹性大于 1,甚至高达近 20(2004 年交通用地变化的碳排放弹性)(图 6-9)。

就 2000—2009 年整体变化特征来说,各地类的碳排放弹性也具有较大差异,

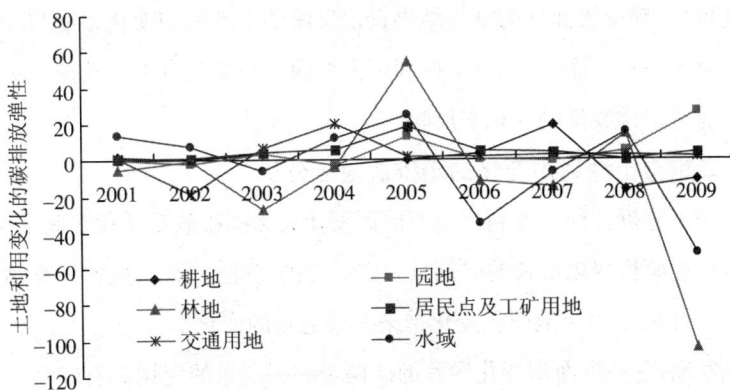

图 6 - 9　南京市土地利用变化的碳排放弹性分析

各地类碳排放弹性排序为:水域>交通用地>居民点及工矿用地>耕地>园地>林地(图 6 - 10)。其中,水域的碳排放弹性高达 5.39,这意味着 2000—2009 年 10 年间平均水域面积增加一个百分点,导致碳排放增加 5.39 个百分点,而且该数值远远大于居民点及工矿和交通用地的碳排放弹性。究其原因,一方面是因为 10 年来水域碳排放的增加(增长了 22%),另一方面是因为水域面积变化量很小,因此造成水域具有较高的碳排放弹性。林地是碳排放弹性最低的地类,为-3.01,这主要归因于林地面积的增加和人为活动碳排放总量的减少。耕地和园地的碳排放弹性略大于 1。实质上,耕地和园地的面积和碳排放总量均呈下降态势,因此该弹性值代表了面积下降带来的碳排放的降幅。居民点及工矿用地和交通用地是碳排放弹性较高的地类,主要与大量的人类能源消费有关。

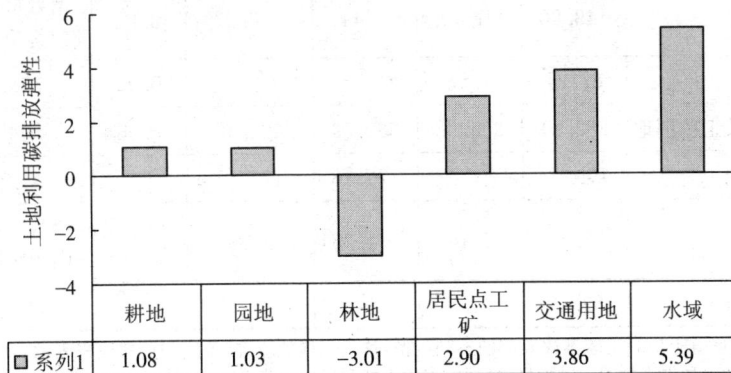

	耕地	园地	林地	居民点工矿	交通用地	水域
系列1	1.08	1.03	-3.01	2.90	3.86	5.39

图 6 - 10　南京市 2000—2009 年各地类变化的碳排放弹性

由此可见,碳排放弹性的分析结果仅仅反映了土地面积变化幅度与碳排放变化速率的对比关系。而实质上,土地利用类型的面积变化带来的碳排放效应的强度还需要通过碳排放量的变化来反映。

二、南京市土地利用变化的碳排放效应分析

为进一步分析各种土地利用类型的面积变化和碳排放量变化之间的关系,这里对单位土地面积变化带来的碳储量和碳通量的变化进行了分析,计算结果代表 2000—2009 年间平均土地面积变化带来的碳通量的变化率。

结果发现,各地类面积变化导致的碳储量和碳通量的变化具有较大差异。以 2000—2009 年碳储量的变化来说,居民点及工矿用地每增加 1 hm²,带来的碳储量增加为 252.54 吨,林地增加带来的碳储量增加量为 143.90 t/hm²,交通用地增加带来的碳储量的增加强度为 109.97 t/hm²,耕地和园地面积减少带来的碳储量的减少强度分别为 100.8 t/hm² 和 89.85 t/hm²(表 6-14)。总体来看,由于居民点及工矿用地具有较多的人为碳储量,因此其土地面积增加带来的碳储量的增加值还是较为可观的,而其他用地变化导致的碳储量的增减主要是土壤和植被碳储量的增减变化,因此要低于居民点及工矿用地的碳储量变化率。

表 6-14　2000—2009 年间南京市土地利用变化的碳排放效应分析(单位:t/hm²)

土地利用类型	碳储量变化强度	碳输入变化强度	碳输出变化强度	人为碳排放变化强度	碳汇变化强度	备注
耕地	100.80	11.03	7.76	2.38	5.65	减效应
园地	89.85	15.53	8.38	0.81	7.95	减效应
林地	143.90	11.72	7.44	(−0.37)	3.81	增效应(括号内为负效应)
牧草地	87.27	1.58	1.58		0.95	减效应
居民点及工矿用地	252.54	366.38	380.54	427.48	5.93	增效应
交通用地	109.97		172.13	172.13		增效应
水域	38.75	2.14	(−1.38)	2.93	2.14	增效应(括号内为负效应)
未利用地	89.40					减效应

注:为区分土地利用碳排放效应的不同类型,这里用增效应、减效应和负效应来表示。增效应表示土地面积增加带来的碳的增加量,减效应表示土地利用减少带来的碳的减少量,负效应为土地面积增加导致的碳的减少量。土地的增加或减少是根据研究期内的面积变化而言的。

就碳输入和碳输出的变化而言,居民点及工矿用地每增加 1 hm²,带来的碳输入和碳输出分别为 366 t/hm² 和 380 t/hm²。交通用地也具有较大的碳输出变化强度,2000 年以来,交通用地增加带来的碳输出增加量为 172 t/hm²。水域较为特殊,水域面积增加,碳输出量反而减少,其减少强度为 1.38 t/hm²。总体来说,建设用地面积的增加带来的碳输入和碳输出的增加要远远高于其他地类。因此,要严格控制建设用地面积,尽可能减少建设用地的增加导致的碳排放量的大幅上升。水域面积增加而碳输出减少主要与水产品的生产和本地的消费有关,由于水产品输出量的降低使水域碳输出量总量有所下降,而实质上,水域的人为碳排放总量在 2000—2009 年间依然呈增长态势。

将人为碳排放和自然过程的碳汇强度进行对比发现,耕地、园地、林地、牧草地和水域等用地面积变化导致的碳汇变化明显大于碳排放的变化强度。比如2000—2009 年,耕地每减少 1 hm²,碳汇减少 5.65 吨,同时碳排放减少 2.38 吨;园地每减少 1 hm²,碳汇减少近 8 吨,而碳排放仅减少 0.81 吨;林地增加 1 hm²,碳汇增加 3.81 吨,碳排放反而减少 0.37 吨;水域面积增加带来的碳排放增加(2.93 t/hm²)要略高于碳汇的增加强度(2.14 t/hm²)。居民点及工矿用地和交通用地增加带来的碳排放的增加强度要远远大于碳汇的增加强度,比如居民点及工矿用地的碳排放增加强度为 427 t/hm²,碳汇增加强度仅为 5.9 t/hm²。这说明,基于碳汇最大化和碳排放最小化的目标来说,耕地、园地、林地等的面积增加带来的碳汇效果要明显大于碳排放效果,而建设用地增加带来的碳排放效果则要远远大于碳汇效果,这充分表明:从土地利用的角度而言,发展碳汇应该主要增加耕地、园地、林地和牧草地等生产性土地的面积,减少建设用地对耕地和林地的占用;而控制碳排放应主要从控制建设用地的规模、建设用地的集约利用、提高建设用地的利用效率入手。

三、土地利用碳排放变化的因素分解

前面通过 LMDI 因素分解方法,对碳排放总量的变化进行了因素分解分析,从产业碳排放强度因素、产业结构效应、经济发展因素、人口因素等角度分析了各因素对碳排放变化的贡献值和贡献率。这里通过调整和增加影响因素,把土地因素也考虑在内,从单位土地碳排放强度、土地结构效应、单位 GDP 用地强

度、经济发展因素和人口因素等角度构建了土地利用碳排放变化的因素分解模型。

由计算结果发现,对于碳排放总量增长贡献最大的是经济发展因素,2000—2009年间,南京市碳排放总量增加了1840万吨,其中经济发展的因素拉动作用超过了2000万吨(表6-15),而且其对碳排放量增长的贡献值逐年提高。人口因素对碳排放总量变化也起拉动作用,但并不是主要因素。在与土地利用相关的几个因子中,土地结构效应对碳排放变化也起明显的贡献作用,这说明2000年以来,土地结构变化实质上导致了碳排放量的增长。从碳减排的角度来说,这些年来南京市土地利用结构变化起到了负面作用,这是值得关注的现象。

表6-15 南京市土地利用碳排放变化各因素贡献值(单位:10^4 tC)

年 份	单位土地碳排放强度	土地结构效应	单位GDP用地强度	经济发展因素	人口因素	整体
2000—2001	−2.43	31.05	−131.61	113.15	18.46	28.62
2001—2002	−29.73	162.88	−159.10	134.82	24.28	133.15
2002—2003	165.22	57.06	−209.70	186.06	23.64	222.27
2003—2004	245.87	52.62	−280.43	245.84	34.60	298.49
2004—2005	421.32	29.87	−301.63	257.57	44.06	451.20
2004—2006	131.49	38.16	−341.86	295.37	46.50	169.65
2006—2007	160.32	62.76	−377.11	334.20	42.91	223.08
2007—2008	−23.74	64.52	−312.58	279.98	32.60	40.78
2008—2009	206.30	66.56	−322.11	297.30	24.82	272.85
2000—2009	1198.98	641.13	−2356.73	2065.61	291.13	1840.11

单位土地碳排放强度因素对碳排放增长的贡献具有年际波动变化特征。总体上,除个别年份表现为负效应之外,大部分年份都表现为正效应,2005年对碳排放增长的拉动贡献为421万吨,甚至超过了经济发展因素对碳排放的拉动作用。相对而言,单位GDP用地强度因素对碳排放的变化呈抑制作用,且其抑制作用的贡献在逐年增强。就2000—2009年来讲,单位GDP用地强度因素对碳减排的贡献值达到2357万吨。

对碳排放增长的各因素贡献率的分析发现,2000—2009 年间,南京市经济发展因素的贡献率最大,各因素的贡献率的排序为:经济发展因素(2.79)>单位土地碳排放强度(1.82)>土地结构效应(1.38)>人口因素(1.16)>单位 GDP 用地强度(0.31)。可见,除单位 GDP 用地强度外,其余因素均表现为正效应,即碳排放增加的拉动因素(表 6-16,图 6-11)。

表 6-16 南京市土地利用碳排放变化各因素贡献率

年 份	单位土地碳排放强度	土地结构效应	单位 GDP 用地强度	经济发展因素	人口因素	整体
2000—2001	1.00	1.03	0.90	1.10	1.01	1.02
2001—2002	0.98	1.13	0.89	1.11	1.02	1.11
2002—2003	1.12	1.04	0.87	1.13	1.02	1.16
2003—2004	1.15	1.03	0.85	1.15	1.02	1.19
2004—2005	1.22	1.01	0.87	1.13	1.02	1.24
2004—2006	1.06	1.02	0.87	1.13	1.02	1.07
2006—2007	1.06	1.02	0.87	1.13	1.02	1.09
2007—2008	0.99	1.02	0.89	1.11	1.01	1.01
2008—2009	1.07	1.02	0.90	1.11	1.01	1.10
2000—2009	1.82	1.38	0.31	2.79	1.16	2.50

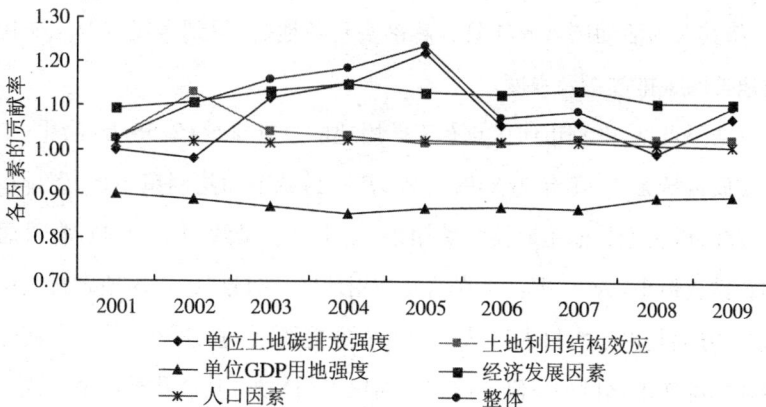

注:横轴 2001 年的数值代表 2000—2001 年的各因素贡献率,其他年份以此类推。

图 6-11 南京市土地利用碳排放变化的各因素贡献率

从以上分析,可得出以下结论:从土地调控的角度而言,为了有效抑制南京市碳排放量的快速增长,首先应该降低化石能源消费需求、调整产业结构、转变经济增长方式;其次是优化土地利用结构,即通过调整用地结构、布局,通过土地集约利用和发展碳汇等措施来降低土地利用的碳排放强度,并通过土地利用调控措施采用最优化的土地利用布局方式,实现碳减排潜力的最大化,努力使土地结构效应因素转变为碳排放增加的抑制因素;再次,通过采取节地、节材等措施,进一步降低单位 GDP 的用地消耗,降低单位经济产业的用地强度和碳排放强度。

第四节　城市扩展对南京市城市碳循环的影响

建设用地是人口和能源活动集中分布的地方,因此建设用地及其面积变化对城市碳排放具有至关重要的影响。这里重点对建设用地的碳排放强度进行分析,并探讨城市建成区扩展对城市系统碳循环的影响。

按土地利用分类体系,建设用地主要包括居民点及工矿用地、交通用地等,其中交通用地的碳排放量及其强度已在前面进行了较为深入的探讨,这里主要对居民点及工矿用地的碳排放进行分解,并测算各二级地类的碳排放强度。首先将居民点及工矿用地分为城市和建制镇、农村居民点、独立工矿、其他及特殊用地四种类型,并将其人为活动碳排放项目分解落实到各地类,得到居民点及工矿用地的各二级地类的碳排放量及强度。

计算结果可见,南京市居民点及工矿用地的总碳排放(2868 万吨)中,工矿用地的碳排放量最大,2009 年为 2499 万吨;其次为城市和建制镇用地,碳排放总量为 242 万吨;再次为其他用地及特殊用地,碳排放总量约为 70 万吨;农村居民点用地的碳排放最小,为 57 万吨。在这几类用地中,农村居民点用地碳排放呈下降趋势,这一方面是由于农村人口减少导致农业能源活动的减少,另一方面也因为农村生物能源使用比例的下降。除农村居民点用地外,其余几类用地方式的碳排放量均呈明显增长趋势,增幅均在一倍以上。

就碳排放强度而言,由于存在大量人类活动和能源消耗,居民点及工矿用地碳排放强度从 2000 年的 109 t/hm² 增长到 200 t/hm²。其中,独立工矿用地碳排放强度最高,2009 年高达 525 t/hm²;其余地类相对较低,城市和建制镇碳排放强度为 85 t/hm²,其他及特殊用地碳排放强度为 63 t/hm²,而农村居民点用地碳排放强度仅为 10 t/hm²(表 6-17)。就历年变化特征来看,除农村居民点用地的碳排放强度呈下降趋势外,其余均呈上升趋势,该特征与碳排放总量类似,其中升幅最大的为其他用地及特殊用地。

表 6-17　南京市居民点及工矿用地碳排放构成及强度分析

年份	碳排放总量(10⁴t)					碳排放强度(t/hm²)				
	总计	城市和建制镇	农村居民点	独立工矿	其他及特殊用地	总计	城市和建制镇	农村居民点	独立工矿	其他及特殊用地
2000	1111.99	104.49	77.41	906.03	24.07	109.08	49.94	15.50	414.22	26.15
2001	1141.61	110.38	73.75	932.98	24.50	108.94	52.07	14.37	411.19	25.55
2002	1271.46	120.87	76.30	1047.83	26.46	105.34	46.65	12.70	421.92	26.78
2003	1468.67	126.65	69.05	1245.83	27.15	117.14	48.68	11.62	398.97	31.24
2004	1747.99	133.40	64.22	1521.69	28.67	134.90	49.12	10.93	435.01	32.96
2005	2200.20	179.45	65.32	1913.27	42.16	167.43	66.11	11.27	511.34	47.44
2006	2365.44	186.65	58.49	2073.97	46.33	177.25	68.30	10.16	526.10	50.85
2007	2581.96	197.71	54.66	2277.19	52.41	188.97	71.21	9.59	540.22	53.76
2008	2608.74	217.77	55.74	2277.61	57.62	186.57	77.22	9.89	507.43	55.48
2009	2867.62	242.45	56.80	2498.82	69.56	200.52	84.66	10.19	524.78	63.10
2000— 2009	1755.63	137.96	−20.61	1592.79	45.49	427.48	178.85	−35.58	618.71	250.14

为进一步了解各类用地面积变化带来的碳排放效应,这里分析了 2000—2009 年间各地类面积变化对应的碳排放量的变化情况,并得出 10 年来土地利用变化带来的碳排放强度的变化情况。结果发现,总体而言,南京市居民点及工矿用地的碳排放增加强度为 427 t/hm²,这与前面的计算结果是一致的。其中,各二级地类面积变化带来的碳排放变化量具有显著差异。独立工矿每增加 1 hm²,碳排放增加值为 619 吨;其次为其他用地及特殊用地,碳排放增加强度为 250 t/hm²;再次

为城市与建制镇,为 179 t/hm²;农村居民点增加的碳排放增加强度为负值,为 —36 t/hm²。这表明,独立工矿用地成为拉动建设用地碳排放增长的最重要因素,也是最重要的碳排放集中地;城镇居民点也具有较高的碳排放强度;农村居民点面积增加反而引起碳排放量的下降,这是一个值得关注的现象。根据相关资料分析,其可能的原因一方面是南京市农村人口下降导致农村能源消耗总量的下降;另一方面,农村建设用地的无序扩张和空心村现象的出现,也使得居民点面积增加,而实质的人类活动反而减少,所以引起单位面积碳排放强度的降低,甚至在总量上出现农村居民点面积增加但碳排放减少的情况。要消除这些无效的碳排放,需要开展对空心村的整理,加强农村居民占用地的集约利用。

将居民点及工矿用地碳排放总量中的农村人口呼吸、生活消费和生物质能源等碳排放剥离出去,可以得到城镇碳排放状况。为进一步分析城镇建设用地对碳排放变化的影响,本书选取南京市建设用地为自变量(x),分别选取城镇碳排放总量和城市水平碳输入总量作为因变量,记为 Y_{CE} 和 Y_{CI},分别建立两个因变量和建设用地面积的回归方程。

$$Y_{CE} = 579.13e^{0.0024x} (R^2 = 0.8461)$$

$$Y_{CI} = 1057.1e^{0.0017x} (R^2 = 0.8777)$$

从拟合分析结果可见,城市碳输入和碳输出与建设用地面积的指数方程取得了较好的拟合效果,两个方程的相关系数 R^2 分别达到了 0.8461 和 0.8777(图 6 - 12)。

根据历年的南京市建成区面积(2001 和 2002 年之间建成区面积增长过大,可能与统计口径有关,因此在预测中未考虑 2000 和 2001 年的数据)进行预测发现,按照目前的增长速度,2020 年南京市建成区面积将达到 1017 km²,这与南京市城市总体规划的控制指标[1]大致相当(2020 年全市新市镇以上城镇建设用地规模控制在 1050 km² 左右)。按照建成区的预测值,运用以上拟合方程计算发现,按照目前建成区的扩展速度,2020 年城市水平碳输入和城镇建设用地的人为碳输出将分别达到 5962 万吨和 6659 万吨,与 2009 年值相比,增幅均超过一倍以

---

〔1〕 南京市城市总体规划(2007—2030)。

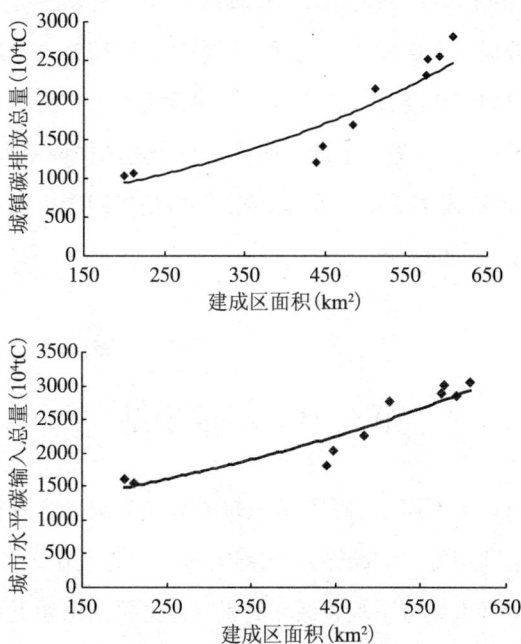

图 6 - 12 南京市城市碳输入/输出与建成区面积的回归分析

上;同时,2020 年城市水平碳输入强度和城镇建设用地人为碳输出强度分别达到
5.86 万吨/km² 和 6.54 万吨/km²。城市水平碳输入强度与 2000 年(7.4 万吨/
km²)相比略有一定的下降,而城镇建设用地人为碳输出强度则增长较为明显,除
2002 年之前略有下降外,其余年份均呈逐年上涨趋势(图 6 - 13)。

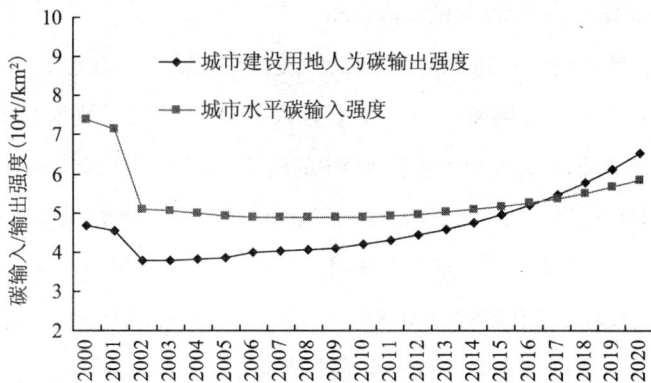

图 6 - 13 南京市城市建设用地人为碳输入/输出强度预测

该结论表明:由于城镇建设用地具有较高的人为能源消费强度和碳通量,因此成为最主要的碳输入和碳输出的土地利用类型。而碳输入、输出总量及强度也与人口增长所引起的城市建设大规模增长和建设用地的扩展密切相关。因此,在未来低碳城市建设过程中,通过土地结构优化与产业结构调整来控制建设用地的过快增长,并以此控制人类活动的能源消耗强度,是控制碳排放总量的重要途径,也是发展城市低碳经济的关键。

第五节　本章小结

本章重点对南京市不同土地利用方式的碳储量和碳通量进行了分析,并进一步探讨了不同土地利用方式的碳输入和输出强度、土地利用碳排放与碳足迹以及土地利用变化对南京市城市系统碳循环的影响。主要结论如下:

(1)就南京市各地类的碳储量而言,2009年的大小顺序为:居民点及工矿用地>耕地>林地>水域>交通用地>未利用地>园地>牧草地。其中,居民点及工矿用地的碳储量最大,为2631万吨,占总碳储量的38%。同时,居民点及工矿用地单位面积碳储量也最大,为184 t/hm^2,主要归因于城市住宅建筑木材碳储量和城市绿化碳储量的大幅增加,以及建筑容积率提高带来的单位城市建设面积上碳蓄积量的增加。总体而言,南京市历年单位土地面积碳储量呈增长趋势,从1996年的95 t/hm^2 增长到2009年的105 t/hm^2。

(2)南京市碳输入和输出量最大的地类是居民点及工矿用地,2009年碳输入和碳输出分别达到3127万吨和3283万吨,碳输入和碳输出强度分别为218.65 t/hm^2 和230 t/hm^2。这表明,作为人为活动强烈集中的地类,居民点及工矿用地与外界的碳交换远远高于其他地类。总体而言,2000年南京市单位土地面积的碳输入和碳输出强度大约为30 t/hm^2 左右,2009年两者分别达到了52.5 t/hm^2 和55.6 t/hm^2。这说明随着城市扩展,城市碳代谢强度明显提高,南京市面临着较大的碳循环压力。

(3)南京市单位土地面积的人为碳排放为46.63 t/hm^2,各地类人为碳排放强度的大小顺序为:居民点及工矿用地(200.52 t/hm^2)>交通用地(68.93 t/hm^2)

＞耕地(2.18 t/hm²)＞园地(0.79 t/hm²)＞水域(0.59 t/hm²)＞林地(0.08 t/hm²)。单位土地碳足迹也呈增长趋势,从 2000 年的 4.01 hm²/hm²增长到 2009 年的 10.92 hm²/hm²,其中,居民点用地单位面积碳足迹最高,达到 47 hm²/hm²。从土地利用碳源/汇特征来看,南京市碳源强度大幅增长,2009 年达到近 47 t/hm²,是碳汇强度的 16 倍。就不同地类而言,碳汇强度最大的是耕地(4.73 t/hm²),碳源强度最大的是居民点及工矿用地(200 t/hm²)。

(4) 各地类的碳排放弹性具有较大的差异。居民点及工矿用地每增加 1 hm²,碳储量增加 253 吨,碳排放增加 427 吨,碳汇增加仅为 5.9 吨;耕地每减少 1 hm²,碳汇减少 5.65 吨,同时碳排放减少 2.38 吨;林地每增加 1 hm²,碳储量增加量为 144 吨,碳汇增加 3.81 吨,碳排放反而减少 0.37 吨。对南京市土地利用碳排放增长的各因素贡献率的分析发现:经济发展因素(2.79)＞单位土地碳排放强度(1.82)＞土地结构效应(1.38)＞人口因素(1.16)＞单位 GDP 用地强度(0.31)。这表明,除单位 GDP 用地强度外,其余因素均表现为正效应,即碳排放增加的拉动因素。

(5) 对城市扩展对南京市城市系统碳循环的影响研究发现,独立工矿用地每增加 1 hm²,碳排放增加值为 619 吨。另据预测,2020 年南京市水平碳输入和城镇建设用地的人为碳输出将分别达到 5962 万吨和 6659 万吨,城市水平碳输入强度和城镇建设用地人为碳输出强度分别达到 5.86 万吨/km²和 6.54 万吨/km²。这表明城市扩展是造成碳排放大幅增长的主要因素,控制建设用地扩张是控制碳排放的重点。

本章的研究不足在于:(1) 重点对土地利用的碳储量、碳通量以及土地利用变化的碳排放效应进行了研究,但由于数据限制,没有针对土地利用变化对城市系统碳流通过程以及对城乡之间隐含碳的影响展开研究;(2) 由于土地利用类型的划分是基于能源消费项目和土地分类系统进行的,因为要考虑数据的对应关系,对一些详细地类没有进行划分,因此本书的土地利用类型和碳循环测算项目的对应关系难免存在一定的误差;(3) 对不同土地利用方式而言,可能碳排放总量相差不大,但由于某种土地利用面积较大,而使得计算出的单位面积碳足迹偏小,反之亦然。

第七章　基于土地利用结构优化的城市碳减排潜力分析

基于土地利用结构调控的低碳城市管理是本书研究的最终目的，也是南京市发展低碳城市的重要策略。本章在南京市土地利用总体规划方案的碳蓄积/排放效应评估的基础上，运用线性规划的方法，提出了若干利于碳减排/增汇的南京市土地利用结构优化方案，同时对土地利用强度调控和产业比例调控的碳减排潜力也进行了分析。

第一节　南京市土地利用规划方案的碳蓄积/排放效应评估

对南京市土地利用规划方案的碳排放效应进行评估和分析有助于从总体上了解未来一定时期内（2010—2020 年）的碳蓄积、碳汇、碳排放状况，为基于碳减排目标的土地利用结构优化方案的确定打下基础。

一、南京市土地利用规划碳蓄积及碳排放参数的确定

根据《南京市土地利用总体规划（2006—2020）》，在严格保护耕地和基本农田的前提下，允许耕地和其他农用地面积及比例适度减少；在规划期内，建设用地总规模净增量控制在 21749.8 hm² ，农用地面积净减量控制在 14818.1 hm² ，其他土地面积净减量控制在 6931.7 hm² 。到 2020 年，农用地、建设用地、其他土地比例调

整分别为 64.3%、27.2%、8.5%。其中,2020 年规划耕地面积不低于 235423.6 hm²,占 35.8%;城乡建设用地规模控制在 132988.4 hm² 以内,占 20.2%。这是规划的主要约束指标(表 7-1)。

表 7-1　南京市土地利用规划方案(单位:hm²)

土地利用类型	土地利用二级类	2005 年	2010 年	2020 年
农用地	耕地	245593.10	241604.00	235423.60
	园地	9404.10	9336.90	9332.40
	林地	73927.90	77805.40	86183.60
	牧草地	50.80	40.00	20.00
	其他农用地	109063.10	103204.40	92261.30
建设用地	城镇工矿用地	64561.40	71662.20	80694.20
	农村居民点用地	55147.10	53002.80	52294.20
	交通运输用地	10655.90	13693.70	18203.00
	水利设施用地	18117.20	18448.40	18940.00
	其他建设用地	8781.10	8814.40	8881.10
其他用地	水域	50572.10	50491.90	50331.40
	自然保留地	12357.50	10127.20	5666.50
合　计		658231.30	658231.30	658231.30

为了评价土地利用总体规划方案的碳蓄积效果和碳排放效应,结合前文对不同土地利用方式碳储量、碳通量和土地利用碳源/汇的分析,通过与土地利用规划方案相结合,这里对不同目标年份的土地利用规划方案下的碳排放效应进行了分析。

由于前面的计算是基于土地利用原分类体系(八大类)进行的,而南京市土地利用总体规划是基于过渡期土地分类体系来进行的。因此,为了更好地将两者衔接起来,本书依据前面各种土地利用方式碳源和碳汇的计算结果,对土地利用规划方案中的土地分类体系也进行碳排放强度的设定和对应,并对 2020 年的碳排放强度的目标值进行了预测。需要说明的情况如下:

(1) 表 7-2 中的土地分类是按照南京市土地利用总体规划的结构调整表来

进行划分的;(2) 考虑到城市绿地和建筑木材的碳储量主要集中于居民点用地,因此"水利设施用地"碳储量采用土壤采样数据中水域用地的平均单位土壤碳储量(102.41 t/hm²),"其他建设用地"的碳储量取居民点及工矿用地的平均土壤碳储量部分(124.76 t/hm²);(3) 考虑到建设用地的碳汇是指绿化植被的碳吸收,主要集中在居民点和城镇工矿用地,因此假定其他建设用地和水利设施用地的碳汇记为 0 t/hm²;(4)"自然保留地"按未利用地的系数计算;(5)"城镇工矿用地"的碳排放系数按 2009 年城镇和工矿用地的面积将两者碳排放系数加权(按两者的面积比重设置权重,分别为 38% 和 62%)计算得出;(6) 其他农用地参数的计算采用土地利用过渡分类中分摊到各类土地利用中的面积加权计算而得到(分摊比例为:水域 78%,农村居民点 3%,交通用地 6%,未利用地 13%);(7) 2020 年的参数是根据历年的参数变化进行趋势外推得出的预测值,由于耕地、园地、林地、牧草地、交通用地、水利设施、其他建设用地等的碳蓄积主要表现为土壤和植被的碳蓄积,总体而言历年来几乎没有变化,因此 2020 年仍采用 2010 年的数值,而其他地类主要涉及人为碳库的变化特征,如城镇工矿用地和农村居民点用地等,因此历年来有一定程度的增长,这里按照 2005—2010 年的增长幅度对 2020 年的碳蓄积系数进行了趋势外推预测;对于碳汇和碳排放系数的设定道理同上;(8) 考虑到相邻年份变化不大,因此 2010 年的碳蓄积和碳源碳汇系数暂采用 2009 年的数值。

表 7-2　南京市不同土地利用方式的碳储量、碳源和碳汇系数

序号	土地利用类型	碳蓄积系数(t/hm²)			碳汇系数(t/hm²)			碳排放系数(t/hm²)		
		2005	2010	2020	2005	2010	2020	2005	2010	2020
1	耕地	100.80	100.80	100.80	4.79	4.73	4.55	2.16	2.18	2.24
2	园地	89.85	89.85	89.85	4.31	4.01	3.19	0.73	0.79	0.96
3	林地	142.71	142.71	142.71	3.81	3.81	3.81	0.06	0.08	0.14
4	牧草地	87.28	87.28	87.28	0.95	0.95	0.95	0.00	0.00	0.00
5	其他农用地	41.53	41.43	41.17	0.68	0.69	0.71	4.22	4.90	6.77
6	城镇工矿用地	182.51	184.00	188.12	1.93	1.97	2.05	342.15	357.53	399.84
7	农村居民点用地	182.51	184.00	188.12	1.93	1.97	2.05	11.27	10.19	7.22

序号	土地利用类型	碳蓄积系数（t/hm²）			碳汇系数（t/hm²）			碳排放系数（t/hm²）		
		2005	2010	2020	2005	2010	2020	2005	2010	2020
8	交通运输用地	109.97	109.97	109.97	0.00	0.00	0.00	58.76	68.93	96.90
9	水利设施用地	102.41	102.41	102.41	0.00	0.00	0.00	47.44	63.10	106.15
10	其他建设用地	124.76	124.76	124.76	0.00	0.00	0.00	47.44	63.10	106.15
11	水域	22.86	22.69	22.19	0.80	0.81	0.84	0.46	0.59	0.95
12	未利用地	89.40	89.40	89.40	0.00	0.00	0.00	0.00	0.00	0.00

从这些系数的变化情况来看，2020年城镇工矿用地、交通运输用地、水利设施用地、其他建设用地等地类的碳排放系数与2005和2010年相比，出现了较大幅度的增长；农村居民点用地的碳排放强度系数却出现下降特征，这符合前面得出的主要结论。对于碳蓄积系数来说，各种地类除建设用地和水域有少量增长之外，其余地类的碳蓄积系数基本保持不变。就碳汇强度系数而言，主要的土地利用方式各年份的差异不大，甚至部分地类的碳汇出现了下降，如耕地和园地的碳汇；其他大部分地类的碳汇系数基本保持不变，或略有增长。

二、南京市土地利用总体规划方案的碳排放效应评估

结合以上各类用地碳源碳汇系数的总结和整理，对南京市土地利用规划方案2010和2020年各种土地利用方式的碳蓄积、碳汇、碳排放效应进行了分析。得到了基期年和规划年的各种土地利用方式的碳储量、碳源、碳汇状况。

结果发现，就碳蓄积而言，规划目标年2020年碳蓄积总量为7236万吨，与2005年（6892万吨）相比增加了344万吨，比2010年增加了230万吨。说明南京市土地利用总体规划起到了一定的碳蓄积效果。对于不同地类来讲，城镇工矿用地的碳蓄积增长最为明显，增加了340万吨；其次为林地，增加了175万吨；再次为交通运输用地，增加了83万吨。碳储量增加主要与土地利用面积的增加有关，城镇工矿用地碳储量的增加还与人为碳库的单位面积蓄积量的增长有关，特别是随着建筑密度的提高，建筑木材、家具和图书等含碳物质的输入增加了城镇工矿用地的碳储存强度。由于其他地类的碳蓄积强度的年度变化不明显，因此其余地类的碳蓄积量大都保持稳定或略有下降，如随着耕地面积的减少，耕地碳蓄积总

量下降了102.5万吨,其他农用地碳蓄积总量减少了73万吨,也主要与面积的减少有关(表7-3)。

表7-3 南京市土地利用规划方案的碳效应分析(单位:10^4 tC)

土地利用类型	碳蓄积量			碳汇量			碳排放量		
	2005	2010	2020	2005	2010	2020	2005	2010	2020
耕地	2475.48	2435.27	2372.98	117.62	114.18	107.16	53.05	52.67	52.62
园地	84.49	83.89	83.85	4.06	3.75	2.98	0.69	0.74	0.89
林地	1055.04	1110.38	1229.94	28.16	29.64	32.83	0.44	0.62	1.16
牧草地	0.44	0.35	0.17	0.00	0.00	0.00	0.00	0.00	0.00
其他农用地	452.93	427.63	379.88	7.44	7.13	6.59	46.05	50.59	62.46
城镇工矿用地	1178.29	1318.61	1518.00	12.49	14.08	16.56	2208.97	2562.16	3226.44
农村居民点用地	1006.47	975.27	983.75	10.66	10.42	10.73	62.14	54.01	37.77
交通运输用地	117.18	150.59	200.18	0.00	0.00	0.00	62.61	94.39	176.38
水利设施用地	185.54	188.93	193.96	0.00	0.00	0.00	85.95	116.41	201.04
其他建设用地	109.55	109.97	110.80	0.00	0.00	0.00	41.66	55.62	94.27
水域	115.63	114.54	111.70	4.05	4.09	4.22	2.33	2.98	4.77
未利用地	110.47	90.54	50.66	0.00	0.00	0.00	0.00	0.00	0.00
合计	6891.54	7005.96	7235.88	184.48	183.29	181.08	2563.90	2990.18	3857.81

就碳汇来说,随着南京市耕地和园地等生产性土地面积的减少,南京市土地利用规划目标年2020年的碳汇总量为181万吨,比2005年减少了3.4万吨,比2010年减少了2.2万吨,这表明南京市土地利用规划方案削弱了区域的碳汇效果。从2005—2020年,耕地减少导致的碳汇减少量为10.45万吨;而同时建设用地扩张导致的碳汇增加量为4.14万吨,这主要归因于建设用地扩张带来的城市绿化用地的增长所致,城市绿化覆盖率的提高使城市绿化植被的碳汇强度在不断提升。另外,林地面积增加带来的碳汇增加量为4.67万吨。其余地类中,除水域碳汇量略有增长外,其余碳汇量大都基本持平。

就碳排放来说,规划目标年2020年的人为碳排放总量为3858万吨,比2005年(2564万吨)增长了1294万吨,比2010年(2990万吨)增长了868万吨。这主要归因于建设用地扩展和建设用地碳排放强度的大幅提高。2005—2020 年,城镇工矿用地、水利设施用地、交通运输用地和其他建设用地的碳排放量分别增加了 1017 万吨、115 万吨、114 万吨和 53 万吨。随着农村人口的减少,农村居民点用地碳排放在规划期内减少了 24 万吨。另外,随着其他农用地碳排放强度的提升,规划期内其他农用地碳排放增长了 16 万吨。其余地类的碳排放总量变化不大。

根据分析,得出以下结论:南京市土地利用总体规划方案中,2020 年规划目标年的土地利用规划方案的碳蓄积增加效应为 344 万吨,碳排放增加效应为 1294 万吨,碳汇减少效应为 3.4 万吨,总体上来看,虽然使区域的总碳蓄积量有所提升,但土地利用带来的碳排放效应还是要远远大于碳蓄积的增加值,同时也导致了城市生态系统碳汇能力的降低。

第二节 基于土地利用结构优化的南京市城市碳减排潜力分析

通过调整土地利用结构,能在一定程度改变土地利用的碳源/汇格局。这里根据前面对各种土地利用方式碳蓄积、碳源和碳汇强度系数的测算分析,采用线性规划模型,以碳蓄积最大化、碳排放最小化和碳汇最大化为三个目标建立土地利用优化的目标函数,提出南京市土地利用结构优化方案;并通过与 2020 年土地利用总体规划方案的对比,分析各种方案的碳减排潜力,提出最佳土地利用方案及其选取的依据,为国土部门提供决策参考。

一、基于碳蓄积最大化的土地利用结构优化模型

首先以各地类的碳蓄积量建立目标函数 $F(X_c)$,选取 12 种用地类型的面积作为变量:耕地面积 x_1、园地面积 x_2、林地面积 x_3、牧草地面积 x_4、其他农用地面积 x_5、城镇工矿用地面积 x_6、农村居民点用地面积 x_7、交通运输用地面积 x_8、水利设施用地面积 x_9、其他建设用地面积 x_{10}、水域面积 x_{11}、自然保留地面积(未利用地)x_{12}。以各地类的面积乘以 2020 年碳蓄积系数,然后求和作为目标函数,需要

求得 X_j 的一组解,使目标函数 $F(X_c)$ 的值最大(即碳蓄积最大化),方程如下:

$$\max F(X_c) = 100.8 \times x_1 + 89.85 \times x_2 + 142.71 \times x_3 + 87.28 \times x_4 +$$
$$41.17 \times x_5 + 188.12 \times x_6 + 188.12 \times x_7 + 109.97 \times x_8 +$$
$$102.41 \times x_9 + 124.76 \times x_{10} + 22.19 \times x_{11} + 89.40 \times x_{12}$$

$$(7-1)$$

目标函数确定之后,建立各变量的约束条件。这里根据《南京市土地利用总体规划(2006—2020)》、《南京市城市总体规划(2007—2030)》、《南京市"十二五"规划纲要》和南京市的实际情况,以及对社会经济发展的预测值,构建各变量的约束方程。

首先,各类土地面积之和应等于南京市土地总面积(658231.30 hm²):

$$\sum X_j = x_1 + x_2 + x_3 + x_4 + x_5 + x_6 + x_7 + x_8 + x_9 + x_{10} + x_{11} + x_{12}$$
$$= 658231.30$$

$$x_j > 0 \quad (j = 1, 2, 3\cdots12) \quad (7-2)$$

根据南京市土地利用总体规划,为严格保护基本农田,规划目标年 2020 年耕地面积应不低于 235423.6 hm²,占土地面积的 35.8%,这是规划下达的约束性指标(即耕地面积下限)。考虑到建设用地的占用,这里以当前的(2009 年)耕地面积作为上限。因此建立耕地的约束方程为:

$$235423.60 \leqslant x_1 \leqslant 242095.3 \quad (7-3)$$

随着城市的发展,人们生活消费对茶叶、蔬菜和水果的需求会进一步加大。事实上,2005—2008 年间的土地利用现状数据显示,园地面积从 9404 hm² 增长到 9732 hm²,但规划预期 2020 年园地面积为 9332.4 hm²,因此这里考虑到现状面积,园地可能会比规划面积有一定程度的增长,设定约束条件为:

$$9332.4 \leqslant x_2 \leqslant 9732 \quad (7-4)$$

根据南京市"十二五"规划纲要,到 2015 年,全市累计新增造林面积 20 万亩,森林覆盖率达到 26%。根据测算,2015 年林地面积为 91138.73 hm²,考虑到南京市生态市建设的要求,森林覆盖率有所增加是符合实际的;但同时考虑到林地的砍伐和造林的成活率情况,将该值设为 2020 年规划目标年的最高值,将林地规划面积设置为最低值。设定约束条件为:

$$86183.6 \leqslant x_3 \leqslant 91138.73 \tag{7-5}$$

南京市牧草地面积很少,而且呈逐年下降态势,2009 年仅有 46.7 hm²,在土地配置中的作用微乎其微,但为了土地结构的平衡,考虑到牧草地会继续减少但也很难完全消失,这里假设 2020 年牧草地的下限为 10 hm²。设定约束条件为:

$$10 \leqslant x_4 \leqslant 46.7 \tag{7-6}$$

根据南京市的实际情况,为保护耕地和提高森林覆盖率,农用地中大部分用地类型如耕地和林地的约束区间都大于 2020 年的规划目标值,而为保持农用地占土地总面积 64.3%的比例(农用地土地总面积规划目标为 423220.9 hm²),因此其他农用地会有一定程度的下降,这也符合区域农用地整理的实际。因此这里设定条件为:"其他农用地"规划年面积小于 2010 年的面积,但也不能无限制地减少,降幅阈值设为 20%。据此,设定约束条件为:

$$82563.5 \leqslant x_5 \leqslant 103204.4 \tag{7-7}$$

控制新增建设用地是国家和地方政府土地利用总体规划的主要任务之一。南京市土地利用总体规划下达了 2020 年城乡建设用地的控制指标(132988.4 hm²),这包括城镇工矿用地和农村居民点用地,因此建立约束条件为:

$$x_6 + x_7 \leqslant 132988.4 \tag{7-8}$$

根据南京市城市总体规划,南京市常住人口 2020 年预期为 1047 万,城市化率为 86%,则城镇人口为 900 万。按照土地利用总体规划,人均城镇工矿用地的约束面积为 122 平方米,则城镇建设用地的总面积不能大于 109851.24 hm²,但应该比 2010 年有所增长,因此建立城镇工矿用地的约束条件为:

$$71662.2 \leqslant x_6 \leqslant 109851.24 \tag{7-9}$$

南京市农村居民点用地总量大,城乡统筹潜力大。2005 年全市农村居民点用地 55147.1 hm²,人均用地 255 平方米,高于江苏省平均水平,南京市农村居民点整理和空心村整治具有较大潜力。2020 年规划期居民点面积为 52294.2 hm²。未来,随着农村人口的减少,农村居民点的整理潜力会更大。但考虑到实际情况,将居民点整理比例的上限定位为 15%。因此建立农村居民点用地的约束条件为:

$$45052.38 \leqslant x_7 \leqslant 52294.2 \tag{7-10}$$

随着经济快速发展和城市化进程,南京市建设用地的面积仍然会呈扩张趋势,因此这里设定交通运输用地 x_8、水利设施用地 x_9、其他建设用地 x_{10} 等的面积均在 2010 年的基础上有所增长。这里将这几种建设用地的增长阈值适当放宽,但超过规划值的比例限定于 5% 以下,则建立约束方程为:

$$18203 \leqslant x_8 \leqslant 19113.2 \qquad (7-11)$$

$$18940 \leqslant x_9 \leqslant 19887 \qquad (7-12)$$

$$8881.1 \leqslant x_{10} \leqslant 9325.2 \qquad (7-13)$$

根据近年来南京市建设用地的自然增长速度,2010 年建设用地总面积已经明显超过了城市总体规划 2010 年的目标值。据预测,2020 年南京市的建设用地将会达到 191532.5 hm^2,同时考虑到南京市城市快速发展的态势,将约束条件设置为:

$$179012.5 \leqslant x_6 + x_7 + x_8 + x_9 + x_{10} \leqslant 191532.5 \qquad (7-14)$$

随着围湖造田和人类活动的影响,水域面积的下降通常是不可避免的,根据历年水域面积的变化率,这里设定 2020 年水域面积比 2010 年至少下降 3%～5%,即为介于 47967.31 hm^2 和 48977.14 hm^2 之间。因此设定约束条件为:

$$47967.31 \leqslant x_{11} \leqslant 48977.14 \qquad (7-15)$$

据南京市土地利用总体规划,2006—2020 年,通过开发未利用地补充耕地 429.9 hm^2。另外随着南京市土地利用的开发,根据历年来南京市未利用地面积的下降趋势推算,南京市 2020 年未利用地土地面积大约在 4100 hm^2 左右。这里以 2010 年的自然保留地面积(未利用地)作为上限。设置约束条件为:

$$4100 \leqslant x_{12} \leqslant 5666.5 \qquad (7-16)$$

根据以上目标函数和各变量的约束条件,本书采用 Lingo 软件对以上方程进行求解,得到 2020 年南京市土地利用结构的优化方案(如表 7-4)。

从表 7-4 可见,基于碳蓄积最大化的土地利用优化方案的总碳蓄积水平为 7337 万吨,比南京市 2020 年土地利用总体规划方案的碳蓄积多 101 万吨。而且从本优化方案的土地利用结构可见,不仅实现了碳蓄积的最大化,而且也保证了建设用地的适度增长,比如,优化方案中城镇工矿用地比 2020 年规划方案多 7242 hm^2,交通用地和其他建设用地比 2020 年规划方案分别多了 910 hm^2 和

$444\ hm^2$，建设用地的增长主要通过农地整理、居民点整理和未利用地的开发来补充，同时也保证了南京市耕地面积的规划目标值。另外，该优化方案的林地和园地的面积也比规划方案有一定程度的增长。因此，不论从促进经济发展的角度还是增加区域碳蓄积的角度，该优化方案要优于南京市 2020 年土地利用规划方案。

表 7 - 4　基于碳蓄积最大化的南京市土地利用结构优化方案

变量	土地利用类型	2020 年土地利用规划方案		基于碳蓄积最大化的土地优化方案	
		面积(hm^2)	碳蓄积(10^4t)	面积(hm^2)	碳蓄积(10^4t)
x_1	耕地	235423.60	2372.98	241805.60	2437.30
x_2	园地	9332.40	83.85	9332.40	83.85
x_3	林地	86183.60	1229.94	91138.73	1300.66
x_4	牧草地	20.00	0.17	10.00	0.09
x_5	其他农用地	92261.30	379.88	82563.50	339.95
x_6	城镇工矿用地	80694.20	1518.00	87936.02	1654.24
x_7	农村居民点用地	52294.20	983.75	45052.38	847.52
x_8	交通运输用地	18203.00	200.18	19113.20	210.19
x_9	水利设施用地	18940.00	193.96	19887.00	203.66
x_{10}	其他建设用地	8881.10	110.80	9325.20	116.34
x_{11}	水域	50331.40	111.70	47967.31	106.46
x_{12}	未利用地	5666.50	50.66	4100.00	36.65
合　计		658231.30	7235.88	658231.30	7336.91

二、基于碳排放最小化的土地利用结构优化模型

以各地类的面积乘以 2020 年碳排放系数，然后求和作为目标函数，需要求得 X_j 的一组解，使目标函数 $F(X_\alpha)$ 的值最小（即碳排放最小化），方程如下：

$$\min F(X_\alpha) = 2.24 \times x_1 + 0.96 \times x_2 + 0.14 \times x_3 + 0 \times x_4 + 6.77 \times x_5 +$$
$$399.84 \times x_6 + 7.22 \times x_7 + 96.9 \times x_8 + 106.15 \times x_9 +$$
$$106.15 \times x_{10} + 0.95 \times x_{11} + 0 \times x_{12} \qquad (7-17)$$

这里采用与"基于碳蓄积最大化"的优化方案中相同的约束条件，运用 Lingo

软件进行求解,得到基于碳排放最小化的土地利用优化方案(表7-5)。

表 7-5 基于碳排放最小化的南京市土地利用结构优化方案

变量	土地利用类型	2020 年土地利用规划方案		基于碳排放最小化的土地优化方案	
		面积(hm²)	碳排放(10⁴t)	面积(hm²)	碳排放(10⁴t)
x_1	耕地	235423.60	52.62	241094.20	53.88
x_2	园地	9332.40	0.89	9732.00	0.93
x_3	林地	86183.60	1.16	91138.73	1.23
x_4	牧草地	20.00	0.00	46.70	0.00
x_5	其他农用地	92261.30	62.46	82563.50	55.89
x_6	城镇工矿用地	80694.20	3226.44	78392.90	3134.42
x_7	农村居民点用地	52294.20	37.77	52294.20	37.77
x_8	交通运输用地	18203.00	176.38	19113.20	185.20
x_9	水利设施用地	18940.00	201.04	19887.00	211.10
x_{10}	其他建设用地	8881.10	94.27	9325.20	98.98
x_{11}	水域	50331.40	4.77	48977.14	4.64
x_{12}	未利用地	5666.50	0.00	5666.50	0.00
合 计		658231.30	3857.81	658231.27	3784.06

从表7-5中可见,基于碳排放最小化的南京市土地优化方案的碳排放总量比2020年南京市土地利用总体规划方案的碳排放减少了73万吨,起到了较大的碳减排效果。由于城镇工矿用地和农村居民点用地等具有较高的碳排放强度,因此该优化方案主要是通过增加耕地和林地面积,同时适度控制城镇居民点用地的面积来实现的。可以看出,该方案中的城镇居民点用地比规划方案少了2301 hm²,交通用地和其他建设用地等与规划方案相比少量增加,耕地和林地等生产性土地面积也有一定程度的增加。总体而言,该优化方案是通过约束建设用地的规模来实现碳减排的。

三、基于碳汇最大化的土地利用结构优化模型

以各地类的面积乘以2020年碳汇系数,然后求和作为目标函数,需要求得 X_j 的一组解,使目标函数 $F(X_{\acute{a}})$ 的值最大(即碳汇最大化),方程如下:

$$\max F(X_{\vec{a}}) = 4.55 \times x_1 + 3.91 \times x_2 + 3.81 \times x_3 + 0.95 \times x_4 +$$
$$0.71 \times x_5 + 2.05 \times x_6 + 2.05 \times x_7 + 0 \times x_8 + 0 \times x_9 +$$
$$0 \times x_{10} + 0.84 \times x_{11} + 0 \times x_{12} \tag{7-18}$$

这里采用与"基于碳蓄积最大化"的优化方案中相同的约束条件,运用 Lingo 软件进行求解得到基于碳汇最大化的土地优化方案(表7-6)。

表7-6　基于碳汇最大化的南京市土地利用结构优化方案

变量	土地利用类型	2020 年土地利用规划方案		基于碳汇最大化的土地优化方案	
		面积(hm^2)	碳汇量($10^4 t$)	面积(hm^2)	碳汇量($10^4 t$)
x_1	耕地	235423.60	107.16	242095.30	110.20
x_2	园地	9332.40	2.98	9732.00	3.11
x_3	林地	86183.60	32.83	91138.73	34.72
x_4	牧草地	20.00	0.00	46.70	0.00
x_5	其他农用地	92261.30	6.59	83128.93	5.94
x_6	城镇工矿用地	80694.20	16.56	87936.02	18.04
x_7	农村居民点用地	52294.20	10.73	45052.38	9.24
x_8	交通运输用地	18203.00	0.00	18203.00	0.00
x_9	水利设施用地	18940.00	0.00	18940.00	0.00
x_{10}	其他建设用地	8881.10	0.00	8881.10	0.00
x_{11}	水域	50331.40	4.22	48977.14	4.10
x_{12}	未利用地	5666.50	0.00	4100.00	0.00
	合　计	658231.30	181.08	658231.30	185.37

从表7-6可见,基于碳汇最大化的土地利用优化方案的碳汇总量比2020年南京市土地利用总体规划方案的碳汇总量多了4.3万吨,起到了一定的碳增汇效果,但总体来看,增汇效果并不大。可以看出,该方案中建设用地总量大体上与2020年规划方案基本上保持一致,其中城镇工矿用地有一定程度的增长,这可以通过农村居民的整理来补充。另外,该方案中耕地、园地、林地和牧草地等面积均比2020年的规划值有一定增长。这表明,该优化方案主要是通过增加生产性土地面积来实现碳增汇目标的。

四、南京市不同土地利用结构优化方案的碳减排潜力对比

结合以上三种土地利用结构优化方案,对不同优化方案下的碳蓄积、碳汇和碳排放进行对比分析(表 7-7),主要结果如下:

表 7-7　南京市三种土地利用结构优化方案的对比分析(单位:10^4 tC)

土地利用类型	碳蓄积最大化方案			碳汇最大化方案			碳排放最小化		
	碳蓄积	碳汇	碳排放	碳蓄积	碳汇	碳排放	碳蓄积	碳汇	碳排放
耕地	2437.30	110.07	54.04	2440.22	110.20	54.11	2430.13	109.75	53.88
园地	83.85	2.98	0.89	87.44	3.11	0.93	87.44	3.11	0.93
林地	1300.66	34.72	1.23	1300.66	34.72	1.23	1300.66	34.72	1.23
牧草地	0.00	0.00	0.00	0.41	0.00	0.00	0.41	0.00	0.00
其他农用地	339.95	5.90	55.89	342.28	5.94	56.27	339.95	5.90	55.89
城镇工矿用地	1654.24	18.04	3515.99	1654.24	18.04	3515.99	1474.71	16.09	3134.42
农村居民点用地	847.52	9.24	32.54	847.52	9.24	32.54	983.75	10.73	37.77
交通运输用地	210.19	0.00	185.20	200.18	0.00	176.38	210.19	0.00	185.20
水利设施用地	203.66	0.00	211.10	193.96	0.00	201.04	203.66	0.00	211.10
其他建设用地	116.34	0.00	98.98	110.80	0.00	94.27	116.34	0.00	98.98
水域	106.46	4.02	4.54	108.70	4.10	4.64	108.70	4.10	4.64
未利用地	36.65	0.00	0.00	36.65	0.00	0.00	50.66	0.00	0.00
合计	7336.91	184.98	4160.42	7323.06	185.35	4137.40	7306.60	184.40	3784.04

(1)基于碳蓄积最大化的土地优化方案虽然与 2020 年规划方案相比能增加城市的碳蓄积水平(增加 101 万吨),同时其碳汇水平也有一定程度的加强,但建设用地增加却带来了更多的碳排放,其碳排放总量比 2020 年规划方案多了约 303 万吨。因此,总体而言,基于碳蓄积最大化的土地优化方案不利于从总体上控制南京市的碳排放水平。

(2)基于碳汇最大化的土地优化方案能在一定程度上增加区域的碳蓄积量和碳汇水平,两者分别比规划方案下多了 87 万吨和 4 万吨。但在该优化方案下,碳排放总量大幅增长,比 2020 年规划方案增长了 280 万吨。因此,该方案仅从土地利用碳汇角度起到了一定增汇效果,但也不利于控制南京市碳排放总量的大幅增长。

（3）基于碳排放最小化的土地优化方案能够明显降低区域的碳排放水平，比2020年规划方案的碳排放总量减少73万吨，同时就碳蓄积和碳汇而言，分别比2020年规划方案多了71万吨和3.3万吨。因此，从碳减排和增汇的综合效果来看，基于碳排放最小化的方案要明显优于其他两种方案（图7-1）。

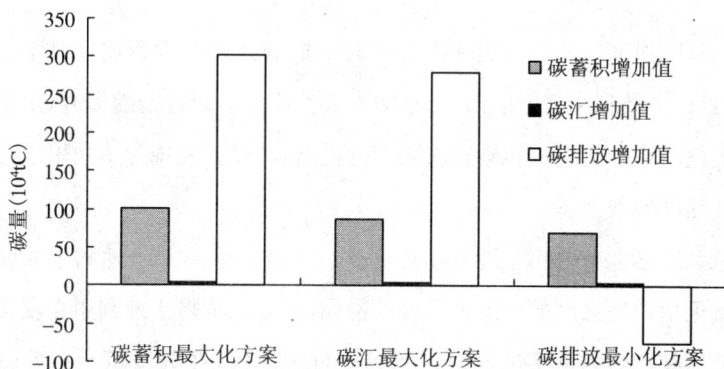

注：其中的"增加值"代表三种优化方案与2020年土地规划方案相比的增加值。

图7-1　三种土地优化方案与规划方案的对比分析

　　2020年规划方案的总碳排放比2010年增长了868万吨，而基于碳排放的优化方案比2020年规划方案的碳排放减少了73万吨。按照比例测算，可以发现，如果采用基于碳排放最小化的土地利用结构优化方案，则对预期碳排放增加值而言，碳减排潜力高达8.5%；如果考虑区域的碳蓄积和碳汇能力的增加值，则碳增汇/减排总量可达148万吨。这说明，基于碳排放最小化的土地利用结构优化方案还是能起到较好的减排效果。

　　根据以上对比分析，可以得出结论：为从总体上降低南京市的碳排放强度并增加区域的碳汇功能，这里推荐采用基于碳排放最小化的土地利用结构优化方案作为未来土地利用结构调整的参考。该土地利用结构优化方案不仅有助于南京市实现未来碳减排的目标，而且对于控制建设用地的过快增长、增加生产性土地面积、引导农地整理和居民点用地整理等土地利用规划与开发活动也具有重要的指导意义。

第三节　基于土地利用强度调控的南京市城市碳减排潜力分析

　　土地利用强度反映了区域人为活动对土地的开发利用程度。对于城市系统碳循环而言,土地利用强度的增强,意味着人类能源活动强度的提升,从而导致城市单位土地面积上碳输入和碳输出强度的提高,其突出表现为不同用地方式上人类碳排放强度的增加。

　　土地利用强度可以用土地利用强度综合指数来表示。土地利用强度综合指数是衡量土地利用强度的广度和深度的指标,其方法是将土地利用强度按照土地自然综合体在社会因素下的自然平衡状态分为四级,并分级赋予指数(黄贤金,2006)(表7-8)。

表 7-8　土地利用程度分级赋值表

土地利用级别划分	土地利用类型	分级指数
未利用土地级	未利用地或难利用地	1
自然可再生利用级	林地、草地、其他农业与水利设施用地	2
人工可再生利用级	耕地、园地、人工草地	3
难再生利用级	城镇、居民点、工矿用地、交通用地	4

　　其计算方法如下:

$$L_j = 100 \times \sum_{i=1}^{n} A_i \times C_i \qquad (7-19)$$

　　式中,L_j是某研究区域土地利用强度综合指数,反映土地利用程度;A_i为研究区域内第 i 级土地利用程度分级指数;C_i为研究区域内第 i 级土地利用程度分级面积百分比;n 为土地利用程度分级数(庄大方,1997)。根据该公式,可以计算出南京市历年的土地利用强度综合指数。

　　计算结果发现,南京市土地利用强度综合指数在不断提高,从 1996 年的278.74 增长到 2009 年的 284.77,其中除 2003 年和 2004 年略有下降外(可能与统计口径有关），其余年份都呈逐年增长趋势。结合前面对土地利用碳排放强度的测算结果，可以建立土地利用碳排放强度与土地利用程度的拟合方程：

$$CE_{hum} = 4.0435 \times L_j - 1102.3 \quad (R^2 = 0.698) \qquad (7-20)$$

根据历年的土地利用程度进行线性预测，2020 年南京市土地利用程度将会达到 297.64，依据式 7-20，则南京市土地利用碳排放强度 2020 年预测值为 101.22 t/hm²，由此预测的人为碳排放总量为 6662 万吨，比 2009 年增长了 3593 万吨。根据该预测结果，南京市土地利用程度每提高 1 个点，南京市土地利用的碳排放总量将增加 266 万吨。这说明，土地利用程度提高带来的人类能源活动强度的提升是造成碳排放量大幅增长的主要原因。

另据测算，2020 年南京市土地利用总体规划方案和基于碳排放最小化的土地利用优化方案下土地利用程度分别为 297.09 和 296.74，略低于南京市 2020 年的预测值，该两种方案的碳排放总量分别为 6515 万吨和 6422 万吨，与预测结果的碳排放总量相比有一定程度的下降。特别是在碳排放最小化的优化方案下，碳排放总量比预测值降低了 240 万吨，碳减排比例为 7%。这说明基于碳排放最小化的土地优化方案能在一定程度上控制建设用地的过快增长，对于降低南京市土地利用综合强度和碳排放强度具有重要的调控作用。

根据土地利用强度的不同，可以设置以下情景：(1) 无约束情景，按照土地利用强度增长的趋势进行预测，则 2020 年碳排放总量达到 6662 万吨，碳排放增加值为 3593 万吨，可以看出，该方案下由于对土地利用强度未加约束，导致碳排放的大幅增长；(2) 适度调控情景：假定实行土地强度控制措施，将南京市土地利用程度提高的幅度控制在预测增幅的一半，则碳排放总量为 4830 万吨，碳增加值为 1760 万吨；(3) 高强度调控情景：假设实行高强度土地强度控制措施，2020 年在维持当前土地利用强度的条件下，南京市碳排放总量为 3069 万吨，可以看出，如果对土地利用强度进行高强度约束，还是能够起到较好的碳减排效果；(4) 碳排放最小化的优化方案情景：比无约束情景下碳排放总量降低了 240 万吨，减排比例为 7%（与无约束情景下的碳排放增加值相比）。这表明基于碳排放最小化的土地优化方案对于降低南京市土地利用强度和碳排放量具有一定的调控作用，但效果并不明显，应该更进一步在此基础上加大对于土地利用强度的调控力度。

结果表明：土地利用强度是影响城市系统碳输出的重要因素，人为土地利用活动的增强，特别是建设用地面积的增加会提升区域的土地利用强度，这会进一步提高城市的土地利用碳排放强度。因此，加强对建设用地扩张的控制，抑制土地利用开发强度的过快增长是降低城市碳排放水平的重要措施。

第四节 基于产业用地调控的南京市城市碳减排潜力分析

除土地利用结构和强度外，不同产业及其用地的比例关系也会对城市系统碳循环带来一定的影响。因此，通过调整产业结构也会起到一定的碳减排效果。这里重点从三次产业比重和三次产业用地配置比例两个角度来分析产业调控的碳减排效果。

从南京市各产业的碳排放强度分析可见，2009 年第二产业的单位 GDP 碳排放强度最高，为 1.29 吨/万元（注：GDP 为现价）；最低的为第三产业，为 0.23 吨/万元；第一产业介于两者之间，为 0.49 吨/万元（图 7-2）。另外从三次产业 2000 年以来单位 GDP 碳排放强度的降幅来看，降幅最大的为第一产业，其次为第三产业，第二产业降幅最小。这说明，第二产业的能源消费仍然是造成南京市碳排放的主要因素，2009 年第二产业碳排放总量占南京市碳排放总量的 81%。

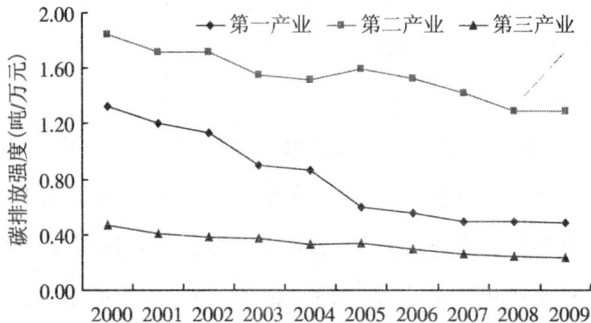

图 7-2 南京市三次产业碳排放强度的变化趋势

因此,提高第二产业的能源利用效率、降低重工业的比重并大力发展第三产业是降低城市能源消耗和碳排放量的重要措施。对南京市而言,三次产业比例关系从 1990 年的 9.78∶54.4∶35.82 调整为 2010 年的 2.8∶46.7∶50.50。早在 1999 年,南京市第三产业的比重就已经超过了第二产业,这是个很好的现象。近年来,随着南京市产业结构的升级,在第三产业发展的带动下,南京市碳排放强度也呈大幅下降趋势。

在历年各产业单位 GDP 碳排放强度的基础上进行预测,可以得出 2020 年南京市三次产业的碳排放强度分别为 0.22、0.58 和 0.11 吨/万元。按南京市"十二五"规划的经济增长目标(13%),南京市 2020 年 GDP 为 17006.78 亿元。这里假定随着南京市的经济结构的升级,2020 年三次产业比重调整为 2∶40∶58(表 7-9)。

表 7-9　南京市三次产业调整的碳减排效应分析

	第一产业	第二产业	第三产业	合计
2010 年三次产业比重	2.8	46.7	50.5	1
2020 年三次产业比重(预测)	2	40	58	1
2020 年各产业 GDP(亿元,按当前比重计)	476.19	7942.17	8588.43	17006.78
2020 年各产业 GDP(亿元,按预测比重计)	340.14	6802.71	9863.93	17006.78
2020 年预测碳排放强度(吨/万元)	0.22	0.58	0.11	
2020 年碳排放总量(10^4 t,按当前比重计)	104.38	4626.79	904.19	5635.36
2020 年碳排放总量(10^4 t,按预测比重计)	74.56	3962.99	1038.47	5076.02
碳减排潜力	29.82	663.80	-134.29	559.34

据上述预测,如果南京市保持当前的三次产业比重现状,则 2020 年南京市碳排放总量为 5635 万吨;如果比重调整为 2∶40∶58,则碳排放总量为 5076 万吨。这表明,由南京市产业结构调整带来的碳减排潜力预期为 559 万吨,与 2009—2020 年碳排放的净增量相比,产业结构调整的减排比例高达近 22%,减排潜力是相当可观的。这一减排量主要来自于第二产业比重的下降。根据预测结果,第二产业比重每下降 1 个百分点,碳减排量高达 99 万吨。因此加强产业结构的调整和升级是未来发展低碳经济的重要策略。

除产业结构调整能起到较大的碳减排潜力之外,产业用地的优化配置也能带来一定的碳减排效果。由于三次产业内部详细的行业类型不易与土地利用方式对应,这里仅对南京市三次产业用地的配置比例进行分析,来探讨南京市产业用地调整对城市碳排放的影响。

将各项碳排放与三次产业进行对应合并,可以得到南京市三次产业的碳排放总量。同时,将各种土地利用类型也与三次产业进行对应(注:并非把全部用地都落实在三次产业上,未利用地、水域和其他用地等没有进行对应),农林牧草等归于第一产业,工矿用地归为第二产业,城市居民点用地及交通用地归为第三产业。根据碳排放、土地利用和三次产业的对应关系,可以计算出历年三次产业单位用地的碳排放强度(表7-10)。

表 7-10　南京市不同产业用地的碳排放强度(单位:t/hm²)

年份	第一产业	第二产业	第三产业
2000	2.03	291.53	28.97
2001	2.01	289.05	28.66
2002	2.16	301.83	26.67
2003	1.88	312.12	29.84
2004	1.99	348.38	31.58
2005	1.86	413.20	37.94
2006	1.86	427.34	38.72
2007	1.76	438.75	40.75
2008	1.82	412.08	44.23
2009	1.93	426.12	48.57

可以看出,主要产业用地碳排放强度变化情况差异明显,第一产业呈下降趋势,第二和第三产业均呈明显增长态势。根据近年来三次产业用地的碳排放强度的变化进行预测,可以得出 2020 年三次产业的碳排放强度分别为 1.82 t/hm²、464.24 t/hm² 和 102.29 t/hm²。结合对碳排放强度的预测,根据南京市土地利用总体规划方案和优化方案的对比,2020 年规划方案的碳排放总量为 5236 万吨,三种优化方案中,碳排放最小化的土地优化方案能起到一定的碳减排效果,但并不显著,碳减排潜力仅为 14 万吨。其主要原因在于:随着南京市经济发展,土地

总面积保持不变,而单位用地的碳排放总是呈增加趋势,因此基于碳排放最小化的土地优化方案虽然能在一定程度上约束建设用地的增长,但碳减排总量并不大。

从以上分析可见,从三次产业调整的角度来说,基于碳排放最小化的土地优化方案还不足以对南京市快速增长的碳排放构成严格约束。理论上讲,由于增加 1 hm² 工业用地就会带来 464 吨的碳排放,因此,对南京市而言,不仅应该从产业比重的角度进行调控,也应该从产业用地的配置方面开展对不同产业的用地调控,提高重工业的用地门槛,控制第二产业用地的过快增长,促进工业用地的节约集约利用,这样才能实现"十二五"规划的碳减排目标。

以上研究表明:在开展城市系统碳循环的土地调控时,应采取综合的土地调控策略,不仅要开展土地利用结构调整,也需要从土地利用强度、产业用地的配置等角度开展对于碳排放的约束,构建低碳型的城市土地调控体系,以实现城市土地利用碳减排的目标。

第五节　本章小结

在南京市土地利用总体规划方案的碳蓄积/排放效应评估的基础上,运用线性规划模型,提出了若干有利于碳增汇/减排的南京市土地利用结构优化方案并进行了对比分析和优选,并对土地利用强度调控和产业用地调控的碳减排潜力进行了分析。主要结论如下:

(1)南京市土地利用总体规划方案 2020 年规划目标年的土地利用方案的碳蓄积增加效应为 344 万吨,碳排放增加效应为 1294 万吨,碳汇减少效应为 3.4 万吨,总体上来看,虽然使区域的总碳蓄积量有所提升,但土地利用规划方案带来的碳排放效应还是要远远大于碳蓄积的增加值,同时也导致了碳汇能力的降低。

(2)在三种土地利用结构优化方案中,基于碳蓄积最大化和碳汇最大化的土地利用结构优化方案虽然能增加城市系统的碳蓄积水平和碳汇能力,但与 2020 年规划方案相比,碳排放总量大幅增长,因此不利于控制南京市的碳排放强度;而基于碳排放最小化的土地利用结构优化方案比 2020 年规划方案的碳排放减少了 73 万吨,碳减排潜力高达 8.5%,如果考虑区域的碳蓄积和碳汇能力,则碳增汇减排总量可达 148 万吨。这说明,基于碳排放最小化的土地利用结构优化方案能起到较好的碳减排效果,可以作为机关部门土地调整的参考方案。

(3) 南京市土地利用程度每提高 1 个点,南京市土地利用碳排放总量将增加 266 万吨。按土地利用程度进行计算,基于碳排放最小化的土地利用结构优化方案的碳排放比预测值降低了 240 万吨,减排比例为 7%。

(4) 南京市每增加 1 hm² 工业用地就会带来 464 吨的碳排放。预测结果发现,基于碳排放最小化的土地利用结构优化方案虽然能起到一定的碳减排效果,但从三次产业用地调整的角度来说,还不足以对南京市快速增长的碳排放构成严格约束。

本章的研究还存在一些不足之处,主要表现在:

(1) 对于建设用地来说,仅按照土地分类体系分为城镇工矿用地、农村居民点用地、交通运输用地、水利设施用地、其他建设用地等用地方式,而对于城市内部土地利用类型没有进行详细的划分(如城市商服用地、公共设施用地、住宅用地等)。结合城市规划的用地分类体系来进行研究,对于城市不同功能区碳排放的空间差异研究以及在此基础上开展城市功能区空间结构优化布局研究十分重要,这是今后应该进一步深入研究的问题。

(2) 对于城市碳循环的土地调控研究来讲,本书仅仅尝试性地探讨了基于土地利用结构优化和土地利用强度调控的碳减排潜力分析。实质上,土地利用空间布局和产业用地布局也会影响城市的碳循环和碳流通效率。另外,土地利用调控也可以采用供地计划、用地价格、投资倾斜和税收等手段设置不同行业的碳准入门槛,从而将土地调控与经济手段结合起来,以起到更好的低碳调控效果,这也是今后进一步研究的重要方向之一。

(3) 由于数据的限制,没有开展城市系统内部各子系统之间碳流通过程的土地调控研究。

第八章 基于土地利用调控的南京市 低碳城市管理策略

低碳城市管理策略涵盖城市的各个领域,如生态保护、低碳技术、绿色建筑、清洁能源、产业结构调整、低碳管理、低碳消费和低碳理念等。其中,提高能源使用效率、发展清洁能源和研发低碳技术是实现城市低碳发展的核心。本章重点从土地利用优化调控和低碳土地利用模式的角度提出南京市低碳城市的管理策略,为南京市发展低碳经济提供决策参考。

第一节 加强生态管护,增强城市碳汇能力

加强生态管护,增强生产性土地的固碳效率可有效补偿城市的人为碳排放。增强城市碳汇应重点从自然植被、耕地、土壤、水域和城市绿化等不同的角度入手,一方面尽可能增加生态用地面积,另一方面通过措施提高生产性土地的固碳效率。具体来讲,增强城市碳汇功能可采取以下措施:

一、加强对自然植被的生态保护

林地和草地是陆地生态系统碳蓄积的重要载体,也是最重要的碳汇形式。对南京市来说,应注意以下措施:(1)加强对自然林地和草地的生态保护。如钟山风景区、竹镇林场自然保护区、高淳县花山生态公益林等重要的自然保护区或公益林区要特别加强生态保护。(2)加强植树造林,提高森林覆盖率。通过增加植

被覆盖,增强南京市自然植被对人为碳排放的吸收和补偿能力。(3) 适当的森林砍伐和树木更新。考虑到幼年林生长旺盛,具有较强的固碳效率,因此应适当进行自然植被的砍伐、更新和轮作,以加强南京市森林生态系统的碳吸收能力。(4) 保护自然和人工草地,防止草地退化。(5) 严格禁止对生态功能区域的开发活动。按照南京市"十二五"规划纲要,重点对六合区的北部区域、溧水县南部和高淳县大部区域,以及城市总体规划确定的主要生态开敞空间系统加强保护;重点对各类自然保护区、风景名胜区、森林公园、地质公园等实行强制性保护,严禁不符合主体功能定位的开发活动。

二、加强基本农田保护,增强农业碳汇能力

农作物生育期的碳吸收也是重要的碳汇形式。要提高农业碳汇能力,具体可采取如下措施:(1) 实行严格的基本农田保护制度,按照土地利用总体规划的约束指标,南京市 2020 年耕地面积要不低于 235423.6 hm²;(2) 尽可能提高农作物的复种指数,实行积极的轮作制度,提升单位农业用地的碳汇强度;(3) 避免不合理的农业开发活动,在丘陵、岗地和坡地以及生态脆弱区实施退耕还林,一方面能够发挥更大的生态效益,另一方面也有助于提升区域的碳吸收能力。

三、调整耕作措施,增强土壤碳汇

土壤碳固定是增加区域碳储存的重要途径。增强土壤碳固定的主要措施有:(1) 提倡秸秆还田,禁止就地焚烧。南京市 2009 年秸秆焚烧碳排放超过了 8 万吨,而秸秆还田有利于培育土壤肥力,明显提高土壤有机质含量。因此,应坚决制止农作物秸秆焚烧,因地制宜地开展秸秆粉碎还田覆盖、整秆还田覆盖、留茬覆盖,鼓励沤制还田、制沼肥还田、过腹还田等措施(赖力、黄贤金,2011)。(2) 改善施肥方式。一般来说,增施有机肥会导致碳排放量的增加,而增施化肥可降低碳排放,有机肥与化肥配合施用则碳排放更低;经过沼气池发酵以后的沼渣肥能够有效地降低碳排放;在沼气池中发酵的时间与施用前的预处理不同也会对碳排放带来不同的影响,这些都应在施肥过程中予以考虑。(3) 调整耕作制度。因地适宜地开展免耕、撂荒、立体种植、水旱轮作、作物轮作、农牧轮作等多样化耕种方式,避免传统耕作方式造成土壤有机质的迅速分解和碳排放。

四、保护水域和湿地,增强水域碳汇

水域和湿地也具有重要的碳汇功能。南京市具有较大的水域面积,为增强区域的碳汇能力起到了重要作用。结合南京市土地利用总体规划,重点应做到以下两点:(1)保护城市水系和水域面积,禁止围湖造田,保护水生生态环境;(2)保护沿江湿地,维持河流系统自身的生态功能和自净能力。将八卦洲、江心洲等长江中的大、小岛屿以及七里河湿地、滁河湿地等长江南京段湿地和岛屿列为受保护地区(总面积为 10800 hm²),禁止一切开发利用活动[1]。

五、加强城市绿化,增强人为碳蓄积

2009 年南京市城市绿地和建筑物碳库分别达到了 267 万吨和 522 万吨。建筑物碳储量甚至超过了森林植被的碳储量。为进一步增强人为碳蓄积,可采取如下措施:(1)进一步加强城市绿化及其保护,禁止城市建设、道路修建、拆迁或其他活动等对城市林木的破坏,增强城市绿化植被的碳蓄积水平和固碳效率;(2)提高建筑物的碳蓄积强度。建筑物碳蓄积主要与建筑物中的木质材料有关。相对来讲,木结构建筑比钢筋混凝土建筑能起到更好的碳减排和碳蓄积效果,因此应尽可能提高建筑物中木材的使用比例,增强城市各种木质产品的碳蓄积量。

第二节　优化土地利用结构,降低城市碳足迹

一、严格控制建设用地扩张

建设用地,特别是工业用地、城镇居民点用地、交通用地等是能源消耗和碳排放强度最高的土地利用方式,也是控制碳排放、实现碳减排的重点。应着重做好以下方面:(1)加强对建设用地的总量控制,严格按照土地利用总体规划和城市总体规划的要求,禁止建设用地的无限制扩张,提高城市土地利用效率,注重通过科学、合理的旧城改造,促进经济发达地区的再城市化,挖掘现有城市存量土地的再利用潜力;(2)确定南京市区和各城镇的蔓延边界,规范建设用地占用耕地的

---

[1]《南京市土地利用总体规划(2006—2020)》。

行为,尤其是防止建设用地破坏具有重要碳汇功能的自然生态系统,促进建设用地节约集约利用;(3)加强对建设用地内部土地的整理和再利用,如农村居民点整理、城市内部土地的再开发(旧城改造等)和集约利用等,同时对房地产业应适当加强调控,避免建设用地无序扩展带来多余的碳排放。

二、调整优化产业结构及用地配置

产业结构效应是影响区域碳排放的重要因素。主要应从以下方面入手:(1)控制第二产业用地特别是工业用地的扩张速度,特别是对于高耗能产业应采取技术革新进一步提高能源使用效率;(2)促进城市产业结构的升级,提高第三产业比重,促进高新技术产业发展,发展低碳技术,减少高耗能产业用地的配置比例;(3)合理规划产业布局结构和规模,避免因城市产业不合理配置造成的重复建设、土地浪费以及过多的交通运输碳排放。以上措施能在很大程度上降低城市的碳排放强度。

三、对高碳足迹的土地利用方式进行调控

适当调控土地利用结构和布局,对高碳足迹的产业活动(如工业、建筑业、交通运输业等)及其用地进行调控是降低碳排放强度的关键。(1)在产业用地布局和规划中考虑碳足迹效应,引入碳减排理念,一方面通过产业调控降低高碳排放土地利用方式的碳污染,另一方面通过提高能源效率和改善能源结构降低单位产业用地的碳排放强度;(2)在土地利用结构配置方面,应尽可能地优化组合各类用地的比例关系(包括第二产业内部各产业用地的比例关系),同时运用碳门槛来限制高碳足迹用地方式的土地供应;(3)发展生态用地,提高生产性土地的比重;(4)通过改善农耕方式增加土壤碳汇;(5)培育生物燃料,降低化石能源的比重。

四、选择低碳化的土地利用规模

要实现低碳化的用地规模,需要注意以下几点:(1)发展规模适度的建设用地,避免低水平重复建设,坚持规划引导,避免土地浪费;(2)保持合理的用地结构比例,增强城市碳汇水平,保持较好的生态效益;(3)严格土地供应,保护基本农田,坚持耕地占补平衡,加强未利用地的开发;(4)尽量维持区域的协调发展和土地利用的协调布局,避免资源和产品的大量运输带来过度的交通碳排放,也可以降低城市交通设施的碳排放压力。

第三节　探索城市低碳土地利用模式和技术

根据各种土地利用方式的碳源/汇强度,通过规划引导,采取合理的土地利用规模、强度、结构、方式和布局来对城市碳排放进行调节,在城市层面上探索低碳土地利用模式是发展低碳经济、降低碳排放的关键。

一、发展紧凑型城市

城市无节制扩张侵占了大量土地资源,也造成了能源的过度消耗和大量的碳排放。而紧凑型城市以节地、节能和优化布局的理念为城市土地低碳利用提供了具体的实现模式。(1)土地功能混合。城市土地功能混合可以减少居民出行时间、交通距离及能耗,可以大幅度降低由于城市框架过大、土地基础设施扩展和建设过程带来的碳排放。(2)城市结构"分散化的集中"模式。一方面,公共交通连接减少了各中心之间的交通能源碳排放(韩笋生和秦波,2004);另一方面,该模式比"摊大饼"式扩张具有更高的土地利用效率,并且有利于培育城市各组团之间的碳汇。(3)合理利用资源和基础设施。紧凑型城市在充分考虑不同功能区服务半径和服务性质的基础上,从规模与布局上合理安排重点基础设施项目以及生活、娱乐等市政设施(贺艳华、周国华,2007),一方面避免了重复建设造成的碳排放,另一方面提高了能源、基础设施和土地的利用效率(马奕鸣,2007)。

二、建设低碳生态工业园

生态工业园区在很大程度上实现了土地的集约利用,并促进了工业用地的最优化布局和再循环。生态工业园的低碳土地利用理念主要表现在:(1)通过产业集群,形成工业生态系统,避免了重复建设,减少了土地浪费,实现了土地资源的"减量化";(2)生态工业园区物质能量的高效利用,有利于提升园区企业的整体效益,在企业生产的层面实现了工业用地的高度集约化和较少的碳排放;(3)推行企业清洁生产,提高能源效率,通过节水、节能等措施,提高单位土地的碳生产率,降低碳排放强度(王发明,2007);(4)通过环境综合处理系统,各企业之间通过废弃物和能源的交换,既降低了废弃物处理成本,又减轻了环境污染,促进了土地的循环和再生利用；(5)尽量考虑资源节约和物质循环，尽可能地节地、节能、节水，使用可循环建筑材料，生产过程中节约土地资源等(王寿兵等，2006)，为低碳城市建设提供了工业园区层面可操作性的参考模式。

三、发展低碳循环型农业

发展低碳循环型农业，可考虑采取以下模式：(1)生态农业模式。通过延长农业产业链，促进物质和农产品的循环利用，在节约能源和原料的同时减少人为碳排放。(2)集约农业模式。从单位土地上获得更多的农产品，提高土地生产率，同时通过集中经营，面向市场需求，减少重复生产并节约劳动力。(3)绿色农业模式。减少化肥和杀虫剂等的使用，加强生态保护，促进秸秆还田和保护性耕作，增加农田土壤的碳储存。(4)土地综合治理模式。结合区域自然环境特点，对土地进行综合整理和治理，在提高农作物产量的同时最大限度地发挥土地的生态功能。以上模式对于农业生产中的节地、节水、节肥、节种，以及发展低碳农业具有重要意义。

四、发展低碳土地利用技术

探索发展各种低碳土地利用技术，并在土地开发、整理、复垦等土地利用活动中推广和应用，可以在很大程度上降低区域土地利用活动的碳排放强度。

(1)土地循环利用技术。一是探索城镇土地的再开发模式，盘活存量建设用地，降低城镇土地闲置率，提高土地利用率，统筹安排城镇存量建设用地与增量建设用地；二是加强对废弃地的整理和再利用，保护和发展碳汇，并尽量降低土地使用中的碳排放。

(2)低碳土地整理技术。一是以农地重整、村镇重建、要素重组为基本路径，促进城乡生产要素有序流动，公共资源均衡配置，基本公共服务均等覆盖，城乡发展空间集约利用；二是以土地综合整治为切入点，推动工业向园区集中、居住向社区集中、农业向规模经营集中[1]；三是加强未利用地的开发，加强土地整理、整治和复垦，通过土地的再利用，提高土地生产力，增加生态用地的固碳功能。

(3)低碳土地规划技术。把碳减排目标纳入土地利用总体规划和专项规划

---

〔1〕 南京市"十二五"规划纲要。

中,编制低碳土地利用规划,建立低碳土地利用技术体系,指导区域土地利用活动,包括土地利用结构优化技术和低碳土地利用配置技术等。

（4）土地节约集约利用技术。在全市范围内统筹安排城乡建设、土地利用、产业发展、人口布局及生态建设;开发土地节约集约利用技术和模式,减少单位土地面积的能源投入,提高单位土地面积的各类要素的投入效率,或用较少的能源投入获得较大的经济产出。一方面减少乃至避免资源浪费、污染排放（陈从喜等,2010）,这是土地低碳利用源头控制的措施,即土地减量化;另一方面通过合理提高建筑密度、建筑容积率、增加投资强度（贺艳华和周国华,2007）等措施,提高单位土地面积的碳生产率。

通过以上低碳土地利用模式和技术的开发、应用,要实现以下目标（赵荣钦等,2010）:（1）降低土地利用碳排放强度。通过单位土地上更少的投入,获得更大的产出,并尽可能降低单位面积的碳排放强度,即实现土地的节约集约利用。（2）增加土地利用的碳汇功能。控制建设用地规模,增加生产性土地面积,增强陆地生态系统的固碳效率。（3）减少土地利用的能源消耗。降低土地利用活动中的化石能源消耗,降低人为活动的碳排放。（4）形成低碳化的土地利用结构和布局,通过土地利用结构优化实现城市碳循环的土地调控目标。

第四节　编制低碳规划并开展示范区建设

规划是发展的先导,将一系列低碳土地利用模式和技术融入城市规划、土地利用总体规划和主体功能区规划的编制中,并开展示范应用,将会对低碳土地利用模式起到较好的推广和检验效果。

一、编制低碳城市总体规划

为发展低碳经济,必须编制实施低碳城市规划,把建设低碳城市作为政策目标列入城市发展总体规划,并落实到土地利用和布局上（褚君浩,2011）。对南京市而言,应结合南京市城市总体规划（2007—2030）,编制低碳型城市总体规划方案。具体而言,可重点考虑以下方面:（1）以低碳理念优化城市布局。强化城镇紧凑发展和土地节约集约利用,构建以主城为核心、以放射性交通走廊为发展轴、以生态空间为绿楔、拥江发展的现代都市区空间格局[1]。(2)低碳型市域城镇体系规划。城镇体系的布局、规模和等级的设定以及人口的控制目标应尽量以减少交通量、发展紧凑型城市为目标,减少不同等级的城镇或组团之间的交通能源消耗碳排放。(3)绿地系统规划及水系规划。应尽量均衡分布城区的绿地建设,增强城市的碳汇功能,加强对城区内水系的保护和修复,同时强化对居住区规划建设中绿化率的控制。(4)低碳交通系统规划。交通网络规划应以避免拥堵、减少出行时间、提高交通能源使用效率为目标,合理布局南京市快速交通网络和城市的干支路网系统,构筑低碳、省时、流畅、高效的交通体系。(5)低碳型城市功能区规划。应以降低城市能源消耗为目标,合理布局城市住宅区、商业区和服务区,尽量实现土地用途功能混合,构筑节能高效的城市布局方式。

二、编制低碳土地利用总体规划

对南京市而言,编制低碳土地利用总体规划,应注意以下方面:(1)低碳土地利用结构优化。结合碳排放最小化目标和碳汇最大化目标对南京市土地利用结构进行优化,以探索最利于碳增汇/减排的土地利用布局方式。(2)低碳土地生态建设模式。应重点对市域范围内的碳汇功能区加强保护和规划,完善生态用地管理,以发挥土地利用的最大碳汇效益。(3)创建环境友好型土地利用模式。如生态农业用地模式、生态工业园区模式、土地治理模式、废弃矿山的综合整治模式、水土保持与流失防治模式等[2],为南京市低碳土地利用探索出一条切实可行的道路。

三、编制低碳主体功能区规划

结合南京市土地利用总体规划,基于低碳目标,可以对南京市主体功能区规划进行重新定义并赋予新的内涵:(1)优化开发区。主要包括南京市开发强度较高的区域,如南京市中心城区。该类区域应致力于优化发展环境,增强城市碳汇、降低能耗强度,通过限制工业用地、功能区混合等措施,优化产业结构,提升区域

---

[1]《南京市城市总体规划(2007—2030)》。

[2]《南京市土地利用总体规划(2006—2020)》。

用地的集约化水平,降低单位土地的碳排放强度。(2)重点开发区。其主要包括河西、江宁、浦口等开发区以及各级城镇中心区,由于经济发展潜力较大,需要重点开发。但应适度地、有计划地接受优化开发区以及外界转移的高碳产业,一方面加大开发力度,另一方面也应避免沿用以往的高碳发展方式造成过多的碳排放,同时应注意对区域碳汇功能的保护。(3)限制开发区。主要包括耕地、林地、丘陵地区和重要的水源补给区。总体而言,这些区域应尽量避免开发,主要以保护自然环境和增强碳汇功能为主。(4)禁止开发区。如自然保护区和沿江湿地、江心洲等,应完全禁止土地开发活动,可以考虑在该区域建立碳汇经济示范区,培育森林碳汇,以补偿重点开发区和优化开发区的碳排放。

在主体功能区规划中,应以能源消耗和碳排放评估结果为参考来决定产业布局,避免恶性竞争,以低碳发展理念引领区域空间规划布局的方向。

四、开展城市低碳土地利用示范

低碳土地利用示范可以考虑在以下层面开展:(1)低碳社区示范区。在南京市社区建设规划中,可以考虑从土地节约集约、减少硬化路面、绿地系统建设、绿色节能技术等方面建设低碳社区示范区,以低碳社区促进低碳技术的集成应用,探索南京市建设低碳城市的新模式,并通过低碳社区建设培养和引导市民的低碳生活、消费理念。(2)低碳工业园区示范区。以南京市浦口、江宁等开发区为依托,按照低碳城市规划的要求,从低碳交通、功能区布局、土地用途混合等理念出发,建设低碳新城和低碳工业园区,为其他区域城市建设提供参考模式。(3)低碳旅游示范区。比如,可进一步发挥中山陵的生态文化资源优势,从发展碳汇、环境整治、环保车辆和路权管制、保护水环境以及碳排放统计监测等措施(王毅,2010)入手,将中山陵风景区打造成"全国绿色低碳示范景区"。(4)低碳农业示范区。从农业耕作措施、施肥方式、能源使用等方面入手,建立低消耗、高效益、低排放、高碳汇的低碳农业示范园区,并进一步向全市推广应用。(5)低碳示范企业。以高新技术企业为依托,采用低碳技术、循环经济模式、节约集约用地、环保理念等开展绿色、低碳企业的建设示范,并进一步向全市推广应用。

另外,在各级示范区建设的基础上,尝试建立低碳的量化标准,对南京市开展不同层面的低碳发展评价,包括城市、城区、社区、景区及工业园区和产业等,为进一步打造低碳城市提供有力的技术支撑和参照标准。

第五节　低碳土地利用的政策保障措施

一、尝试建立土地碳补偿制度

碳补偿可以考虑在不同地类之间展开,即高碳排放地类(或产业)对碳汇用地方式(如农业、林业、渔业等)进行补偿。其方式有:

(1)点源碳补偿模式。即对采用低碳技术或零排放技术的生产者进行补偿,如传统发电模式对绿色煤电的补偿(这种方式属于超标用地对低碳排放用地在同一用地类型内部的碳补偿),或工业企业向所占耕地的原居民的碳补偿(这种方式属于不同地类之间的碳补偿)。

(2)面源碳补偿模式。这种方式实质上是由政府为主导向高碳排放用地方式征收的碳税,以对生态保护用地进行奖励和补偿。比如:考虑森林、草地、湿地的单位面积碳汇价值,对限制和禁止功能区的土地利用主体实施的货币化碳补偿,属于建设用地对生态用地的跨用地类型的碳补偿(赖力、黄贤金,2011)。

二、完善土地用途管制制度

实施基于碳减排的土地用途管制制度。根据各类用地的碳源/汇属性,针对主体功能区规划和碳增汇/减排的目标,加强对碳排放相关指标的控制,利用土地总体规划制度,对传统高碳排放强度的产业项目用地加以限制,提高其碳准入门槛,抑制高碳项目的用地需求,而对低碳产业项目用地提供相对宽松的供地政策,提高低碳经济型用地的总量和比重,有效引导资本向低碳产业转移,促进产业结构调整优化升级(陈擎、汪耀兵,2010)。

三、实行低碳土地金融制度

利用土地金融工具优化配置城市土地利用结构。利用土地金融工具,就是在土地信贷、土地融资、土地抵押等方面给予低碳项目用地一定的优惠与支持。完善房地产信托基金建设,对于低碳房地产(如低碳社区和低碳工业园区)的开发,给予相应的土地金融支持,拓宽其融资渠道,丰富其融资方式,降低其融资风险,优化其融资结构。低碳土地金融的发展可促进土地资源的低碳优化配置,通过政策引导促进土地的节约集约利用,进一步降低土地利用的碳排放强度(陈擎、汪耀兵,2010)。

四、加强碳核算并制定低碳标准

开展南京全市范围的碳减排潜力和减排效益的评估工作,建立和完善低碳经济的指标体系、监测机制和环境影响评价制度,加强主要耗能企业和领域的节能减排管理制度建设。为推进低碳经济的全面发展,南京市可根据自身产业结构特点、能源利用和土地资源状况,制定符合自身实际的低碳经济发展标准,包括低碳产业、低碳园区、低碳土地利用等一系列标准,并与土地用途管制制度和土地利用碳补偿机制结合起来实施,在政策上保障南京市低碳城市发展目标的顺利实现。

五、构建城市低碳土地调控体系

进一步发挥国土资源科技创新应对全球气候变化的能力,依据相关碳减排要求完善土地利用规划审核制度,形成低碳排放的土地利用规划体系;将碳减排纳入用地供应审核内容,引导低碳化产业快速发展;继续发挥土地价格、土地税收、土地市场等的调控作用,在技术、管理、产业结构、规划等领域形成服务于城市低碳经济的土地调控体系(国土资源部,2010)。

第九章　城市系统碳循环及
土地调控研究展望

　　本书通过对城市系统碳循环及其土地调控的机理分析,构建了城市层面碳循环和碳流通研究以及土地利用碳储量和碳通量研究的理论框架;结合 IPCC 温室气体清单分析方法和国内外相关研究成果,构建了城市系统碳收支核算方法、城市系统碳循环运行评估方法、城市土地利用碳收支核算及碳效应评估方法以及城市系统碳循环的土地调控研究方法等集成研究方法体系;以南京市为案例,开展了城市系统碳循环、碳流通的实证研究;从不同土地利用方式的碳储量、碳通量入手,探讨了南京市城市土地利用碳排放强度和碳足迹状况,以及土地利用变化的碳排放效应;最后提出了基于土地利用结构优化的低碳城市管理策略。

第一节　本研究的主要结论

　　第一,构建了城市系统碳收支核算的方法体系,并对南京市城市系统碳储量、碳通量和碳流通开展了较为系统的测算与分析,初步了解了南京市城市系统的碳循环状况。

　　2009 年南京市城市总碳储量为 6937 万吨,其中自然碳库占 88%,人为碳库仅占 12%,但人为碳库增幅较大,主要归因于建筑木材和城市绿地等碳储量的大幅增加。南京市城市碳通量以人为过程的水平碳输入和垂直碳输出为主,而自然碳通量所占比重不大。就南京市城市内部碳流通而言,工业加工系统、城市生活系统、农村生活系统和农业生产系统共同构成了城市内部碳流通的主体,其中工业加工系统以碳的内部输出为主,城市生活系统以碳的内部输入为主,主要接受工业加工系统能源制成品的输入以及农村系统和外部系统的食物与建筑木材的碳输入,城市系统的碳输出主要以能源制成品、废弃物和水产品的形式为主。就南京市城乡之间的碳流通而言,农村向城市的直接碳输入主要是木材和食物产品,而城市向农村的直接碳输出主要是能源,总体而言,南京市城市向农村的碳输出远远大于农村向城市的碳输入,其中,由工业产品消费带来的城市向农村的隐含碳输入高达 121 万吨。

第二,对南京市城市系统碳收支和碳循环压力进行了综合评估。结果发现,南京市碳循环效率有所提升,而碳汇总量呈下降趋势,这导致了南京市城市系统碳补偿率的下降、碳足迹的扩大和碳循环压力的上升。

南京市碳循环效率的提升主要表现为单位 GDP 碳排放的下降和碳生产力的提升,而碳汇总量的下降主要归因于农田碳汇功能的减弱。南京市人为碳排放量远远大于碳汇总量,碳补偿率从 2000 年的 15.34% 下降到 2009 年的 6.07%,这表明南京市生态系统的碳吸收能力远远不足以补偿其人为活动的碳排放需求,并且碳循环压力也不断增加。南京市人为活动碳足迹和碳赤字呈逐年增加态势,2009 年南京市碳赤字为 678 万 hm^2,该面积相当于南京市土地总面积的 10 倍。

第三,建立了土地利用类型和碳循环过程的对应关系,明确了不同土地利用方式的碳储量和碳通量状况,并以南京市为例进行了实证分析。

结果发现,南京市历年单位面积碳储量呈增长趋势,由 1996 年的 95 t/hm^2 增长到 2009 年的 105 t/hm^2。2009 年居民点及工矿用地的总碳储量为 2631 万吨,占总碳储量的 38%,单位面积碳储量为 184t/hm^2,这主要归因于城市建筑木材和城市绿化碳储量的大幅增加,以及建筑容积率提高带来的单位建设面积上碳储量的增加。南京市单位土地碳通量呈明显增长趋势,其中碳通量强度最大的地类是居民点及工矿用地,2009 年其碳输入和碳输出强度分别达到 218.65 t/hm^2 和 230 t/hm^2。这表明,作为人为活动强烈集中的地类,居民点及工矿用地是接受外界碳输入最多的土地利用方式。

第四,开展了城市不同土地利用方式的碳效应的评估,结果发现,南京市不同土地利用方式的碳排放强度、碳足迹以及土地利用变化的碳排放效应具有较大差异。

2009 年南京市单位面积碳排放为 46.63 t/hm²,其中,居民点及工矿用地高达 200.52 t/hm²。南京市单位土地面积碳足迹也呈明显增长趋势,居民点及工矿用地单位面积碳足迹最高,达到 47 hm²/hm²。从土地利用碳源/汇特征来看,南京市碳源强度大幅增长,为碳汇强度的 16 倍,碳源强度最大的是居民点及工矿用地(200 t/hm²),而碳汇强度最大的是耕地(4.73 t/hm²)。各地类的碳排放弹性具有较大的差异,居民点及工矿用地每增加 1 hm²,碳排放增加 427 吨,这说明居民点及工矿用地是最重要的人为碳排放源。

第五,城市系统碳排放的快速增长受多种因素影响,总体而言,经济发展因素、人口因素、建成区的扩展等是城市碳排放增长的主要拉动因素。

对碳排放总量的因素分解发现,南京市产业碳排放强度对碳排放总量的增长起抑制作用,而经济发展因素、人口因素和产业结构效应均表现为碳排放的拉动因素。对南京市土地利用碳排放的因素分解表明,除单位 GDP 用地强度外,经济发展因素、单位土地碳排放强度和土地结构效应等均表现为土地利用碳排放增长的拉动因素。通过回归分析发现,南京市碳排放增长的主要决定因素是经济规模的增加、人口的增长和建设用地的扩展。

第六,土地利用结构优化和土地利用程度调控是促进碳减排的重要措施。从土地利用结构优化的角度来看,基于碳排放最小化的土地结构优化方案能起到较大的碳减排作用(减排比例为 8.5%)。

南京市 2020 年土地规划方案与 2005 年(基期年)相比,碳蓄积增加了 344 万吨,碳排放增加了 1294 万吨,碳汇减少了 3.4 万吨。土地利用结构优化结果发现,基于碳排放最小化的土地结构优化方案比 2020 年规划方案的碳排放减少了 73 万吨,碳减排潜力可达 8.5%,如果考虑城市的碳蓄积和碳汇能力,则增汇和减排总量可达 148 万吨,是最有利于碳增汇/减排的土地优化方案,比基于碳蓄积最大化和碳汇最大化的土地结构优化方案能起到更好的碳减排效果。另外,对土地利用综合程度进行约束也具有较大的碳减排潜力。

第七,建立以低碳为导向的土地调控体系是降低城市碳排放、增强城市适应气候变化能力的重要途径。

其中,加强生态管护、增强城市碳汇能力、优化土地利用结构、降低城市碳足迹、探索城市低碳土地利用模式和技术、编制低碳规划以及低碳土地利用的政策保障等是促进城市低碳发展的主要土地调控策略。

第二节 创新点和研究不足

一、创新点

本书在国内外研究的基础上,尝试从城市系统整体的角度开展了城市碳循环和碳流通的研究,创新点主要表现在两个方面:

(1)探索性地构建了城市系统碳循环和碳流通研究的理论框架和测算方法,并以南京市为例,对城市系统的碳储量、碳通量、碳平衡、城市内部碳流通过程、城乡之间的隐含碳、城市碳补偿和碳循环压力等进行了实证分析。

(2)尝试建立了基于土地利用层面的城市碳循环的研究方法。通过城市碳储量、碳通量与土地利用类型的对应关系和土地利用碳源/碳汇分析框架,对不同土地利用方式的碳排放强度、碳足迹和碳排放效应进行了分析,并开展了城市碳循环的土地调控的初步研究。

二、研究不足

由于城市系统碳循环研究还处于探索阶段,而且南京市部分数据的收集较为困难,因此本书还存在以下不足之处:

(1)对于部分碳储量和碳通量测算项目,如自然植被、家具、图书、建筑木材等的核算主要是基于国内外相关研究的经验系数进行的,因此测算结果的精度会受到一定的影响。城市系统碳循环研究可以考虑从城市各行业的生产过程和本地化因子入手开展自下而上的调查研究,这样会进一步提高研究精度。

(2)对于城市碳流通过程来说,没有开展城市对外贸易和能源中间加工环节的碳转移、碳流通研究。理论上来讲,城市系统碳循环应该分三个层次展开:城市与外部系统(包括国外)的碳循环,城市内部子系统之间的碳循环以及子系统内部的碳流通。但由于缺乏产品出口及流通的数据,对于南京市对外贸易中产生的碳转移和隐含碳流通没有进行核算、分析;在南京市碳输入和碳输出的核算中,对于详细能源类型及其去向未进行探讨分析。另外碳流通模式只是基于地区生产和消费关系建立的,仅代表系统各部分之间的碳输入和输出量,而中间加工过程造成的碳损失和碳转移本书没有考虑。

(3)由于土地利用类型的划分是基于能源消费碳排放项目和土地分类体系进行的,因为要考虑数据的对应关系,对于城市内部用地类型没有进行详细的划分,如城市商服用地、公共设施用地、住宅用地等,因此本书的土地利用类型和碳循环测算项目的对应关系难免存在一定的误差。

(4)对于城市碳循环的土地调控研究来讲,本书重点探讨了基于土地利用结构优化和土地利用强度调控的碳减排潜力分析。实质上,土地利用空间布局和产业用地布局也会影响城市的碳循环、碳流通效率,同时土地利用调控也可以通过采用供地计划、用地价格、投资倾斜和税收等手段设置不同行业的碳准入门槛,从而将土地调控手段与经济手段结合起来,以起到更好的低碳调控效果,这也是今后进一步研究的重要方向之一。另外,由于数据的限制,没有开展城市各子系统之间碳流通过程的土地调控研究。

第三节　研究展望

结合本研究的不足和当前国内外研究的发展趋势,未来要构建更为完善的城市系统碳循环研究的理论框架及其土地调控的方法体系,应注意以下方面研究:

一、建立城市碳排放核算标准和碳排放因子数据库

当前对于城市碳核算的研究主要是基于 IPCC 方法开展的清单编制,在体系上没有根本性的突破,而且碳排放因子不完全适用于中国城市的实际情况。因此:(1)应结合我国城市产业结构特征、经济发展水平、生产过程特点、能源结构及技术经济水平等元素,以我国国民经济统计体系、城市统计调查体系为基础,借

鉴 IPCC 温室气体排放清单编制方法和国内外相关最新研究成果,构建符合我国城市特色的碳排放因子标准数据库;(2)基于中国不同城市生产及能源使用特点,建立适合中国国情的、可供对比的碳排放清单核算标准,并开展对不同城市碳排放清单的核算和对比研究。

二、城市系统自然和人为碳储存及其固碳效益的研究

与自然生态系统类似,城市也具有一定的碳蓄积和碳汇功能,其中,城市植被、土壤、建筑物、水体等是主要的碳库。比如,中国家具业和建筑业十分兴旺,较长时间固存在这部分木材中的碳量对区域碳平衡的估算是不可忽视的量(方精云,2007),深入研究与核算城市系统的碳储存对于全面认识和评估城市系统在区域碳循环的地位及作用具有重要意义。综合考虑自然和社会因素的、跨学科的、包含城市碳储量和碳通量研究在内的城市系统碳循环综合研究有助于提升对于城市层面碳循环过程的认知水平。另外,要开展主要自然和人为过程的碳储存机制、固碳速率、碳固存周期、流通途径与固碳效益的研究,综合评价城市碳储存在应对气候变化中的意义。

三、不同职能和发展水平下城市的碳循环与碳流通模式的对比研究

不同职能(比如工业城市、旅游城市、商业城市等)、发展阶段和模式的城市,其碳排放特征和碳流通效率存在较大差异。因此,应在城市碳排放核算体系研究的基础上,开展对不同发展水平和模式下的城市碳循环、碳流通的对比研究,应涵盖城市与外部环境的碳循环、城市子系统之间的碳循环以及子系统内部的碳流通等环节,分析城市碳代谢和碳流通的主要方向、规模和效率,从整体上阐明城市系统碳循环的内部机理。总结城市发展水平和模式对城市碳循环过程的影响机制,分析城市功能和模式与碳排放及其强度之间的对应关系;结合中国城市化过程的特点,分析城市不同发展阶段和城市化模式对区域碳循环和碳流通的影响,以提出基于低碳目标的城市化发展模式。

四、基于城市土地利用分类体系的城市功能区碳排放研究

本书主要开展了基于土地利用分类体系的城市碳循环研究,而对于城市内部土地利用类型没有进行详细的划分。因此,应基于城市规划的用地分类体系,对城市内部地类(如城市商服用地、交通用地、公共设施用地、住宅用地等)的碳排放

开展深入调查和分析,探讨城市不同用地方式的碳排放强度特征,分析城市不同建筑物组合方式、建筑容积率和土地混合使用等对碳排放强度的影响,同时开展不同城市发展水平下用地方式碳排放的对比研究;开展城市不同功能区碳排放的研究,定量研究城市功能区及其组合布局方式对城市碳排放的影响以及城市功能区优化布局的碳减排潜力。

五、开展低碳城市规划和低碳土地利用规划的编制与应用研究

规划是发展的先导。编制实施低碳规划,把建设低碳城市和发展低碳土地利用模式作为政策目标列入区域发展规划中,将低碳理念融入城市功能区布局优化、土地利用结构优化、城镇体系规划、低碳土地生态建设模式中,可以从整体上引导区域的低碳发展方向。另外,低碳土地利用规划也可以与国家主体功能区规划结合起来,建立基于低碳发展策略的区域规划体系,以低碳发展理念引领区域空间规划布局的方向,这在低碳城市发展中具有重要的实践意义。

六、深入开展城市碳循环的土地利用调控机制和方法体系研究

本书仅仅尝试性地从土地利用结构调整和土地利用强度调控等方面开展了对城市系统碳循环的土地调控研究。实际上,要构建城市碳循环的土地调控体系,可以从政策或经济手段入手,通过对土地利用结构、布局、规模和强度的影响,调控城市碳循环和碳流通的规模与效率;也可以通过采用供地计划、用地价格、投资倾斜和税收等手段设置不同行业的碳准入门槛,从而将土地调控手段与经济手段结合起来,以起到更好的低碳调控效果。通过土地利用的调控,引导区域国土开发和产业布局,形成低碳型的产业结构、城镇布局体系和城市发展模式等。

七、土地利用的低碳目标、经济效益和社会效益的综合评价和权衡

目前,发展低碳经济、降低碳排放以应对气候变化已成为国家、省和城市等不同层面的一个共同的重要战略方向。但在"低碳热"的同时,也要避免陷入另一个误区:便是只考虑"低碳"而不计其余。本研究重点从碳排放的角度来探讨了土地调控的若干问题,但从本质上来讲,土地调控的目标是多方面的,即便在没有出现"低碳"概念之前也需要土地调控,低碳并不是土地调控的唯一目的和方向。对于人类社会的进步来说,"低碳"应该是在保证社会发展和进步的前提下的"相对低碳",而不是不计成本和代价的"碳减排"。因此,在未来的发展中,应该对土地利用有"统筹"的考虑,开展对于土地利用及其调控的综合效益的评价,一方面要考虑土地利用的生态效益和碳减排效应,另一方面也要考虑人民生活水平的提高、社会及经济效益的提升,这需要作进一步的评价和权衡,以找到它们的最佳结合点。

参考文献

[1] Alberti M, Waddel P. An integrated urban development and ecological simulation model [J]. Integrated Assessment, 2000,1(3):215 - 227.

[2] Ang B W. Decomposition analysis for policymaking in energy:What is preferred method [J]. Energy Policy,2004,32(9):1131 - 1139.

[3] Baldasano J M, Soriano C, Boada L. Emission inventory for greenhouse gases in the city of barcelonam, 1987 - 1996 [J]. Atmospheric Environment, 1999, 33 (23): 3765 - 3775.

[4] Biesiot W, Noorman K J. Energy requirements of household consumption:case study of the Netherlands [J]. Ecological Economics,1999,28(3):367 - 383.

[5] BP. What on earth is a Carbon Footprint [EB/OL]. http://www. bp. com/liveassets/ bp_internet/globalbp/STAGING/global_assets/downloads/A/ABP_ADV_what_on_ earth_is_a_carbon_footprint. pdf.

[6] Bradford M A, Tordoff G M, Black H I J, et al. Carbon dynamics in a model grassland with functionally different soil communities [J]. Fuctional ecology, 2007, 21(4):690 - 697.

[7] Bramryd T. Fluxes and accumulation of organic carbon in urban ecosystems on a global scale. In:Bornkamm R, Lee JA, Seaward MRD. Urban Ecology [M]. Blackwell Scientific Publications,Oxford,1980:3 - 12.

[8] Brenton P, Jonesb G E, Jensena M F. Carbon Labelling and Low Income Country Eexports:an Issues Paper [R]. International Trade Department of The World Bank.

[9] Canadell J G,Dickinson R,Hibbard K,et al. 柴御成,周广胜,周莉,等译. 全球碳计划

[M]. 北京:气象出版社,2004:32 - 37.

[10] Canadell J G, Mooney H A. Ecosystem metabolism and the global carbon cycle [J]. Tree,1999,14(6):249.

[11] Canan P,Crawford S. What can be learned from champions of ozone layer protection for urban and regional carbon management in Japan? [R] Global Carbon Project, 2006:16 - 17.

[12] Chang R Y, Tang H P. Sensitivity analysis on methods of estimating carbon sequestration in grassland ecosystem of Inner Mongolia, China [J]. Journal of Plant Ecology,2008,32(4):810 - 814.

[13] Chang Y F,Lin S J. Structural decomposition of industrial CO_2 emission in Taiwan:an input-output approach [J]. Energy Policy,1998,26(1):5 - 12.

[14] Christen A,Coops N,Kellett R,et al. A LiDAR-Based Urban Metabolism Approach to Neighbourhood Scale Energy and Carbon Emissions Modelling [R]. University of British Columbia, 2010.

[15] Churkina G, Brown D G, Keoleian G. Carbon stored in human settlements: the conterminous United States [J]. Global Change Biology,2010,16(1):135 - 143.

[16] Churkina G. Modeling the carbon cycle of urban systems [J]. Ecological Modeling, 2008,216(2):107 - 113.

[17] Crutzen P. Dowsing the Human Volcano [J]. Nature,2000,407(12):674 - 675.

[18] Dhakal S. 2005. The Global Carbon Project and urban and regional carbon management [EB/OL]. on the website of URCM:http://www. gcp-urcm. org.

[19] Dhakal S. Urban energy use and carbon emissions from cities in China and policy implications [J]. Energy Policy,2009,37(11):4208 - 4219.

[20] Dhakal S. Urban energy use and greenhouse gas emissions in Asian mega-cities [M]. Kitakyushu:Institute for Global Environmental Strategies,2004:43 - 61.

[21] Ehrlich P R,Holden J P. Impact of population growth [J]. Science,1971,171(3977): 1212 - 1217.

[22] Energetics. 2007. The Reality of Carbon Neutrality [EB/OL]. www. energetics. com. au/file? node_id=21228.

[23] Escobedo F, Varela S, Zhao M. et al. Analyzing the efficacy of subtropical urban forests in offsetting carbon emissions from cities [J]. Environmental Science & policy,2010,13(5):362 - 372.

[24] Fang J Y, Chen A P, Peng C H, et al. Changes in forest biomass carbon storage in China between 1949 and 1998 [J]. Science,2001,292(5525):2320 - 2322.

[25] Folke C,Jansson A,Larsson J,et al. Ecosystem appropriation by cities [J]. AMBIO, 1997,26(3):167 - 172.

[26] Fong W K, Matsumoto H, Lun Y F. Application of System Dynamics model as decision making tool in urban planning process toward stabilizing carbon dioxide emissions from cities [J]. Building and Environment,2009,44(7):1528 - 1537.

[27] Gielen D,Chen C. The CO_2 emission reduction benefits of Chinese energy policies and environmental policies:A case study for Shanghai,period 1995—2020[J]. Ecological Economics,2001,39(2):257 - 270.

[28] Glaeser E L,Kahn M E. The greenness of cities:carbon dioxide emissionsand urban development [J]. Journal of Urban Economics,2010,67(3):404 - 418.

[29] Global Footprint Network. Ecological Footprint Glossary [EB/OL]. http://www. footprintnetwork. org/gfn_sub. php? content=glossary.

[30] Gomi K,Shimada K,Matsuoka Y. A low-carbon scenario creation method for a local-scale economy and its application in Kyoto city [J]. Energy Policy, 2010, 38(9): 4783 - 4796.

[31] Grimm N B, Grove J M, Pickett S T A, et al. Integrated approaches to long-term studies of urban ecological systems [J]. Bioscience,2000,50(7):571 - 584.

[32] Guo R,Cao X J, Yang X Y, et al. The strategy of energy-related carbon emission reduction in Shanghai [J]. Energy Policy,2010,38(1):633 - 638.

[33] Hankey S, Marshall J D. Impacts of urban form on future US passenger-vehicle greenhouse gas emissions [J]. Energy Policy,2010,38(9):4880 - 4887.

[34] Hillman T, Ramaswami A. Greenhouse gas emission footprints and energy use benchmarks for eight U. S. cities [J]. Environmental Science &Technology,2010, 44(6):1902 - 1910.

［35］Hoekstra A Y. Virtual water: an introduction ［A］. Virtual Water Trade: Proceedings of the International Expert Meeting on Virtual Water Trade Value of Water Research Report Series (No. 12)［C］. Delft, The Netherlands: IHE, 2003: 13 - 23.

［36］Houghton R A, Hackler J L. Sources and sinks of carbon from land-use change in China ［J］. Global Biogeochemical Cycles, 2003, 17(2): 1034 - 1047.

［37］Houghton R A. The annual net flux of carbon to the atmosphere from changes in land use 1850—1990 ［J］. Tellus Series B-Chemical and Physical Meteorology, 1999, 51 (2): 298 - 313.

［38］ICLEI. International local government GHG emissions analysis protocol ［R］. 2008: 1 - 57.

［39］ICLEI. Local government operations protocol for the quantification and reporting of greenhouse gas emissions inventories ［R］. 2008.

［40］IPCC, OECD, IEA. Revised 1996 IPCC Guidelines for National Greenhouse Gas Inventories ［R］. 1996.

［41］IPCC. 2006 IPCC Guidelines for National Greenhouse Gas Inventories ［R］. 2006.

［42］Ishii S, Tabushi S, Aramaki T, et al. Impact of future urban form on the potential to reduce greenhouse gas emissions from residential, commercial and public buildings in Utsunomiya, Japan ［J］. Energy Policy, 2010, 38(9): 4888 - 4896.

［43］Jo H K. Impacts of urban greenspace on offsetting carbon emissions for middle Korea［J］. Journal of Environmental Management, 2002, 64(2): 115 - 126.

［44］Kauppi P E, Mielikainen K, Kuusela K. Biomass and carbon budget of European forests, 1971 to 1990 ［J］. Science, 1992, 256(5053): 70 - 74.

［45］Kawase R, Matsuoka Y, Fujino J. Decomposition analysis of CO_2 emission in long-term climate stabilization scenarios ［J］. Energy Policy, 2006, 34(15): 2113 - 2122.

［46］Kaya Y. Impact of carbon dioxide emission control on GNP growth: Interpretation of proposed scenarios ［R］. Paris: IPCC Energy and Industry Subgroup, Response Strategies Working Group, 1990.

［47］Kennedy C, Cuddihy J, Engel-Yan J. The changing metabolism of cities ［J］. Journal of Industrial Ecology, 2007, 11(2): 43 - 59.

[48] Kennedy C,Steinberger J,Gasson B,et al. Greenhouse gas emissions from global cities [J]. Environmental Science & Technology,2009,43(19):7297 – 7302.

[49] Kennedy C,Steinberger J,Gasson B, et al. Methodology for inventorying greenhouse gas emissions from global cities [J]. Energy Policy,2010,38(9):4828 – 4837.

[50] Kenny T,Gray N F. Comparative performance of six carbon footprint models for use in Ireland [J]. Environmental Impact Assessment Review,2009(29):1 – 6.

[51] Koemer B, Klopatek J. Anthropogenic and natural CO_2 emission sources in an arid urban environment [J]. Environmental Pollution,2002,116(S):45 – 51.

[52] Lal R. Soil carbon dynamics in cropland and rangeland [J]. Environmental Pollution, 2002,116(3):353 – 362.

[53] Lebel L,Garden P,Banaticla M R N,et al. Integrating carbon management into the development strategies of urbanizing regions in Asia[J]. Journal of industrial ecology, 2007,11(2):61 – 81.

[54] Lebel L. Carbon and water mamagement in urbanization [J]. Global Environmental Change,2005,15:293 – 295.

[55] Li L,Chen C H,Xie S C,et al. Energy demand and carbon emissions under different development scenarios for Shanghai, China [J]. Energy Policy, 2010, 38 (9):4797 – 4807.

[56] Luo T W,Ouyang Z Y,Frostich L E. Food carbon consumption in Beijing urban households [J]. International Journal of Sustainable Development and World Ecology,2008,15(3):189 – 197.

[57] Ma C B. Stern D I. China's changing energy intensity trend: A decomposition analysis [J]. Energy Economics,2008,30(3):1037 – 1053.

[58] Marilyn A, Brown F S, Sarzynski A. The geography of metropolitan carbon footprints[J]. Policy and Society,2009,27:285 – 304.

[59] Mestdagh I,Sleutel S,Lootens P,et al. Soil organic carbon stocks in verges and urban areas of Flanders,Belgium [J]. Grass & Forage Science,2005,60(2):151 – 156.

[60] Munksgaard J,Wier M,Lenzen M,et al. Using input-output analysis to measure the environmental pressure of consumption at different spatial levels[J]. Journal of

Industrial Ecology,2005,9(1—2):169 - 185.

[61] Nakicenovic N. Freeing energy from carbon. In: Ausubel J H, Langford H D. Technological trajectories and the human environment[M]. Washington, DC: National Academy Press,1997:74 - 88.

[62] Norman J, MacLean H L, Kennedy C A. Comparing high and low residential density: life-cycle analysis of energy use and greenhouse gasemissions [J]. Journal of Urban Planning and Development,2006,132(1):10 - 21.

[63] Nowak D J, Crane D E. Carbon storage and sequestration by urban trees in the USA [J]. Environmental Pollution,2002,112(3):381 - 389.

[64] Nowak D J. Atmospheric carbon reduction by urban trees [J]. Journal of Environmental Management,1993,37:207 - 217.

[65] Oke T R, Mills G, Voogt J, Christen A. Urban Climates [M]. Cambridge University Press,2010.

[66] ORNL. Estimate of CO_2 emission from fossil fuel burning and cement manufacturing[R]. Carbon Dioxide Information Analysis Center,1990.

[67] Park S H. Decomposition of industrial energy consumption: An alternative method [J]. Energy Economics,1992,14(4):265 - 270.

[68] Parshall L, Gurney K. , Hammer S A. et al. Modeling energy consumption and CO_2 emissions at the urban scale-Methodological challenges and insights from the United States [J]. Energy Policy,2010,38(9):4765 - 4782.

[69] Pataki D E, Alig R J, Fung A S, et al. Urban ecosystems and the North American carbon cycle [J]. Global Change Biology,2006,12(11):2092 - 2102.

[70] Phdungsilp A. Integrated energy and carbon modeling with a decision support system: Policy scenarios for low-carbon city development in Bangkok[J]. Energy Policy,2010,38(9):4808 - 4817.

[71] Post. Carbon footprint of electricity generation[EB/OL]. http://www. parliament. uk/documents/upload/postpn268. pdf,2006.

[72] Poudyal N C, Siry J P, Bowker J M. Urban forests' potential to supply marketable carbon emission offsets: A survey of municipal governments in the United States [J].

Forest Policy and Economics,2010,12(6):432-438.

[73] Pouyat R, Groffman P, Yesilonis I, et al. Soil carbon pools and fluxes in urban ecosystems [J]. Environmental Pollution,2002,116(S1):107-118.

[74] Prentice K C, Fung I Y. The sensitivity of terrestrial carbon storage to climate change [J]. Nature,1990,346(6279):48-51.

[75] Quay P D, Tilbrook B, Wong C S. Oceanic uptake of fossil fuel CO_2: carbon—13 evidence [J]. Science,1992,256(5053):74-79.

[76] Schindler D W. The mysterious missing sink [J]. Nature,1999,398(6723):105-107.

[77] Schipper L, Murtishaw S, Khrushch M, et al. Carbon emissions from manufacturing energy use in 13 IEA countries: long-term trends through 1995[J]. Energy Policy, 2001,29(9):667-688.

[78] Schulz N B. Delving into the carbon footprints of Singapore—comparing direct and indirect greenhouse gas emissions of a small and open economic system [J]. Energy Policy,2010,38(9):4848-4855.

[79] Shimada K, Tanaka Y, Gomi K, et al. Developing a long-term local society design methodology towards a low-carbon economy: An application to Shiga Prefecture in Japan [J]. Energy Policy,2007,35(9):4688-4703.

[80] Shrestha R M, Rajbhandari S. Energy and environmental implications of carbon emission reduction targets: Case of Kathmandu Valley, Nepal[J]. Energy Policy,2010, 38(9):4818-4827.

[81] Sissiqi T A. The Asian Financial Crisis—is it good for the global environment? [J] Global Environmental Change,2000,10(1):1-7.

[82] Sovacool B K, Brown M A. Twelve metropolitan carbon footprints: A preliminary comparative global assessment [J]. Energy Policy,2010,38(9):4856-4869.

[83] Sun J W. Changes in energy consumption and energy intensity: A complete decomposition model [J]. Energy Economics,1998,20(1):85-100.

[84] Svirejeva-Hopkins A, Schellnhuber H J. Modelling carbon dynamics from urban land conversion: fundamental model of city in relation to a local carbon cycle [J]. Carbon Balance and Management,2006,1(9):1-9.

［85］Svirejeva-Hopkins A,Schellnhuber H J. Urban expansion and its contribution to the regional carbon emissions: Using the model based on the population density distribution ［J］. Ecological Modelling,2008,216(2):208 - 216.

［86］Tailor P W. Respect for nature:a theory of environmental ethics ［M］. New Jersey: Princeton University Press,1986.

［87］Takahashi T,Amano T Y,Kuchinura K. et al. Caborn content of soil in urban parks in Tokyo,Japan ［J］. Landscape and Ecological Engineering,2008,4(2):139 - 142.

［88］Tapio P. Towards a theory of decoupling degrees of decoupling in the EU and the case of road traffic in Finland between 1970 and 2001 ［J］. Transport Policy,2005,12(2): 137 - 151.

［89］Tian H,Mellilo J M,Kichlighter D W,et al. Effects of interannual climate variability on carbon storage in Amazonian ecosystems ［J］. Nature,1998,396:664 - 667.

［90］URCM. 2005. URCM Science. http://www. gcp-urcm. org/Main/URCMScience.

［91］Vande Weghe J R, Kennedy C. A spatial analysis of residential greenhouse gas emissions in the Toronto xensus metropolitan area ［J］. Journal of Industrial Ecology, 2007,11(2):133 - 144.

［92］West T O. Marland G. A synthesis of carbon sequestration,carbon emissions,and net carbon flux in agriculture:Comparing tillage practices in the United States ［J］. Agriculture,Ecosystems and Environment,2002,91(1—3):217 - 232.

［93］While A,Jonas A E G,Gibbs D,From sustainable development to carbon control:eco-state restructuring and the politics of urban and regional development ［J］. Transactions of the Institute of British Geographers,2010,35(1):76 - 93.

［94］Wiedmann T, Minx J. A Definition of Carbon Footprint［EB/OL］. 2007. http:// www. censa. org. uk/docs/ISA-UK_Report_07 - 01_carbon_footprint. pdf.

［95］Wolman A. The metabolism of cities ［J］. Scientific American,1965,213:179 - 190.

［96］World Wildlife Fund. Living planet report 2008［EB/OL］. www. panda. org.

［97］York R, Rosa E A, Dietz T. STIRPAT, IPAT and ImPACT: analytic tools for unpacking the driving forces of environmental impacts ［J］. Ecological Economics, 2003,46(3):351 - 365.

[98] Zha D L,Zhou D Q,Zhou P. Driving forces of residential CO_2 emissions in urban and rural China: An index decomposition analysis [J]. Energy Policy, 2010, 38 (7): 3377 - 3383.

[99] Zhao M,Kong Z H,Escobedo F J. et al. Impacts of urban forests on offsetting carbon emissions from industrial energy use in Hangzhou, China [J]. Journal of Environmental Management,2010,91(4):807 - 813.

[100] 白彦锋,姜春前,张守攻. 中国木质林产品碳储量及其减排潜力[J]. 生态学报,2009, 29(1):399 - 405.

[101] 毕军. 后危机时代我国低碳城市的建设路径[J]. 南京社会科学,2009,(11):12 - 16.

[102] 蔡博峰,刘春兰,陈操操,等. 城市温室气体清单研究[M]. 北京:化学工业出版社,2009.

[103] 蔡博峰. 城市温室气体清单研究[J]. 气候变化研究进展,2011,7(1):23 - 28.

[104] 常州高新区. 低碳经济与节约集约用地论坛在常州召开[EB/OL]. http://js. xhby. net/system/2010/07/01/010783875. shtml.

[105] 陈操操,刘春兰,田刚,等. 城市温室气体清单评价研究[J]. 环境科学,2010,31(11): 2780 - 2787.

[106] 陈从喜,黄贤金,林伯强. 用好管好资源,践行低碳发展[N]. 中国国土资源报, 2010 - 04 - 23.

[107] 陈德昌. 生态经济学[M]. 上海:上海科学技术文献出版社,2003.

[108] 陈飞,诸大建. 低碳城市研究的理论方法与上海实证分析[J]. 城市发展研究,2009, 16(10):71 - 79.

[109] 陈广生,田汉勤. 土地利用/覆盖变化对陆地生态系统碳循环的影响[J]. 植物生态学报,2007,31(2):189 - 204.

[110] 陈琦,郑一新,陈云波. 昆明市城镇家庭消费碳排放特征及影响因素分析[J]. 环境科学导刊,2010,29(5):14 - 17.

[111] 陈擎,汪耀兵. 低碳化视角下的城市土地利用研究[J]. 当代经济,2010(10):88 - 89.

[112] 谌伟,诸大建,白竹岚. 上海市工业碳排放总量与碳生产率关系[J]. 中国人口·资源与环境,2010,20(9):24 - 29.

[113] 褚君浩. 用低碳技术提升城市生活质量[N]. 中国建设报,2011 - 03 - 17.

[114] 戴亦欣. 中国低碳城市发展的必要性和治理模式分析[J]. 中国人口·资源与环境,
    2009,19(3):12-17.

[115] 董艳,仝川,杨红玉,等. 福州市自然和人工管理绿地土壤有机碳含量分析[J]. 杭州
    师范学院学报(自然科学版),2007,6(6):440-444.

[116] 段晓男,王效科,逯非,等. 中国湿地生态系统固碳现状和潜力[J]. 生态学报,2008,
    28(2):463-469.

[117] 方精云,陈安平. 中国森林植被碳库的动态变化及其意义[J]. 植物学报,2001,
    43(9):967-973.

[118] 方精云,郭兆迪,朴世龙,等. 1981—2000 年中国陆地植被碳汇的估算[J]. 中国科学
    (D辑),2007,37(6):804-812.

[119] 方精云,刘国华,徐嵩龄. 中国陆地生态系统的碳库[J]. 见:王庚臣,温玉璞. 温室气
    体浓度和排放监测及相关过程[M]. 北京:中国环境科学出版社,1996.

[120] 方精云,刘国华,徐嵩龄. 中国陆地生态系统的碳循环及其全球意义[J]. 见:王庚臣,
    温玉璞. 温室气体浓度和排放监测及相关过程[M]. 北京:中国环境科学出版
    社,1996.

[121] 封志明. 资源科学导论[M]. 北京:科学出版社,2004.

[122] 冯海旗,王景光,曹怀虎. 信息系统管理工程[M]. 北京:机械工业出版社,2009.

[123] 高志强,刘纪远,曹明奎,等. 土地利用和气候变化对农牧过渡区生态系统生产力和
    碳循环的影响[J]. 中国科学(D辑),2004,34(10):946-957.

[124] 葛全胜,戴君虎,何凡能,等. 过去 300 年中国土地利用、土地覆被变化与碳循环研究
    [J]. 中国科学(D辑),2008.38(2):197-210.

[125] 顾朝林,谭纵波,刘宛,等. 气候变化、碳排放与低碳城市规划研究进展[J]. 城市规划
    学刊,2009,(3):38-45.

[126] 管东生,陈玉娟,黄芬芳. 广州城市绿地系统碳的贮存、分布及其在碳氧平衡中的作
    用[J]. 中国环境科学,1998,18(5):437-441.

[127] 郭运功,汪冬冬,林逢春. 上海市能源利用碳排放足迹研究[J]. 中国人口·资源与环
    境,2010,20(2):103-108.

[128] 郭运功,赵艳博. 林逢春,等. 终端能源利用的碳排放变化特征研究——以上海市物
    质生产部门为例[J]. 环境科学与技术,2010,33(6):88-92.

[129] 郭运功.特大城市温室气体排放量测算与排放特征分析——以上海为例[D].华东师范大学硕士毕业论文,2009.

[130] 国家发改委.1994年中国国家温室气体清单简介[EB/OL].http://www.cbcsd.org.cn/susproject/qykcxfzbgzh/bgs/download/1994.ppt.

[131] 国家发改委.国家发展改革委关于开展低碳省区和低碳城市试点工作的通知.2010.

[132] 国家环保局.2006.兰州大气监测系统建设和温室气体排放清单开发[EB/OL].http://www.sinoitaenvironment.org/ReadNews.asp?NewsID=1837.

[133] 国土资源部.创建低碳型社会 实现可持续发展——论如何通过土地利用和管理推进低碳经济发展[EB/OL].http://www.mlr.gov.cn/tdsc/lltt/201009/t20100928_773114.htm.

[134] 韩笋生,秦波.借鉴紧凑城市理念,实现我国城市的可持续发展[J].国外城市规划,2004,19(6):23-27.

[135] 何华.华南居住区绿地碳汇作用研究及其在全生命周期碳收支评价中的应用[D].重庆大学博士论文,2010.

[136] 何月云.厦门市居民食物碳消费动态及环境影响[D].厦门大学硕士论文,2008.

[137] 何跃,张甘霖.城市土壤有机碳和黑碳的含量特征与来源分析[J].土壤学报,2006,43(3):177-182.

[138] 贺艳华,周国华.紧凑城市理论在土地利用总体规划中的作用[J].国土资源科技管理,2007(3):26-29.

[139] 胡其颖.企业建立温室气体排放清单的方法[J].节能,2010(3):4-7.

[140] 华南农业大学.养牛学[M].北京:中国农业出版社,1991.

[141] 黄蕊,朱永彬,王铮.上海市能源消费趋势和碳排放高峰估计[J].上海经济研究,2010,10:81-90.

[142] 黄贤金,葛扬,叶堂林,等.循环经济学[M].南京:东南大学出版社,2009.

[143] 黄贤金,于术桐,马其芳.区域土地利用变化的物质代谢响应初步研究[J].自然资源学报,2006,21(1):1-8.

[144] 贾广和.吉林省生态经济城市建设理论与实践[M].吉林:吉林大学出版社,2006.

[145] 江苏省地方志编纂委员会.江苏土壤志[M].江苏:江苏人民出版社,2001.

[146] 江苏省环保厅.江苏省环境统计年报[R].2000—2009.

[147] 江苏省建设厅.江苏城市建设统计年报[R].2000—2009.

[148] 江苏省统计局.江苏省统计年鉴[M].北京:中国统计出版社,2000—2009.

[149] 江勇,付梅臣,王增.土地利用变化对生态系统碳汇/碳源的影响研究——以河北武安市为例[J].安徽农业科学,2010,38(24):13067-13069.

[150] 匡耀求,欧阳婷萍,邹毅,等.广东省碳源碳汇现状评估及增加碳汇潜力分析[J].中国人口资源与环境,2010,20(专刊):154-158.

[151] 赖力,黄贤金,刘伟良.基于投入产出技术的区域生态足迹调整分析——以2002年江苏为例[J].生态学报,2006,26(4):1285-1292.

[152] 赖力,黄贤金,等.中国土地利用的碳排放效应研究[M].南京:南京大学出版社.2011.

[153] 李克让,王绍强,曹明奎,等.中国植被和土壤碳储量[J].中国科学(D辑),2003,33(1):72-80.

[154] 李克让.土地利用变化和温室气体净排放与陆地生态系统碳循环[M].北京:气象出版社,2000.

[155] 李克欣.低碳城市建设的初步思考[J].中国科技财富,2009,(13):94-99.

[156] 李璞.低碳情景下建设用地结构优化研究——以江苏省为例[D].南京大学硕士学位论文,2009.

[157] 李颖,黄贤金,甄峰.江苏省区域不同土地利用方式的碳排放效应分析[J].农业工程学报,2008,24(S2):102-107.

[158] 李志强,刘春梅.碳足迹及其影响因素分析——基于中部六省的实证[EB/OL].http://www.ditan360.com/Zhiku/Info-48355.html.

[159] 李智,鞠美庭,刘伟,等.中国1996—2005年能源生态足迹与效率动态测度与分析[J].资源科学,2007,29(6):54-60.

[160] 梁朝晖.上海市碳排放的历史特征与远期趋势分析[J].上海经济研究,2009(7):79-87.

[161] 梁山,姜志德.生态经济学[M].北京:中国农业出版社,2008:310-311.

[162] 廖威,唐静.低碳视角下城市新区控制性详细规划编制——以宁波梅山保税港城国际商贸区为例[J].规划师,2010,26(12):54-58.

[163] 刘爱民,李飞,廖俊国.中国森林资源及木材供需平衡研究[J].资源科学,2000,

22(6):9-13.

[164] 刘红光,刘卫东.中国工业燃烧能源导致碳排放的因素分解[J].地理科学进展,2009,28(2):285-292.

[165] 刘洪奎,孙仲任,郭鸿懋.城市现代化建设与管理[M].天津:天津科学技术出版社,1991.

[166] 刘江.中国资源利用战略研究[M].北京:中国农业出版社,2002.

[167] 刘晶茹,王如松,王震,等.中国家庭代谢及其影响因素分析[J].生态学报,2003,23(12):2672-2676.

[168] 刘阳.全国低碳国土实验区启动仪式在京举行[EB/OL].http://finance.people.com.cn/GB/11430913.html.

[169] 刘英,赵荣钦,焦士兴.河南省土地利用碳源/汇及其变化分析[J].水土保持研究,2010,17(5):154-157.

[170] 刘韵,师华定,曾贤刚.基于全生命周期评价的电力企业碳足迹评估——以山西省吕梁市某燃煤电厂为例[J].资源科学,2011,33(4):653-658.

[171] 卢珂,李国敏.低碳视阈下城市土地利用模式的变革及其路径选择[J].中国人口资源与环境,2010,20(专):68-72.

[172] 罗婷文,欧阳志云,王效科,等.北京城市化进程中家庭食物碳消费动态[J].生态学报,2005,25(12):3252-3258.

[173] 马爱进.食品生命周期碳排放评价技术规范研究[J].中国食物与营养,2010(2):4-6.

[174] 马传栋.论现代化城市的生态经济综合管理[J].城市,1997(2):28-31.

[175] 马巾英,尹锴,吝涛.城市复合生态系统碳氧平衡分析——以沿海城市厦门为例[J].环境科学学报,2011,31(8):1808-1816.

[176] 马其芳,黄贤金,于术桐.物质代谢研究进展综述[J].自然资源学报,2007,22(1):141-152.

[177] 马世骏,王如松.社会—经济—自然复合生态系统[J].生态学报,1984,4(1):1-9.

[178] 马奕鸣.紧凑城市理论的产生和发展[J].现代城市研究,2007,(4):10-16.

[179] 梅建屏,徐健,金晓斌,等.基于不同出行方式的城市微观主体碳排放研究[J].资源开发与市场,2009,25(1):49-52.

[180] 南京市建设委员会. 南京市城市建设发展年度报告[R]. 2007－2009.

[181] 南京市经济普查办公室,南京市统计局,南京市统计学会. 南京经济普查年鉴(2008) [M]. 南京:南京出版社,2010.

[182] 南京市统计局. 南京市国民经济和社会发展统计公报[R]. 1990－2010.

[183] 南京市统计局. 南京市统计年鉴[M]. 南京:南京出版社,1990－2009.

[184] 牛文元. 中国碳平衡交易框架研究[R]. 2008.

[185] 潘海啸,汤姆,吴锦瑜,等. 中国"低碳城市"的空间规划策略[J]. 城市规划学刊, 2008(6):57－64.

[186] 潘海啸. 面向低碳的城市空间结构:城市交通与土地使用的新模式[J]. 城市发展研究,2010,17(1):40－45.

[187] 潘晓东. 中国低碳城市发展路线图研究[J]. 中国人口·资源与环境,2010,20(10): 13－18.

[188] 彭立华,陈爽,刘云霞. Citygreen 模型在南京城市绿地固碳与削减径流效益评估中的应用[J]. 应用生态学报,2007,18(6):1293－1298.

[189] 齐玉春,董云社. 中国能源领域温室气体排放现状及减排对策研究[J]. 地理科学, 2004,24(5):528－534.

[190] 齐中英. 描述 CO_2 排放量的数学模型与影响因素的分解分析[J]. 技术经济, 1998(3):42－45.

[191] 钱杰. 大都市碳源碳汇研究——以上海市为例[D]. 华东师范大学博士毕业论文,2004.

[192] 乔非,沈荣芳,吴启迪. 系统理论、系统方法、系统工程——发展与展望[J]. 系统工程,1996,14(5):5－10.

[193] 乔永锋. 基于生命周期评价法(LCA)的传统民居的能耗分析与评价[D]. 西安建筑科技大学硕士学位论文,2006.

[194] 尚春静,张智慧. 建筑生命周期碳排放核算[J]. 工程管理学报,2010,24(1):7－12.

[195] 师华定. 电力行业温室气体排放核算方法体系研究[J]. 气候变化研究进展,2010, 6(1):41－46.

[196] 世界经济手册编委会. 世界经济手册[M]. 北京:经济日报出版社,1988－1989:537.

[197] 帅通,袁雯. 上海市产业结构和能源结构的变动对碳排放的影响及应对策略[J]. 长

江流域资源与环境,2009,18(10):885-889.

[198] 宋敏.中国绿色城市发展研究——基于家庭碳排放的测算分析[J].中国矿业大学学报(社会科学版),2010,(4):45-55.

[199] 苏敬勤,宁小杰.后发国家城市系统协调发展的突破口[J].软科学,2001,15(1):68-74.

[200] 孙建卫,陈志刚,赵荣钦等.基于投入产出分析的中国碳排放足迹研究[J].中国人口资源与环境,2010,20(5):28-34.

[201] 孙建卫.中国碳排放核算及其人文驱动分析[D].南京大学硕士毕业论文,2008:60-61.

[202] 孙艳丽,马建华,李灿.开封市不同功能区城市土壤有机碳含量及密度分析[J],地理科学,2009,29(1):124-128.

[203] 唐红侠,韩丹,赵由才.农林业温室气体减排与控制技术[M].北京:化学工业出版社,2009.

[204] 唐燕秋,陈佳,冉涛.重庆市碳排放现状及低碳经济发展战略研究[J].四川环境,2010,29(1):87-90.

[205] 佟亮.北京市温室气体排放及减排对策研究[EB/OL].http://xkb.bjmu.edu.cn/query/PrizeMsg.asp?ID=10524,1994.

[206] 佟哲晖.简明经济统计词典[M].吉林:吉林人民出版社,1983:169.

[207] 汪飞,薛静.城市系统构建的理论基础与实施对策[J].生态经济,2005,(7):56-58.

[208] 汪友结.城市土地低碳利用的外部现状描述、内部静态测度及动态协调控制[D].浙江大学博士学位论文.2011.

[209] 王迪生.基于生物量计测的北京城区园林绿地净碳储量研究[D].北京林业大学博士论文,2009.

[210] 王发明.循环经济系统的结构和风险研究:以贵港生态工业园为例[J].财贸研究,2007,(5):14-18.

[211] 王海鲲,张荣荣,毕军.中国城市碳排放核算研究——以无锡市为例[J].中国环境科学,2011,31(6):1029-1038.

[212] 王卉彤,慕淑茹.北京市能源消费总量、结构与碳排放的趋势研究[J].城市发展研究,2010,17(9):55-61.

[213] 王建. 现代自然地理学[M]. 北京:高等教育出版社,2001.

[214] 王克英,朱铁臻. 城市生态经济知识全书[M]. 北京:经济科学出版社,1998.

[215] 王寿兵,吴峰,刘晶茹,等. 产业生态学[M]. 北京:化学工业出版社,2006.

[216] 王微,林剑艺,崔胜辉. 碳足迹分析方法研究综述[J]. 环境科学与技术,2010,33(7):71-78.

[217] 王效科,冯宗炜,欧阳志云. 中国森林生态系统的植物碳储量和碳密度研究[J]. 应用生态学报,2001,12(1):13-16.

[218] 王修兰. 二氧化碳、气候变化与农业[M]. 北京:气象出版社,1996.

[219] 王毅. 如何建设"全国绿色低碳示范景区"——以中山陵园风景区为例[EB/OL]. 2010—05—14. http://www.nju.gov.cn/web_zw/html/?url=19246.html.

[220] 魏一鸣,刘兰翠,范英,等. 中国能源报告(2008):碳排放研究[M]. 北京:科学出版社,2008.

[221] 温家石,葛滢,焦荔,等. 城市土地利用是否会降低区域碳吸收能力——台州市案例研究[J]. 植物生态学报,2010,34(6):651-660.

[222] 温宗国. 低碳发展措施对国家可持续性的情景分析. 见:张坤民,潘家华,崔大鹏等. 低碳经济论[M]. 北京:中国环境科学出版社,2008.

[223] 吴开亚,王文秀,朱勤. 上海市居民食物碳消费变化趋势的动态分析[J]. 中国人口·资源与环境,2009,19(5):161-167.

[224] 吴晓军,薛惠锋. 城市系统研究中的复杂性理论与应用[M]. 西安:西北工业大学出版社,2007.

[225] 肖主安,彭欢. 我国低碳经济型土地利用模式的路径选择[J]. 求索,2010(4):81-82.

[226] 谢鸿宇,陈贤生,林凯荣,等. 基于碳循环的化石能源及电力生态足迹[J]. 生态学报,2008,28(4):1729-1735.

[227] 谢军飞,李玉娥,李延明. 北京城市园林树木碳贮量与固碳量研究[J]. 中国生态农业学报,2007,15(3):5-7.

[228] 谢士晨,陈长虹,李莉,等. 上海市能源消费 CO_2 排放清单与碳流通图[J]. 中国环境科学,2009,29(11):1215-1220.

[229] 徐国泉,刘则渊,姜照华. 中国碳排放的因素分解模型及实证分析:1995—2004[J].

中国人口·资源与环境,2006,16(6):158-161.

[230] 徐思源.重庆市城市生活垃圾填埋甲烷排放量估算[J].西南大学学报(自然科学版),2010,32(5):120-125.

[231] 徐思源.重庆市二氧化碳排放基准初步测算研究[D],西南大学硕士论文.2010.

[232] 徐伟立.经济管理学词典[M].北京:中国社会科学出版社,1989.

[233] 徐新良,曹明奎,李克让.中国森林生态系统植被碳储量时空动态变化研究[J].地理科学进展,2007,26(6):1-10.

[234] 闫云凤,杨来科.中国出口隐含碳增长的影响因素分析[J].中国人口资源与环境,2010,20(8):48-52.

[235] 燕华,郭运功,林逢春.基于STIRPAT模型分析CO_2控制下上海城市发展模式[J].地理学报,2010,65(8):983-990.

[236] 杨洪.武汉东湖碳循环过程和碳收支研究[D].中国科学院测量与地球物理研究所硕士论文,2004.

[237] 杨鹏,陶小马,崔风暴.上海市碳排放量及碳源分布[J].同济大学学报(自然科学版),2010,38(9):1397-1402.

[238] 杨选梅,葛幼松,曾红鹰.基于个体消费行为的家庭碳排放研究[J].中国人口·资源与环境,2010,20(5):35-40.

[239] 叶笃正.中国的全球变化预研究(第二部分)[M].北京:地震出版社,1992.

[240] 叶浩,濮励杰.苏州市土地利用变化对生态系统固碳能力影响研究[J].中国土地科学,2010,24(3):60-64.

[241] 游和远,吴次芳.土地利用的碳排放效率及其低碳优化——基于能源消费的视角[J].自然资源学报,2010,25(11):1875-1886.

[242] 余德贵,吴群.基于碳排放约束的土地利用的结构优化模型研究及其应用[J].长江流域资源与环境,2011,20(8):911-917.

[243] 余凌曲,张建森.轨道交通对低碳城市建设的作用[J].开放导报,2009(5):26-30.

[244] 俞佳,戴万宏,鲍家泽.城市景观湖泊水体总有机碳的研究[J].中国水土保持,2009(10):33-35.

[245] 张德英,张丽霞.碳源排碳量估算办法研究进展[J].内蒙古林业科技,2005(1):20-23.

[246] 张发兵,胡维平,胡雄星,等.太湖湖泊水体碳循环模型研究[J].水科学进展,2008,19(2):171-178.

[247] 张金萍,秦耀辰,张艳.城市CO_2排放结构与低碳水平测度——以京津沪渝为例[J].地理科学,2010,30(6):874-879.

[248] 张秀梅,李升峰,黄贤金,等.江苏省1996年至2007年碳排放效应及时空格局分析[J].2010,32(4):768-775.

[249] 章明奎,周翠.杭州市城市土壤有机碳的积累和特性[J].土壤通报,2006,37(1):19-21.

[250] 章世元.动物磁疗配方设计(注:年份不详).320-330.

[251] 赵桂慎.生态经济学[M].北京:化学工业出版社,2009:24.

[252] 赵敏.上海碳源碳汇结构变化及其驱动机制研究[D].华东师范大学博士论文,2010.

[253] 赵敏,张卫国,俞立中.上海市能源消费碳排放分析[J].环境科学研究,2009,22(8):984-989.

[254] 赵敏,周广胜.中国森林生态系统的植物碳贮量及其影响因子分析[J].地理科学,2004,24(1):50-54.

[255] 赵倩.上海市温室气体排放清单研究[D].复旦大学硕士学位论文,2011.

[256] 赵荣钦,黄贤金,徐慧,等.城市系统碳循环与碳管理研究进展[J].自然资源学报,2009,24(10):1847-1859.

[257] 赵荣钦,黄贤金,钟太洋.中国不同产业空间的碳排放强度与碳足迹分析[J].地理学报,2010,65(9):1048-1057.

[258] 赵荣钦,黄贤金.基于能源消费的江苏省土地利用碳排放与碳足迹[J].地理研究,2010,29(9):1639-1649.

[259] 赵荣钦,刘英,郝仕龙,等.低碳土地利用模式研究[J].水土保持研究,2010,17(5):190-194.

[260] 郑思齐,曹静,霍燚.走向低碳生活:中国200余个城市居住碳排放的估算与影响因素分析[R].2010.

[261] 智静,高吉喜.中国城乡居民食品消费碳排放对比分析[J].地理科学进展,2009,28(3):429-434.

[262] 中国城市科学研究会. 中国低碳生态城市发展战略[M]. 北京:中国城市出版社,2009.

[263] 中国科学院可持续发展战略研究组. 2009 年中国可持续发展战略研究报告——探索中国特色的低碳道路[M]. 科学出版社,2009.

[264] 中国预防医学科学院营养与食品研究所. 食物成分表[M]. 北京:人民卫生出版社,1992.

[265] 中华人民共和国统计局. 中国城市统计年鉴[M]. 北京:中国统计出版社,2000—2009.

[266] 中华人民共和国统计局. 中国能源统计年鉴[M]. 北京:中国统计出版社,2000—2009.

[267] 中华人民共和国住房和城乡建设部. 中国城市建设统计年鉴[M]. 北京:中国计划出版社,2000—2009.

[268] 钟宜根,葛幼松,张强华. 城市规模与碳排放的相关性思考[J]. 现代城市研究,2010,(5):65-69.

[269] 朱勤,彭希哲,陆志明. 中国能源消费碳排放变化的因素分解及实证分析[J]. 资源科学,2009,31(12):2072-2079.

[270] 朱守先. 城市低碳发展水平及潜力比较分析[J]. 开放导报,2009,10(4):10-13.

[271] 庄大方,刘纪远. 中国土地利用程度的区域分异模型研究[J]. 自然资源学报,1997,12(2):105-111.

[272] 庄贵阳. 中国经济低碳发展的途径与潜力分析[J]. 国际技术与经济研究,2005,8(3):8-12.

[273] 庄贵阳. 低碳经济:气候变化背景下中国的发展之路[M]. 北京:气象出版社,2007.

术语索引

后 记

　　本书是在我的博士论文基础上整理修改而成的。本书的顺利出版,首先要衷心感谢我敬重的导师黄贤金教授。从博士论文选题、思路拟定、开题到撰写、修改和最终定稿的各个环节,黄老师都给予了精心的指导和关心。他充分尊重我的思路和想法,高屋建瓴,从学术发展的前沿出发,对我循循善诱,使我常常在探索的迷茫中迎来柳暗花明。博士毕业后,又有幸师从黄老师继续从事在职博士后研究,他经常在百忙之中为我指点今后进一步研究的方向,同时又极力推荐我将论文列入《南京大学人文地理丛书》出版。衷心感谢黄老师的关心和支持!

　　自 2008 年攻读博士以来,黄老师在学习和生活上给了我诸多关心、帮助。他给我提供参与国家重大科研项目的机会,支持我撰写研究论文并给予我关键及时的修改意见;他支持我参加国内外学术交流,鼓励我独立思考、勇于创新,并在科研工作中给予我足够的信任。这些对开阔我的学术视野、培养我的科研习惯、提升我的思维深度、锻炼我的思考能力都起到了举足轻重的作用,使我受益终身。同时,黄老师对我的教学工作给予了充分的理解和必要的支持,使我在求学期间能够工作、学习两不误。他对我的指导和帮助、对我的严格和宽容、对我的鼓励和信任,都将使我永生难忘。而他严谨的治学态度、敏锐的学术洞察力、渊博的知识、认真负责的工作态度、忘我进取的科研精神和他谦和的为人、儒雅的风范,都将永远留在我的记忆里,时刻激励我、鞭策我,是我一生学习的榜样。

　　其次,要特别感谢彭补拙教授、濮励杰教授和周寅康教授在博士论文开题、思路拟定、预答辩、评审、答辩的整个过程中给予的指导和关心。特别是,彭补拙教授在百忙之中对论文题目、框架设计、章节安排等方面都提出了宝贵的修改意见,为论文的思路构建和顺利撰写提供了关键的指引与帮助,他认真负责的工作态度、平易谦和的处事作风,使我受益良多。

感谢钟太洋副教授、陈志刚副教授和陈逸老师。三年来,他们在学习、工作和科研等方面给了我诸多指导、关心和帮助。感谢南京大学张京祥教授、李升峰副教授、李建龙教授、朱明博士、吴绍华副教授,河南省安阳师范学院焦士兴教授,同济大学潘海啸教授等对论文思路提出的宝贵意见和建议。

感谢同门师兄弟姐妹:赖力、陆汝成、赵小风、张兴榆、高珊、徐慧、赵雲泰、吕晓、揣小伟等诸位博士生同学,以及孙建卫、郑泽庆、赵成胜、李颖、彭佳雯、谭梦、王婉晶、张墨逸等硕士研究生。三年来他们给了我诸多帮助,或资料收集、或论文翻译、或协同调研、或课题合作等。特别感谢师兄赖力博士在论文开题中提出的宝贵意见,感谢南京市江宁区环保局赵志凌副局长在资料收集方面给予的帮助。

感谢博士论文的评审及答辩专家:中国科学院院士、南京土壤研究所赵其国研究员以及中国科学院南京土壤研究所所长助理孙波研究员、中国科学院南京地理与湖泊研究所所长杨桂山研究员、北京大学蔡运龙教授、南京大学环境学院院长毕军教授等,他们的宝贵意见使论文得以进一步完善,他们深刻的见解不仅使我更全面地看待科学问题,也给我指明了下一步研究的重要方向。

感谢《地理学报》(中英文版)、《自然资源学报》及《生态学报》等期刊的匿名审稿专家,他们的意见使本书思路和框架进一步完善。

感谢我单位的领导、华北水利水电学院资源与环境学院黄志全院长和李志萍副院长。在我攻读博士期间,他们妥善安排我的工作,尽量减轻我的教学负担。感谢资源环境教研室的各位同事,特别是丁明磊老师,在教学、科研等方面给予的帮助。

感谢我的父母,他们一如既往地支持我读书,并帮我照顾年幼的女儿;感谢我的妻子刘英女士,三年来,她在繁忙的工作之余,独自承担了抚养女儿、照顾父母和家庭的重担,免除我的后顾之忧;感谢我的女儿赵悦涵小朋友,她的爱和依赖是我不断前进的希望和动力。

最后,还要向其他曾给予过我各种帮助的老师和同学表示衷心感谢!

赵荣钦

2012 年 3 月于南京